1+X职业技能等级证书培训考核配套系列教材

机械数字化设计与制造（初级）

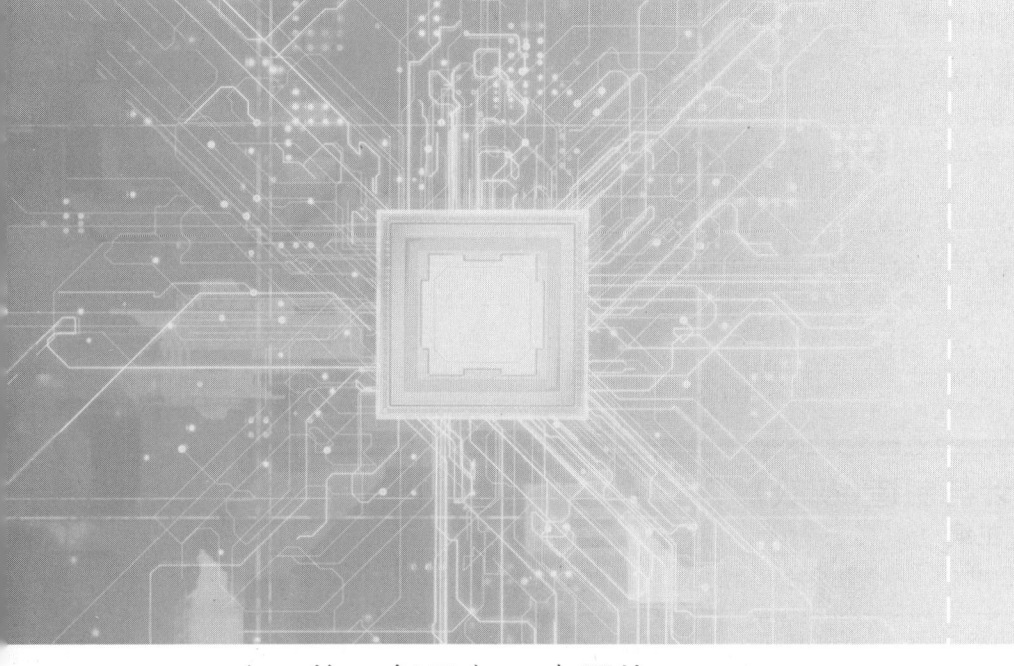

主　编　赵卫东　李厚佳

同济大学出版社
TONGJI UNIVERSITY PRESS
·上海·

内 容 提 要

本书是"1＋X机械数字化设计与制造职业技能等级证书（初级）"培训考核配套教材，依托Siemens NX和UP Studio软件编写。全书包含典型零件造型、零件装配、效果图、工程图样制作、增材制造5个项目，以11个学习任务的形式对职业技能等级的考核项目进行详细介绍，每个学习任务均包含任务导入、任务流程、任务实施、任务评价、拓展训练等内容。本书配有实例素材源文件、操作视频、微课等电子资源，可扫描书后二维码获取。

本书可以作为职业院校"岗课赛证"融通教材，也可作为中、高职院校的教材和参考用书，同时适合工程技术人员学习和参考使用。

图书在版编目（CIP）数据

机械数字化设计与制造：初级 / 赵卫东，李厚佳主编. --上海：同济大学出版社，2024.7. --（1＋X职业技能等级证书培训考核配套系列教材）. -- ISBN 978-7-5765-1225-0

Ⅰ.TH122

中国国家版本馆CIP数据核字第2024CD6085号

机械数字化设计与制造（初级）
赵卫东　李厚佳　主编

| 责任编辑 | 朱　勇　王映晓 | 责任校对 | 徐春莲 | 封面设计 | 陈益平 |

出版发行	同济大学出版社　www.tongjipress.com.cn （地址：上海市四平路1239号　邮编：200092　电话：021-65985622）
经　　销	全国各地新华书店
制　　作	南京月叶图文制作有限公司
印　　刷	安徽新华印刷股份有限公司
开　　本	787 mm×1092 mm　1/16
印　　张	13.5
字　　数	303 000
版　　次	2024年7月第1版
印　　次	2024年7月第1次印刷
书　　号	ISBN 978-7-5765-1225-0
定　　价	48.00元

本书若有印装质量问题，请向本社发行部调换　　版权所有　侵权必究

前言

2019年4月,为深入贯彻党的十九大精神,按照全国教育大会部署和落实《国家职业教育改革实施方案》要求,教育部会同国家发展和改革委员会、财政部、市场监督管理总局制定了《关于在院校实施"学历证书+若干职业技能等级证书"制度试点方案》(教职成〔2019〕6号),启动"学历证书+若干职业技能等级证书"(简称1+X证书)制度试点工作。1+X证书制度是国家职业教育制度建设的一项基本制度,也是构建中国特色职教发展模式的一项重大创新制度。1+X证书制度的实施,必将助推职业院校改革走向深入。

本书内容紧扣"1+X机械数字化设计与制造职业技能等级证书(初级)"的考核要求,共包含典型零件造型、零件装配、效果图、工程图样制作、增材制造5个项目,11个学习任务。每个学习任务均包含任务导入、任务流程、任务实施、任务评价、拓展训练等内容,对职业技能等级的考核项目进行了详细介绍。本书附录还配套了相关考核题库样例,可供学生参考使用。本书配有素材源文件、操作视频、微课等电子资源,可扫描书后二维码获取。

本书由赵卫东(同济大学)、李厚佳(上海工程技术大学、上海市高级技工学校)担任主编。参与编写工作的有柳先辉(项目一、项目三),李厚佳(项目二、项目四),来晓(项目五),由赵卫东、李厚佳、柳先辉统稿。同济大学刘雪梅教授审阅了本书并对书稿提出了许多宝贵意见,在此表示衷心感谢。本书在编写过程中还得到了同济大学、北京机械工业自动化研究所有限公司、上海工程技术大学、上海市高级技工学校、山东商务职业学院等单位的大力支持,在此一并表示感谢。

由于编者水平有限,本书难免存在疏漏之处,恳请读者能够将对本书的意见和建议发送至邮箱 chvesa@163.com,以便交流。

编者

2024年6月

目 录

项目一　典型零件造型 ··· 1
　学习任务 1　哑铃零件造型 ·· 22
　学习任务 2　松果零件造型 ·· 31
　学习任务 3　支架零件造型 ·· 39

项目二　零件装配 ··· 50
　学习任务 1　连杆机构装配 ·· 63
　学习任务 2　三位四通手动换向阀装配 ································ 72

项目三　效果图 ··· 84
　学习任务 1　三位四通手动换向阀效果图设计 ························· 89

项目四　工程图样制作 ··· 117
　学习任务 1　盖板零件 ·· 133
　学习任务 2　顶盖零件 ·· 143
　学习任务 3　填料压盖零件 ··· 148

项目五　增材制造 ··· 155
　学习任务 1　轻量化齿轮 3D 打印 ···································· 169
　学习任务 2　支架零件 3D 打印 ······································ 174

**附录一　机械数字化设计与制造职业技能等级证书
　　　　　考核题库样例（初级理论）** ································ 180

**附录二　机械数字化设计与制造职业技能等级证书
　　　　　考核题库样例（初级操作）** ································ 191

参考答案 ·· 206

项目一 典型零件造型

项目情境

草图是 Siemens NX 软件（以下简称 NX）建模中建立参数化模型的一个重要工具。通常，用户的三维设计应该从草图设计开始，通过 NX 提供的草图功能建立各种基本曲线，对曲线进行几何约束和尺寸约束，然后对二维草图进行拉伸、旋转或者扫掠就可以很方便地生成三维实体。此后，模型的编辑修改在相应的草图中完成后即可更新模型。

本项目主要介绍草图的基本知识、操作和编辑等。

知识点

- 拉伸、旋转、边倒圆。
- 镜像曲线、镜像特征。
- 求和运算、求差运算。

技能点

- 能熟练使用草图绘制中的功能。
- 根据零件的结构特征，能采用合适的平面进行草图绘制。
- 根据零件的结构特征，会对多个几何体进行布尔运算。

素养目标

- 能够对零件结构进行分析；能根据零件的结构，采用合理的建模方法，使用相应的布尔运算构建简单模型。
- 鼓励学生独立思考，尝试使用不同方法完成零件模型的构建，培养学生的分析与创新能力。

知识准备

一、直线

直线是各种绘图中最常用、最简单的一类图形对象，只要指定了起点和终点即可绘制一条直线。

进入草图界面以后,采用默认的平面(XY 平面)作为草图平面,单击"确定"按钮。

在 NX 10.0 中,用户可以通过以下两种操作绘制直线。

(1) 在边框条中,单击插入→曲线→ 直线,如图 1-1 所示。

(2) 在功能区的"草图工具"选项板中单击" 直线"按钮,如图 1-2 所示。

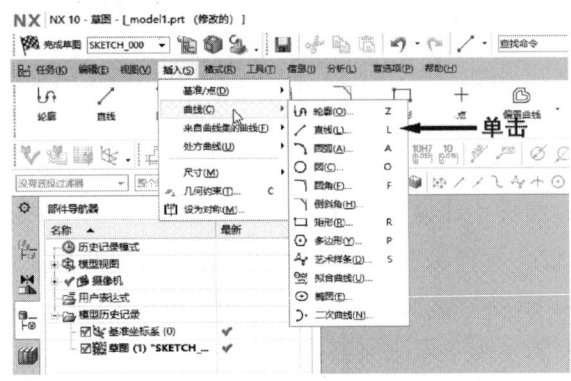

图 1-1　单击"直线"选项　　　　　图 1-2　单击"直线"按钮

"直线"对话框如图 1-3 所示,有坐标模式和参数模式两种创建直线的方法。

1. XY(坐标模式)

选中该按钮(默认),系统弹出如图 1-4 所示的动态输入框 1,可以输入 XC 和 YC 的坐标值来精确绘制直线,坐标值以工作坐标系(WCS)为参照。若要在动态输入框的选项之间切换,可按"Tab"键。若要输入值,可在文本框内输入,然后按"Enter"键。

图 1-3　"直线"对话框

2. (参数模式)

选中该按钮,系统弹出如图 1-5 所示的动态输入框 2,可以输入长度值和角度值来绘制直线。

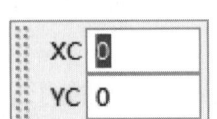 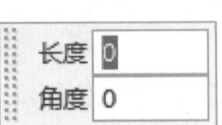

图 1-4　动态输入框 1　　　图 1-5　动态输入框 2

二、圆

圆是各种绘图中最常用、最简单的一类图形对象,只要指定圆心和圆上的一点或圆心和半径,即可创建圆。

进入草图界面后,采用默认的平面(XY 平面)为草图平面,单击"确定"按钮。

在 NX 10.0 中,用户可以通过以下两种操作绘制圆。

(1) 在边框条中,单击插入→曲线→○圆,如图 1-6 所示。

(2) 在功能区的"草图工具"选项板中单击"○圆"按钮,如图 1-7 所示。

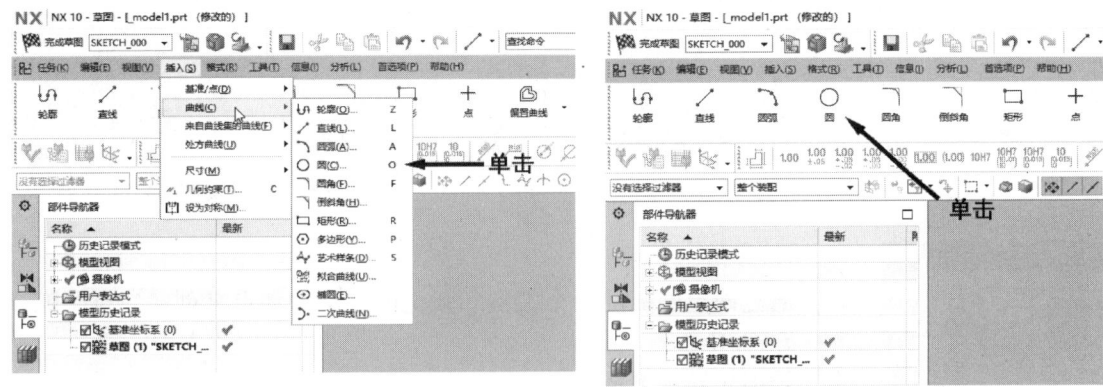

图 1-6 单击"圆"选项　　　　　　图 1-7 单击"圆"按钮

"圆"对话框如图 1-8 所示,可通过中心和半径或通过三点确定圆。

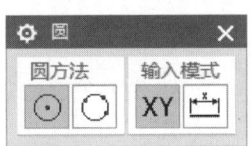

图 1-8 "圆"对话框

1. 由中心和半径确定的圆

通过选取中心点和圆上一点来创建圆。即先定义圆心,再定义圆的半径。

2. 通过三点确定的圆

通过确定圆上的三个点来创建圆。

三、圆弧

圆弧是圆的一部分,也是一种简单的图形。绘制圆弧比绘制圆更复杂,因为除了圆心和半径外,圆弧还需要指定起始角和终止角。

进入草图界面后,采用默认的平面(XY 平面)为草图平面,单击"确定"按钮。

在 NX 10.0 中,用户可以通过以下两种操作绘制圆弧。

(1) 在边框条中,单击插入→曲线→圆弧,如图 1-9 所示。

(2) 在功能区的"草图工具"选项板中单击"圆弧"按钮,如图 1-10 所示。

"圆弧"对话框如图 1-11 所示,有以下两种创建圆弧的方法。

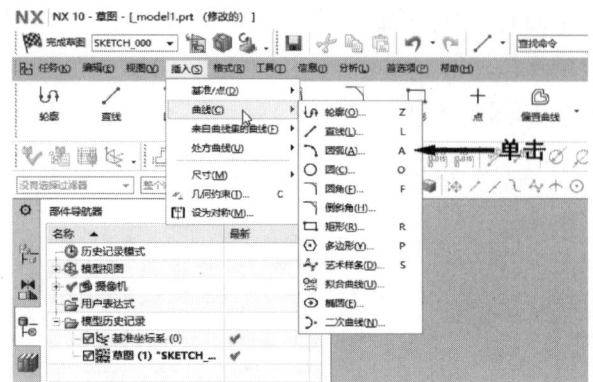

图 1-9 单击"圆弧"选项　　　　　　图 1-10 单击"圆弧"按钮

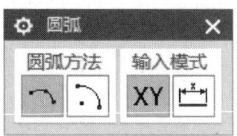

图 1-11 "圆弧"对话框

1. 方法一

通过确定圆弧的两个端点和弧上的一个附加点来创建三点圆弧。

2. 方法二

用中心和端点确定圆弧。

四、尺寸值的修改

修改草图的标注尺寸有如下两种方法。

1. 方法一

鼠标双击要修改的尺寸,如图 1-12 所示。弹出动态输入框,如图 1-13 所示。在动态输入框中输入新的尺寸值,并单击"确定"按钮,完成尺寸的修改,如图 1-14 所示。

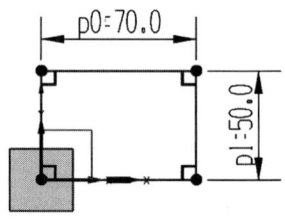

图 1-12 修改尺寸示意 1

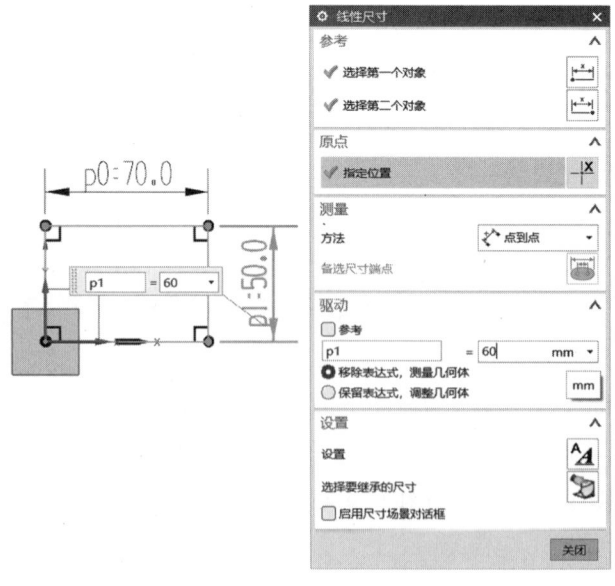

图 1-13 修改尺寸示意 2

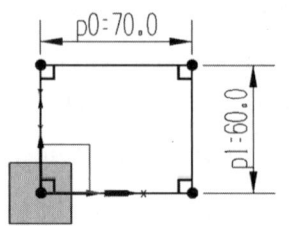

图 1-14 修改尺寸示意 3

2. 方法二

将鼠标移至要修改的尺寸处,单击鼠标右键。在弹出的快捷菜单中选择"编辑"选项,如图 1-15 所示。在弹出的动态输入框中输入新的尺寸值,单击"确定"按钮完成尺寸的修改。

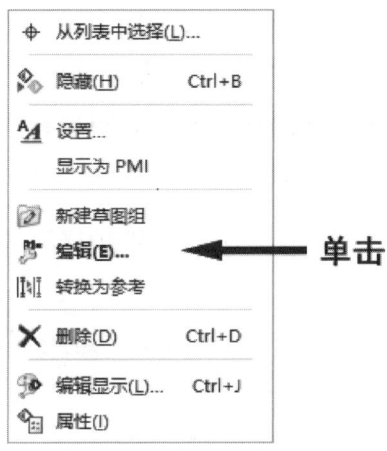

图 1-15 单击"编辑"选项

五、测量长度

在 NX 10.0 中,该功能用于测量物体的长度。

在边框条中,依次单击分析→测量长度,如图 1-16 所示。弹出"测量长度"对话框(图 1-17),可进行测量长度操作。

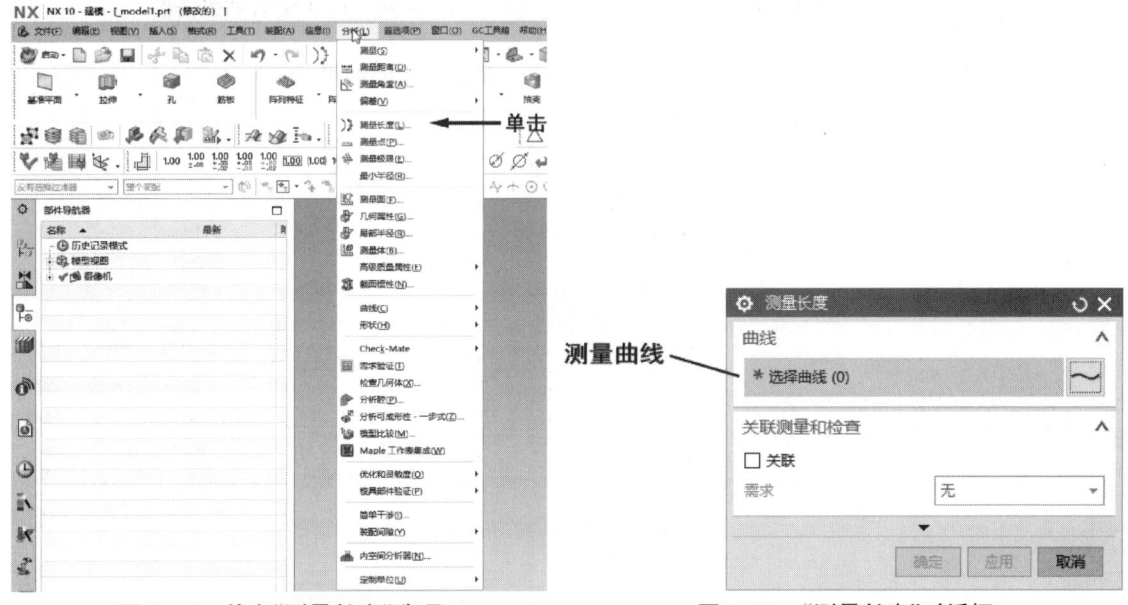

图 1-16 单击"测量长度"选项　　　　图 1-17 "测量长度"对话框

六、螺旋线

在 NX 10.0 中,通过定义圈数、螺距、半径(规律或恒定)、旋转方向和适当的方位可以创建螺旋线。

在边框条中单击插入→曲线→ 螺旋线,如图 1-18 所示。弹出"螺旋线"对话框,在"方向"选项区中单击 按钮,如图 1-19 所示。弹出"CSYS"对话框,接受默认的选项,如图 1-20 所示。单击"确定"按钮,返回"螺旋线"对话框,设置直径为 20、螺距为 5、圈数为 20,如图 1-21 所示。

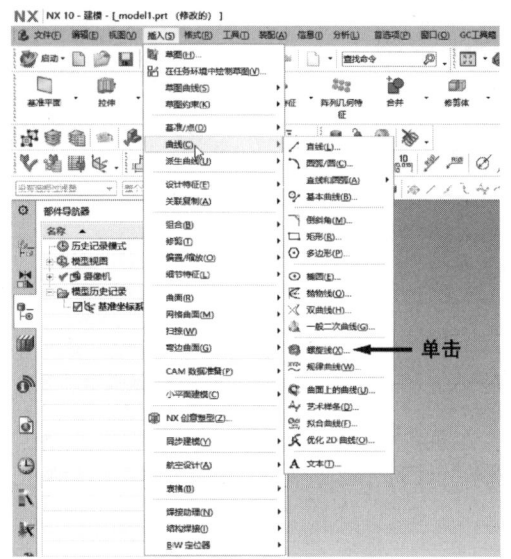

图 1-18 单击"螺旋线"选项

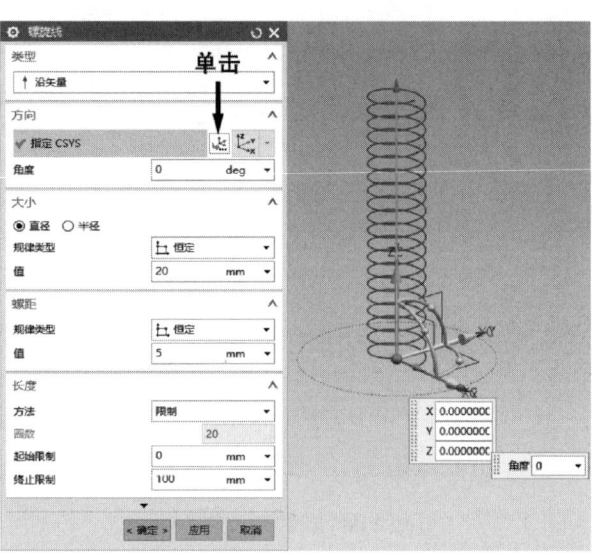

图 1-19 打开"CSYS"对话框

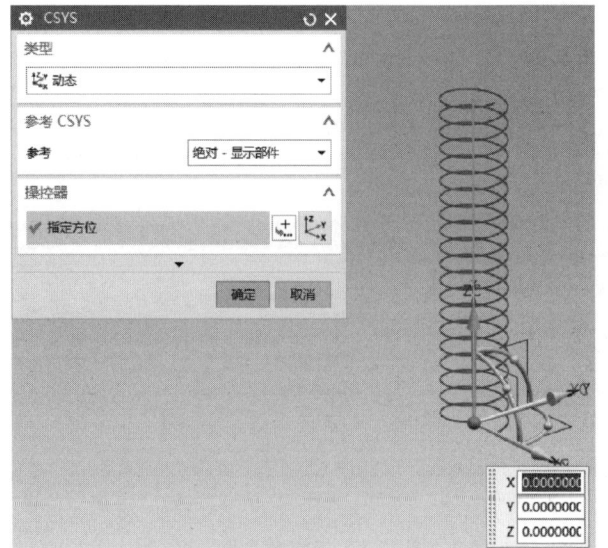

图 1-20 接受默认选项

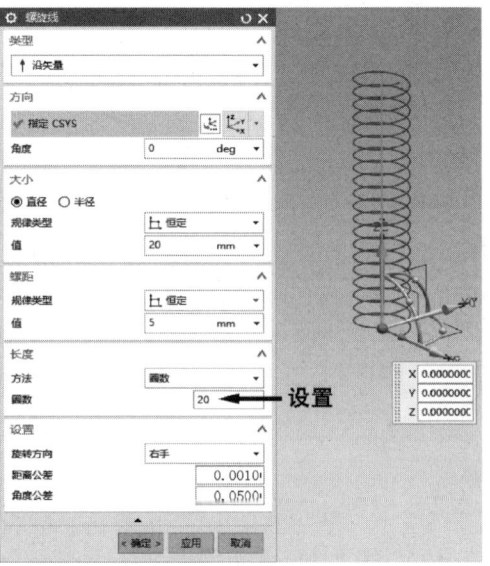

图 1-21 设置参数

在"螺旋线"对话框中,各主要选项的含义如下。

（1）"方向"选项区：用于设置螺旋线的旋转方向,系统默认选择右手方向。

- （"定义方位"按钮）：用于定义螺旋线生成的方向。
- （"点对话框"按钮）：用于设置螺旋线的起点位置。

（2）"大小"选项区：在该选项区中,用户可以根据需要指定螺旋线的直径和半径,还可以指定螺旋线的规律类型。

（3）"螺距"选项区：用于设置相邻两圈螺旋曲线间的距离。

（4）"圈数"文本框：用于设置螺旋线的旋转圈数。

单击"确定"按钮,即可绘制螺旋线,如图1-22所示。

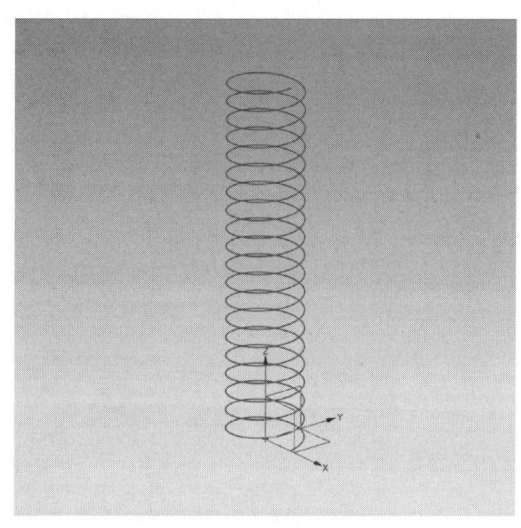

图1-22　绘制螺旋线

七、计算草图曲线周长和面积

在边框条中单击分析→高级质量属性→用曲线计算面积,如图1-23所示。

图1-23　单击"用曲线计算面积"选项

在"分析"对话框中（图1-24）,可以选择临时边界,也可以选择永久边界。在"2D分析"对话框中选择"成链"选项,如图1-25所示。之后依次选择要测量面积的轮廓曲线,如图1-26所示。（注意：轮廓一定要封闭,一个开放的轮廓是无法测量面积的。）选择"周长/面积"选项,如图1-27所示。最终得到的周长和面积数据如图1-28所示。

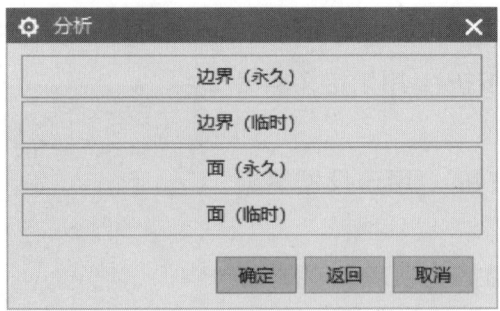

图 1-24 "分析"对话框

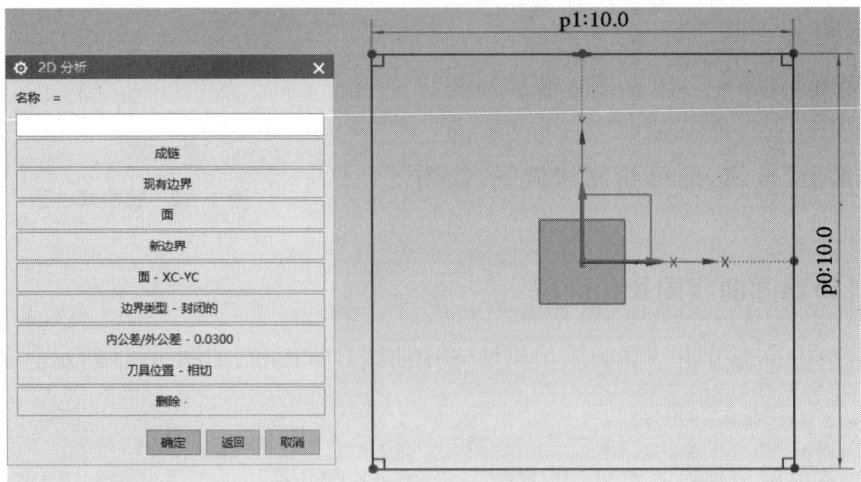

图 1-25 "2D 分析"对话框示意

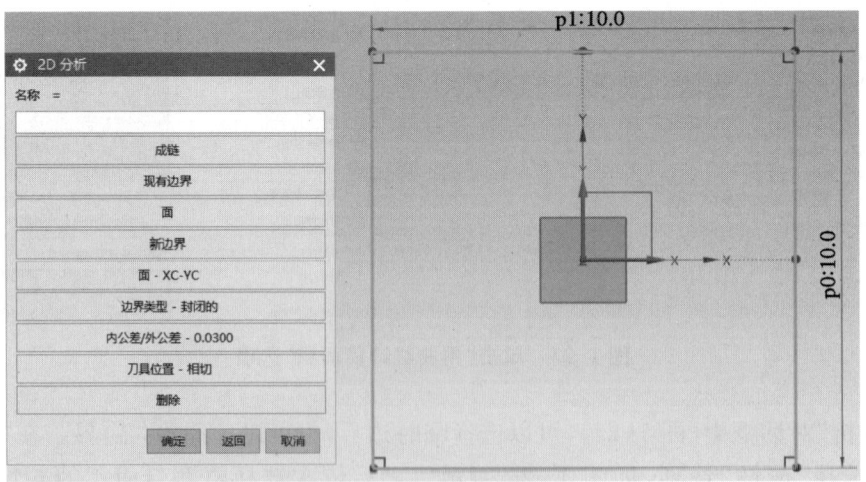

图 1-26 选择曲线示意

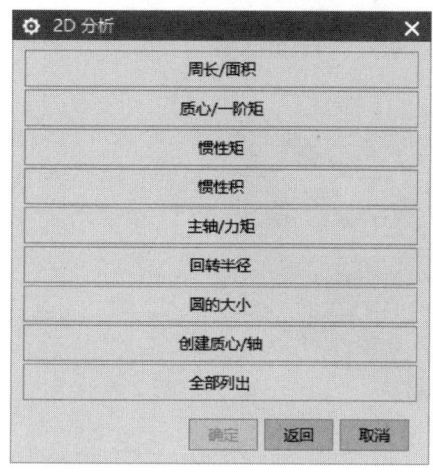

图 1-27 "2D 分析"对话框

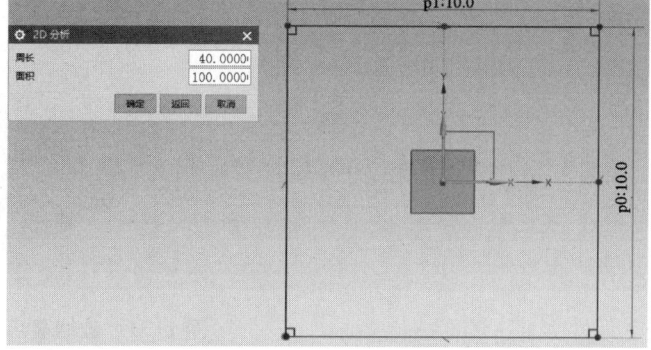

图 1-28 数据结果示意

八、模型的质量属性分析

通过模型的质量属性分析,可以获得模型的体积、曲面区域、质量、回转半径和重量等数据。

在边框条中单击分析→测量体(图 1-29),弹出"测量体"对话框(图 1-30),在下拉列表中选择质量,则系统显示该模型的质量,如图 1-31 所示。

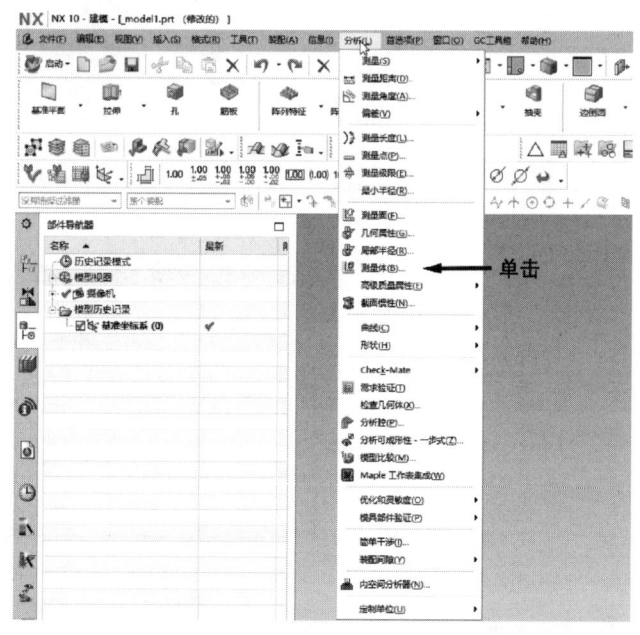

图 1-29 单击"测量体"选项

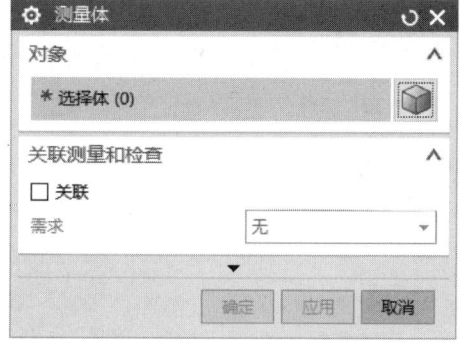

图 1-30 "测量体"对话框

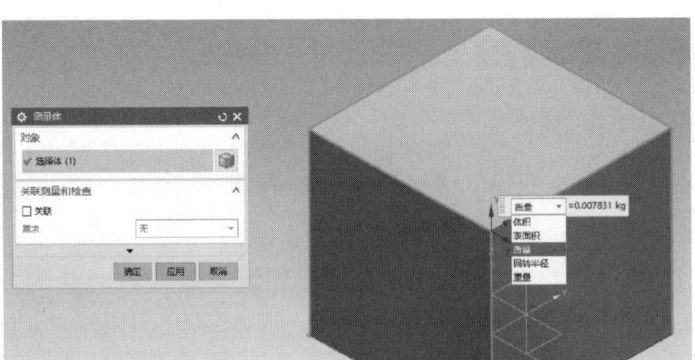

图 1-31 数据显示

九、拉伸特征

拉伸特征是指将截面图形沿指定矢量方向拉伸一段距离所创建的特征。

在 NX 10.0 中,用户可以通过以下两种操作创建拉伸特征。

(1) 在边框条中,单击插入→设计特征→拉伸,如图 1-32 所示。

(2) 在功能区"主页"选项卡的"特征"选项板中,单击"拉伸"按钮,如图 1-33 所示。

在弹出的"拉伸"对话框(图 1-34)中可进行拉伸操作。

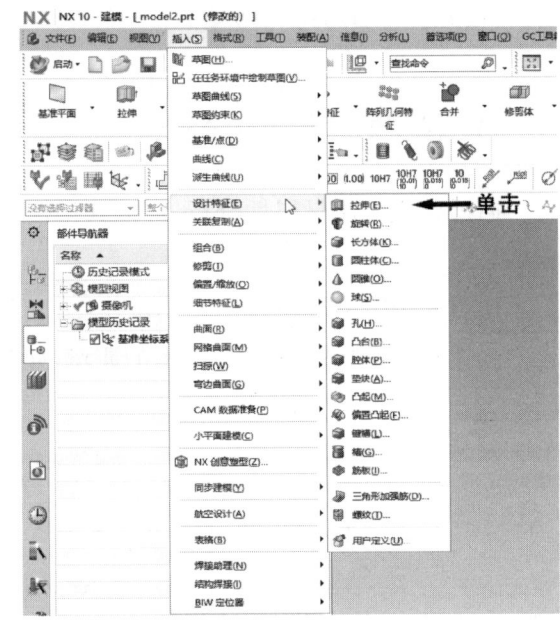

图 1-32 单击"拉伸"选项

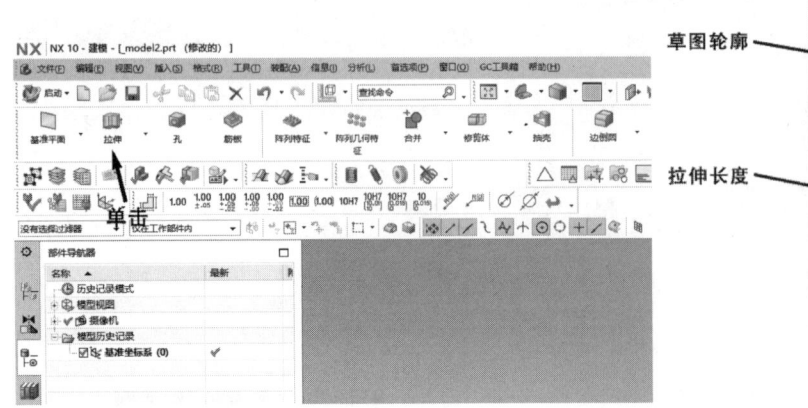

图 1-33 单击"拉伸"按钮

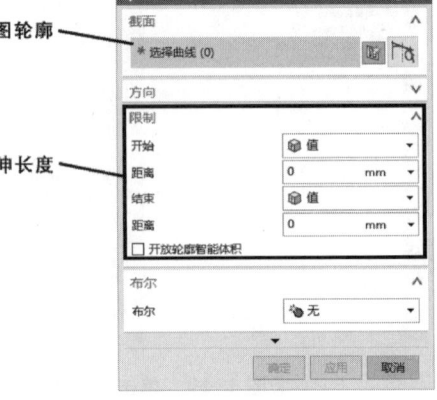

图 1-34 "拉伸"对话框

十、旋转特征

旋转是指将草图截面或曲线等二维对象绕指定的旋转轴线旋转一定角度而形成的实体模型,如带轮、法兰盘和轴类等零件。

在 NX 10.0 中,用户可以通过以下两种操作创建旋转特征。

(1) 在功能区"主页"选项卡的"特征"选项板中,单击"拉伸"下拉列表中的" 旋转"选项,如图 1-35 所示。

(2) 在边框条中,单击插入→设计特征→ 旋转,如图 1-36 所示。

在弹出的"旋转"对话框(图 1-37)中可进行旋转操作。

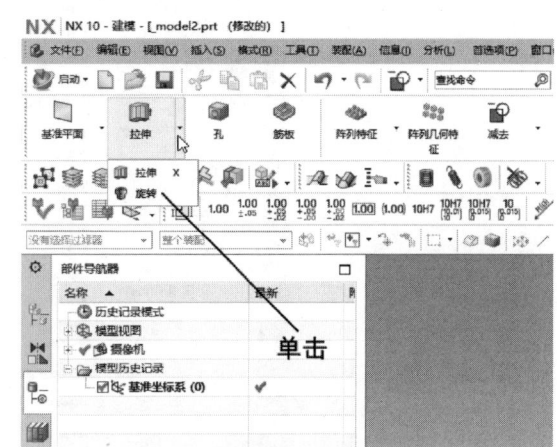

图 1-35 单击"旋转"按钮

图 1-36 单击"旋转"选项

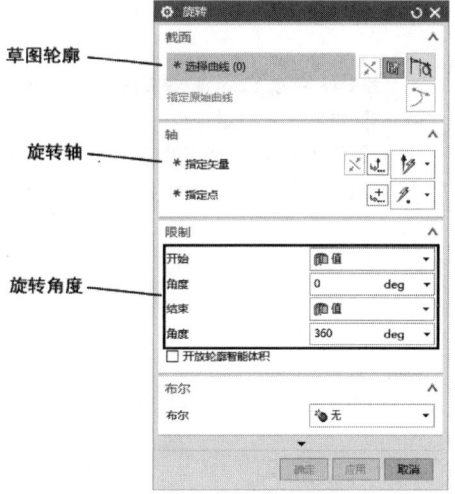

图 1-37 "旋转"对话框

十一、扫掠特征

扫掠是将曲线轮廓沿 1～3 条引导线串穿过空间中的一条路径形成实体或片体的过程。在 NX 10.0 中,用户可以通过以下两种操作创建扫掠特征。

(1) 在边框条中,单击插入→扫掠→ 扫掠,如图 1-38 所示。

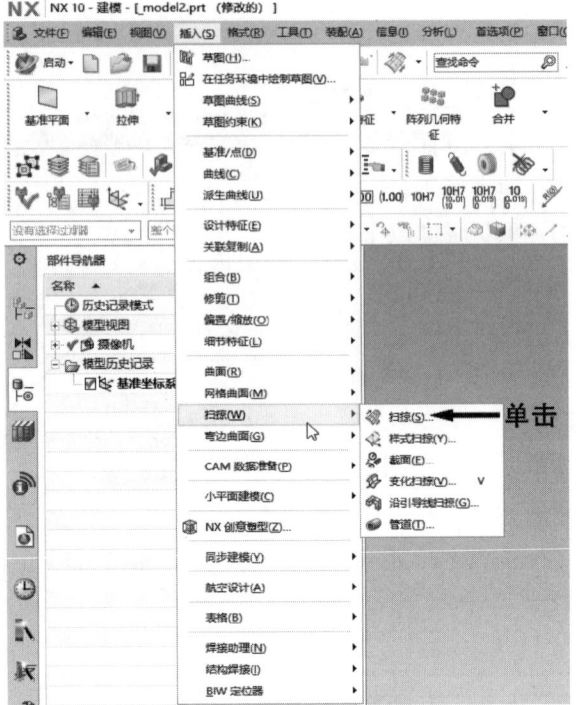

图 1-38　单击"扫掠"选项

(2) 在功能区"主页"选项卡的"曲面"功能区中,单击" 扫掠"按钮,如图 1-39 所示。

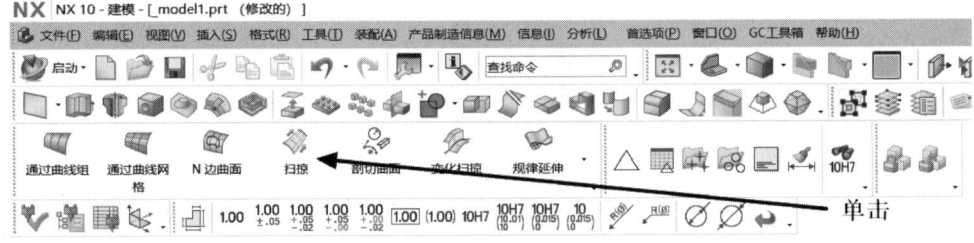

图 1-39　单击"扫掠"按钮

在弹出的"扫掠"对话框(图 1-40)中可进行扫掠操作。

十二、抽壳

抽壳又称镂空,是使用移除材料的方法创建一个壳体。执行抽壳操作后,对象表面的厚度可以是相等的,也可以是不等的。

在 NX 10.0 中,用户可以通过以下两种操作创建抽壳特征。

(1) 在边框条中,单击插入→偏置/缩放→ 抽壳,如图 1-41 所示。

(2) 在功能区"主页"选项卡的"特征"选项板中,单击" 抽壳"按钮,如图 1-42 所示。

在弹出的"抽壳"对话框(图 1-43)中可进行抽壳操作。

图 1-40 "扫掠"对话框

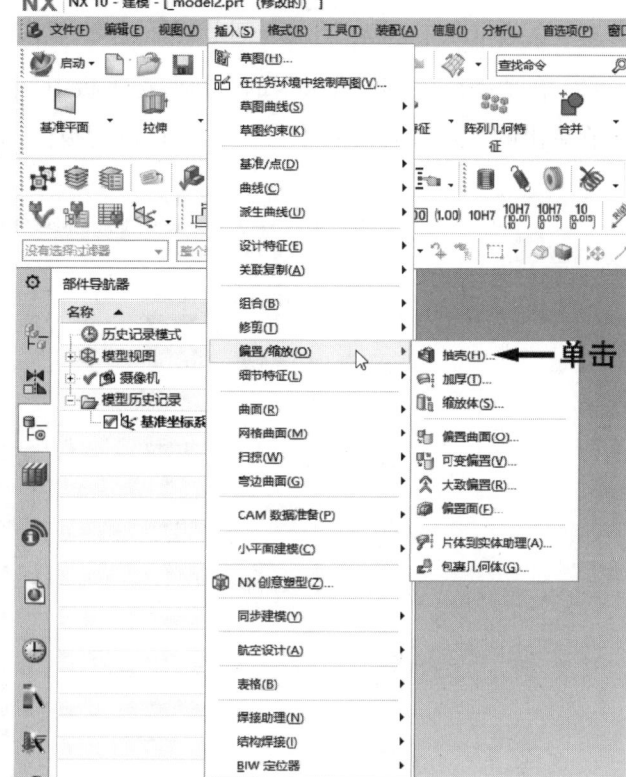

图 1-41 单击"抽壳"选项

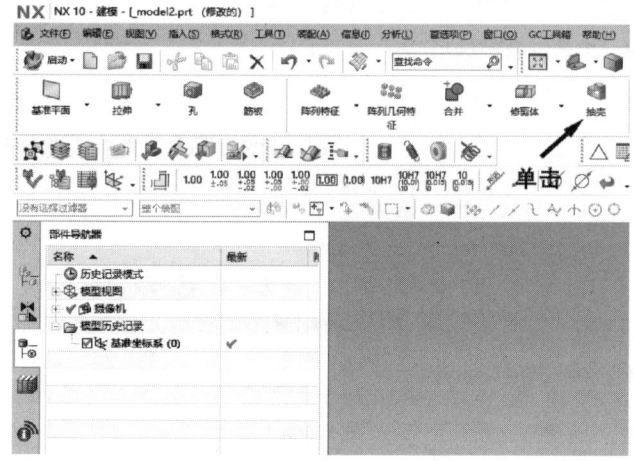

图 1-42 单击"抽壳"按钮

图 1-43 "抽壳"对话框

十三、拔模

拔模命令通过更改相对于脱模方向的角度来修改小平面。

在 NX 10.0 中,用户可以通过以下两种操作创建拔模特征。

(1) 在边框条中,单击插入→细节特征→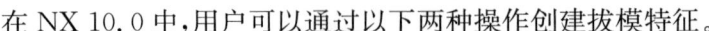拔模,如图 1-44 所示。

(2) 在功能区"主页"选项卡的"特征"选项板中,单击"拔模"按钮,如图 1-45 所示。

在弹出的"拔模"对话框(图 1-46)中可进行拔模操作。

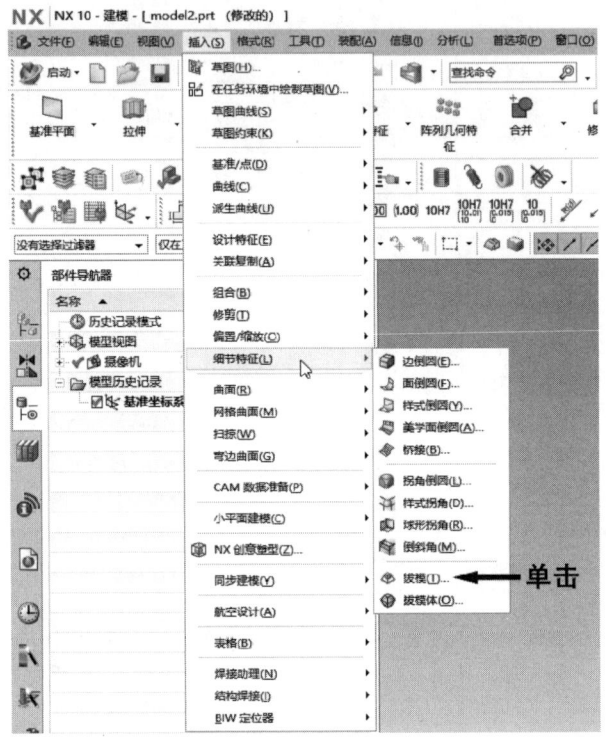

图 1-44 单击"拔模"选项

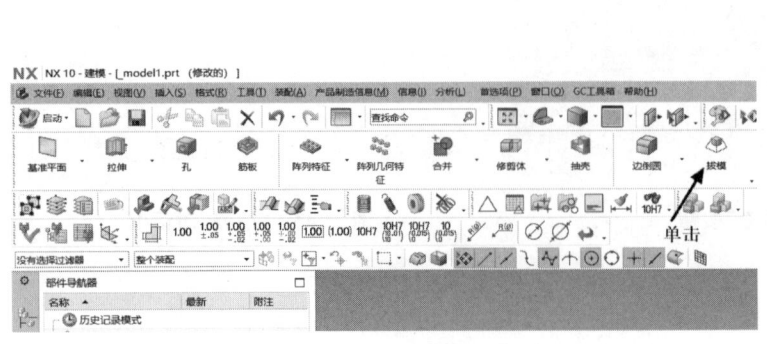

图 1-45 单击"拔模"按钮

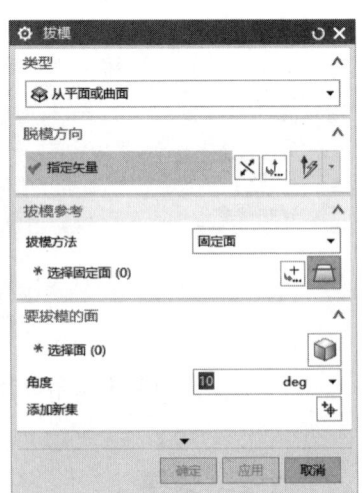

图 1-46 "拔模"对话框

十四、阵列

阵列特征可以快速创建与已有的特征相同形状的多个呈一定规律分布的特征,利用该特征可以对面或体进行多个成组的镜像或复制。

在 NX 10.0 中,用户可以通过以下两种操作创建阵列特征。

(1) 在边框条中,单击插入→关联复制→阵列特征,如图 1-47 所示。

(2) 在功能区"主页"选项卡的"特征"选项板中,单击"阵列特征"按钮,如图 1-48 所示。

在弹出的"阵列特征"对话框(图 1-49)中可进行阵列特征操作。

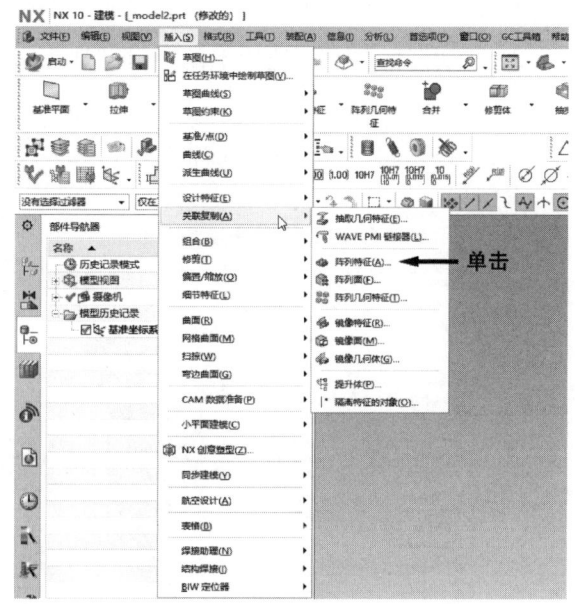

图 1-47 单击"阵列特征"选项

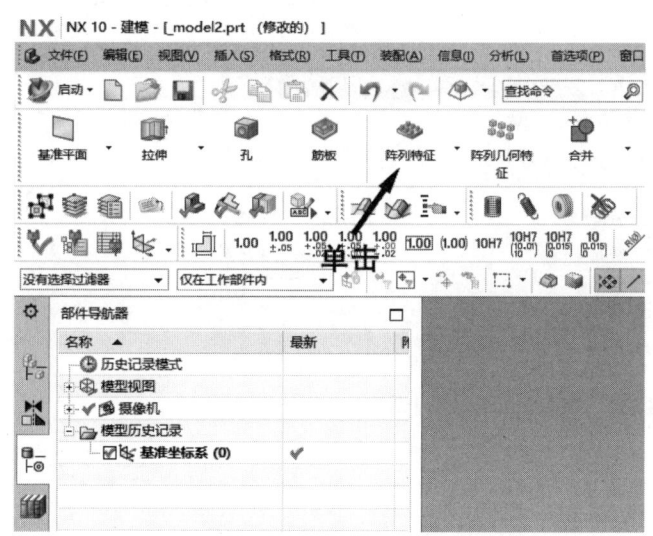

图 1-48 单击"阵列特征"按钮

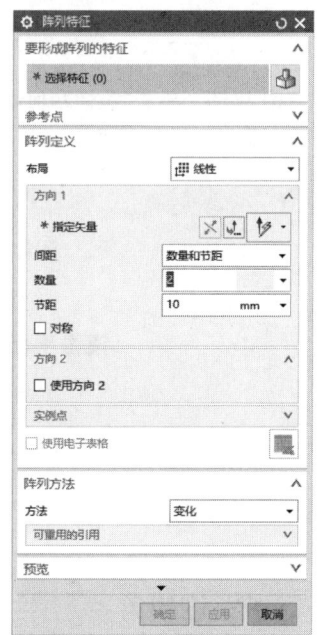

图 1-49 "阵列特征"对话框

十五、镜像几何体

镜像几何体用于复制几何体后根据指定平面创建镜像。

在 NX 10.0 中，用户可以通过以下两种操作创建镜像几何体。

（1）在边框条中单击插入→关联复制→镜像几何体，如图 1-50 所示。

（2）在功能区"主页"选项卡的"特征"选项板中，单击"镜像几何体"按钮，如图 1-51 所示。

在弹出的"镜像几何体"对话框（图 1-52）中可进行镜像几何体操作。

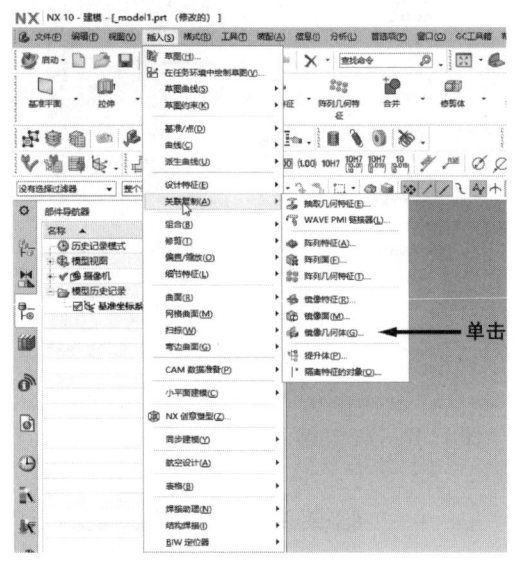

图 1-50　单击"镜像几何体"选项

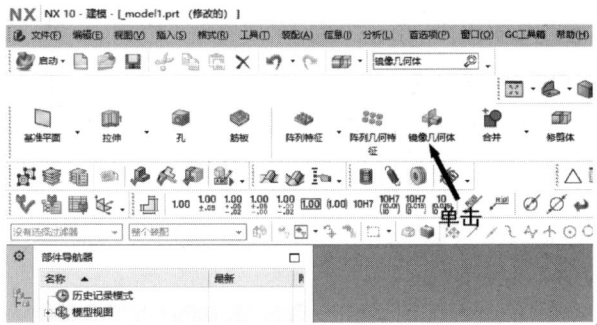

图 1-51　单击"镜像几何体"按钮

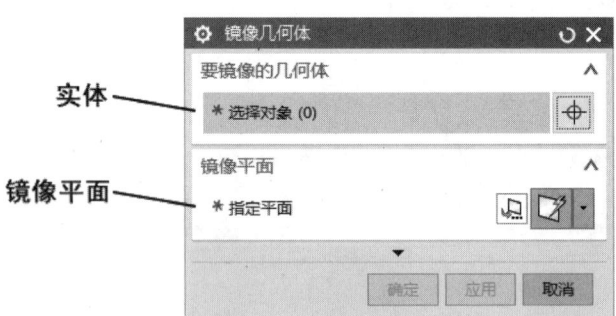

图 1-52　"镜像几何体"对话框

十六、倒斜角

倒斜角功能可以使实体的边缘变成多边形。

在 NX 10.0 中，用户可以通过以下两种操作创建倒斜角特征。

（1）在功能区"主页"选项卡的"特征"选项板中，单击"倒斜角"按钮，如图 1-53 所示。

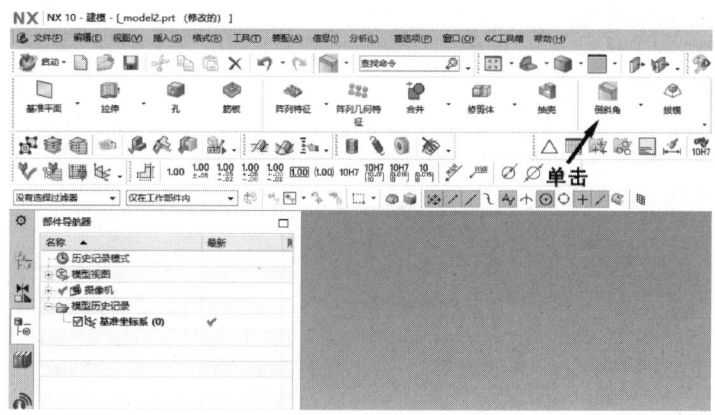

图 1-53 单击"倒斜角"按钮

（2）在边框条中，单击插入→细节特征→倒斜角，如图 1-54 所示。

在弹出的"倒斜角"对话框（图 1-55）中可进行倒斜角操作。

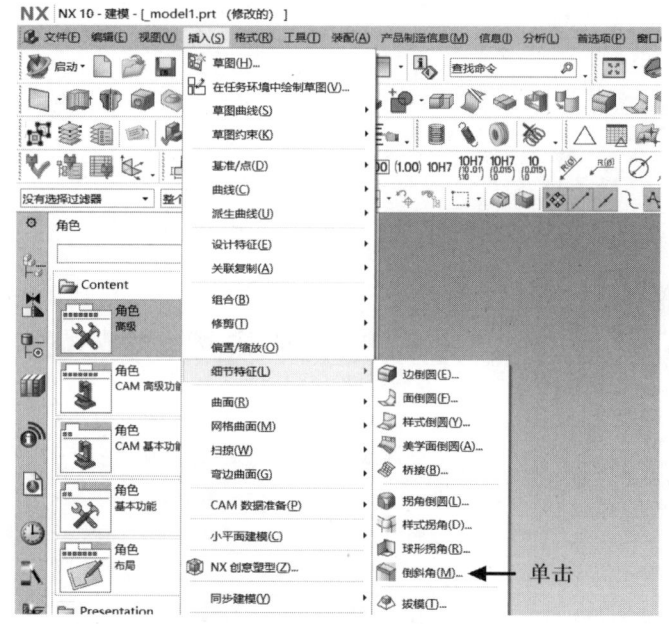

图 1-54 单击"倒斜角"选项

图 1-55 "倒斜角"对话框

十七、边倒圆

边倒圆功能在 NX 的建模过程中比较常用，主要应用于边缘要产生边倒圆的对象。

在 NX 10.0 中，用户可以通过以下两种操作创建边倒圆特征。

（1）在功能区"主页"选项卡的"特征"选项板中，单击"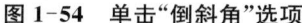边倒圆"按钮，如图 1-56 所示。

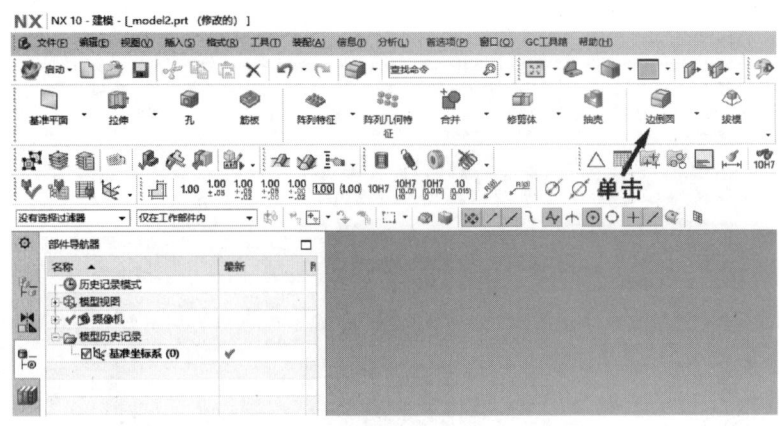

图 1-56　单击"边倒圆"按钮

（2）在边框条中，依次单击插入→细节特征→ 边倒圆，如图 1-57 所示。

在弹出的"边倒圆"对话框（图 1-58）中可进行边倒圆操作。

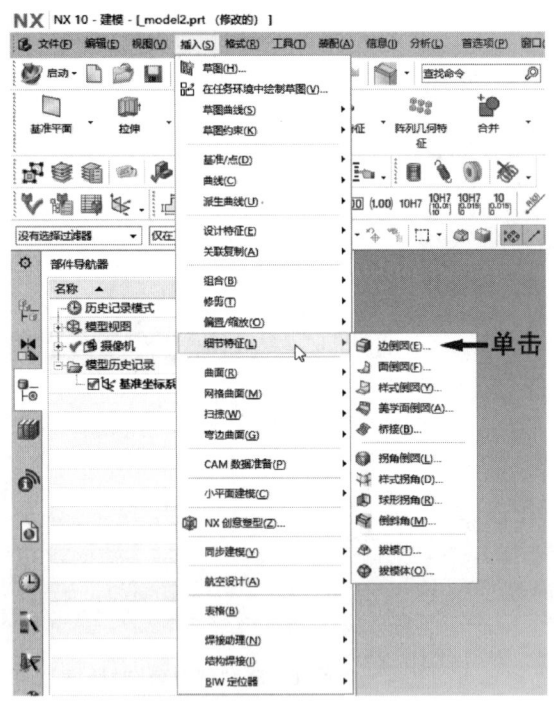

图 1-57　单击"边倒圆"选项

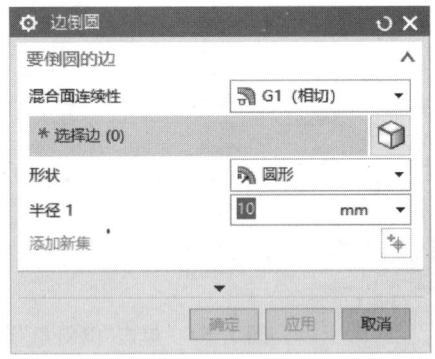

图 1-58　"边倒圆"对话框

十八、基准平面

在零件建立过程中，可将基准平面作为参照用在尚无基准平面的零件中。在没有其他合适的平面曲面时，还可以在新建立的基准平面上草绘或放置该特征。

选择插入→基准/点→基准平面,打开"基准平面"对话框(图1-59)。

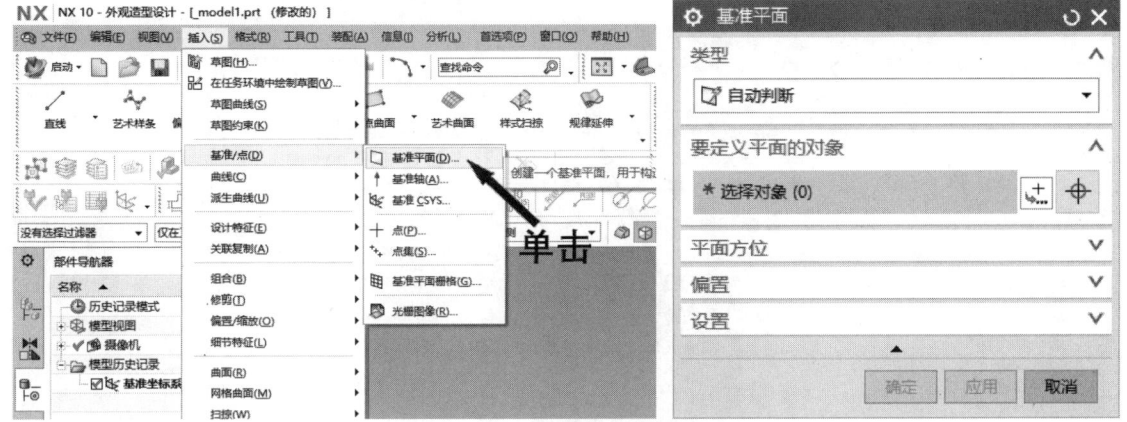

图1-59 打开"基准平面"对话框

该对话框的主要选项含义如下。

(1) 自动判断:系统根据所选对象创建基准平面。

(2) 按某一距离:通过与已存在的参考平面或基准面进行偏置得到新的基准平面。

(3) 成一角度:通过与一个平面或基准面成指定角度来创建基本平面。

(4) 二等分:在两个相互平行的平面或基准平面的对称中心处创建基准平面。

(5) 曲线和点:通过选择曲线和点来创建基准平面。

(6) 两直线:选择两条直线,若两条直线在同一平面内,则以这两条直线所在平面为基准平面;若两条直线不在同一平面内,那么基准平面通过一条直线且和另一条直线平行。

(7) 相切:通过和一曲面相切且通过该曲面上的点、线或平面来创建基准平面。

(8) 通过对象:以对象平面为基准平面。

(9) 点和方向:通过选择一个参考点和一个参考矢量来创建基准平面。

(10) 曲线上:通过已存在的曲线,创建在该曲线某点处与该曲线垂直的基准平面。

(11) 视图平面:根据视图方向创建基准平面。

系统还提供了 YC-ZC 平面、XC-ZC 平面、XC-YC 平面和按系数四种方法。也就是说,可选择 YC-ZC 平面、XC-ZC 平面、XC-YC 平面为基准平面,或单击"按系数"选项自定义基准平面。

十九、合并运算

合并运算通过组合多个实体生成一个新的实体。在组合一些不相交的实体时,虽然显示效果看起来还是多个实体,但实际却是一个对象。

在 NX 10.0 中,用户可以通过以下两种操作进行合并运算。

(1) 在功能区"主页"选项卡"特征"选项板中,单击 合并 按钮,如图1-60所示。

(2) 在边框条中,单击插入→组合→ 合并,如图1-61所示。

在弹出的"合并"对话框(图1-62)中可进行合并实体操作。

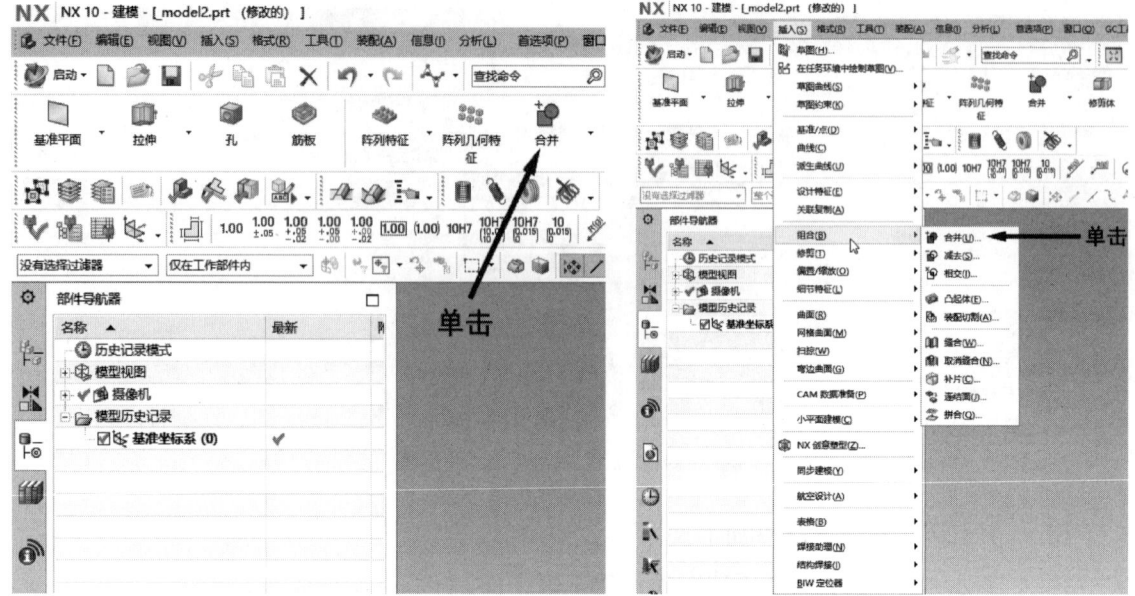

图1-60　单击"合并"按钮　　　　　图1-61　单击"合并"选项

图1-62　"合并"对话框

二十、减去运算

减去运算是指从所选的实体特征中删除一个或多个实体,从而生成一个新的实体特征。

在NX 10.0中,用户可以通过以下两种操作进行减去运算。

(1) 在功能区"主页"选项卡"特征"选项板中,单击"合并"下拉按钮,在下拉列表中单击"减去"选项,如图1-63所示。

(2) 在边框条中,单击插入→组合→减去,如图1-64所示。

在弹出的"求差"对话框(图1-65)中可进行减去实体操作。

项目一 典型零件造型

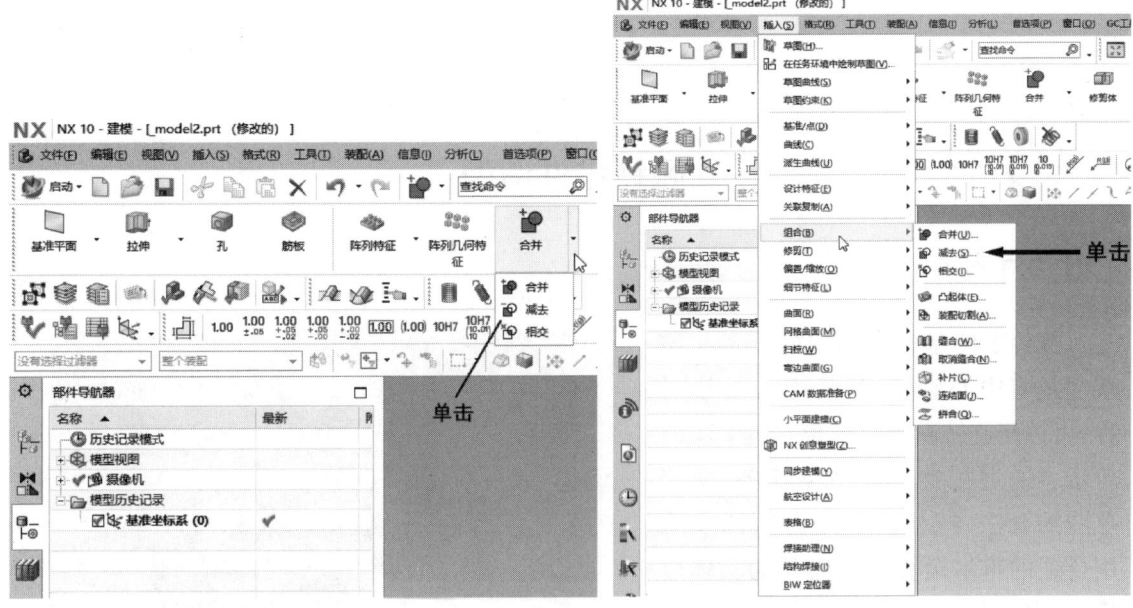

图 1-63 单击"减去"选项 1　　　　　　图 1-64 单击"减去"选项 2

图 1-65 "求差"对话框

二十一、孔

孔特征在机械金属零件、注塑件中较为常见。

在"特征"面板中单击"孔"按钮，打开图 1-66 所示的"孔"对话框。系统提供的孔类型包括常规孔、钻形孔、螺钉间隙孔、螺纹孔和孔系列。孔特征的默认"布尔"选项为求差。

创建孔特征基本上要定义孔的类型、放置位置、方向、形状和尺寸（或规格）等参数。指定形状和尺寸（或规格）等参数只需在"孔"对话框中指定相关的有效值和选项即可。

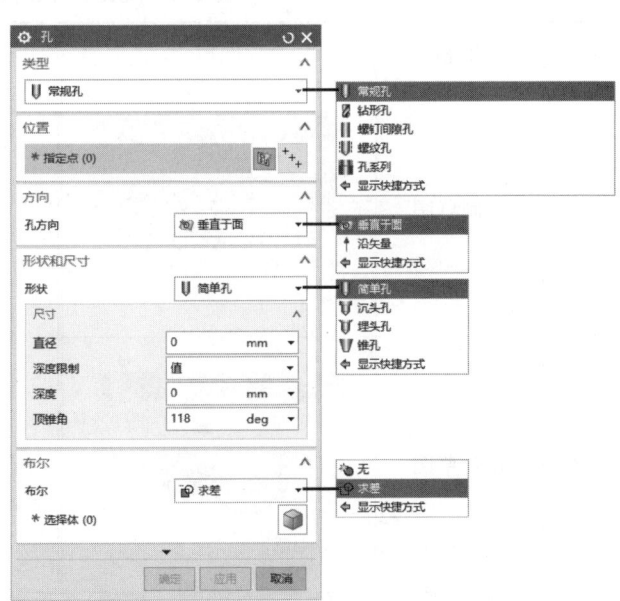

图 1-66 "孔"对话框

21

学习任务 1
哑铃零件造型

任务导入

哑铃零件是比较简单的零件。该零件具有中心轴线,且沿中心轴线对称,可以用旋转草图来建模,如图 1-67 所示。通过哑铃零件造型任务,学习草图的画法、拉伸的使用方法以及采用合适的布尔运算进行简单的实体建模,掌握对简单实体进行布尔运算的技巧,同时在三维建模过程中培养专业相关的创新能力。

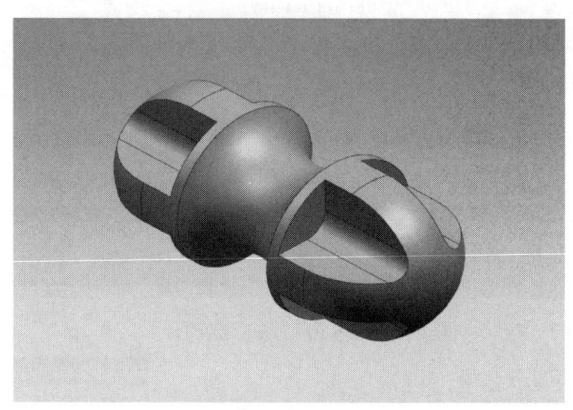

图 1-67 哑铃零件

任务流程

1. 参考造型方案

根据哑铃零件的特点和结构组成,设计哑铃零件建模参考方案,内容见表 1-1。

表 1-1 哑铃零件建模参考方案

序号	步骤	图示	序号	步骤	图示
1	绘制草图		3	创建基准平面	
2	旋转草图		4	绘制草图	

(续表)

序号	步骤	图示	序号	步骤	图示
5	求差	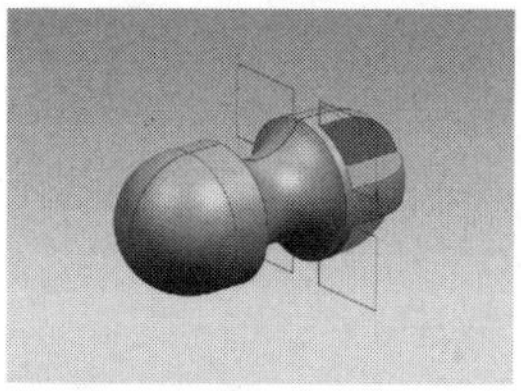	7	边倒圆	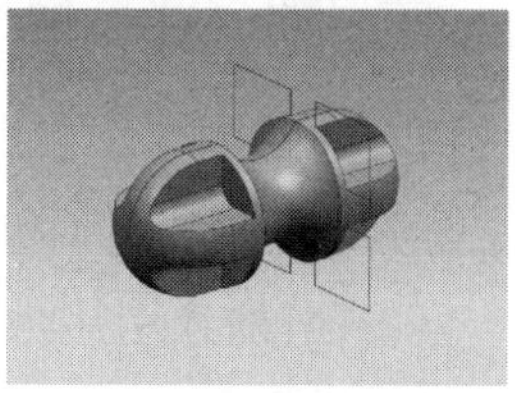
6	镜像特征	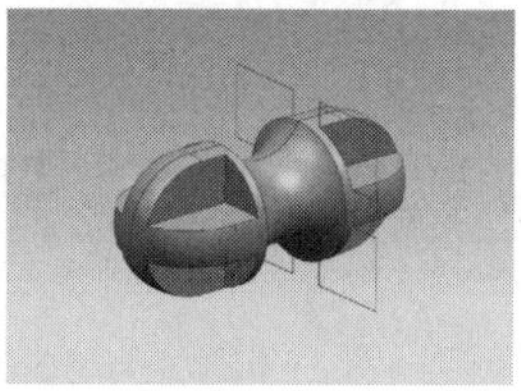			

2. 学生造型方案

学生根据自己对哑铃零件的分析,参照表 1-1 的建模方案,独立设计哑铃零件建模方案,并填写表 1-2。

表 1-2　学生哑铃零件建模方案

序号	步骤	图示	序号	步骤	图示
1			5		
2			6		
3			7		
4					
考评结论					

任务实施

一、预习效果检查

1. 判断题

(1) 当建立特征和尺寸约束草图时,系统将自动生成表达式。　　　　　　( )

(2) 当加入引用数的值时,原特征包括在计数中。　　　　　　　　　　　( )

2. 填空题

(1) NX 10.0 包含几十个功能模块,按照他们的应用类型分为_____、_____、_____和其他专用模块。

(2) NX 10.0 可创建_____、_____、_____、_____四种基本体。

3. 选择题

(1) _____可以绕点旋转模型。(　　)

　　A. 单击鼠标中键,旋转模型

　　B. 按住鼠标中键不放,出现绿色"十字"图标后旋转模型

　　C. 单击鼠标左键,旋转模型

　　D. 鼠标左、右键同时按下,旋转模型

(2) 在"视图"工具条中单击_____按钮,可以调整工作视图的中心和比例以显示所有对象。(　　)

　　A. 平移　　　　　B. 放大/缩小　　　　　C. 缩放　　　　　D. 适合窗口

二、零件结构分析

1. 参考零件图样分析

哑铃零件图样如图 1-68 所示。零件整体结构简单,可以使用草图绘制、旋转、布尔运算、镜像几何体和边倒圆的方法进行特征创建。

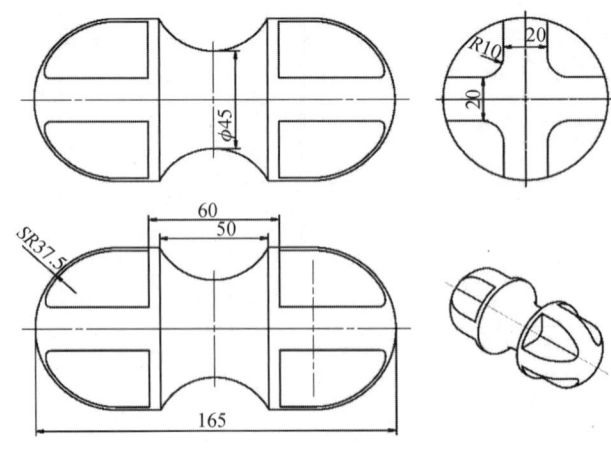

图 1-68　哑铃零件图样(单位:mm)

2. 学生零件图样分析

参考以上提示,独立完成哑铃零件的图样分析,并填写表1-3。

表1-3 哑铃零件图样分析

序号	项目	分析结果
1	哑铃零件外形特点	
2	哑铃零件结构组成	
3	教师评价	

三、建模实施过程

1. 新建文件并保存

要求 在"新文件名"选项组的"名称"文本框中输入"哑铃零件.prt",并指定保存路径。

2. 绘制旋转体草图

要求 中心点位置为(0,0,0)。

(1) 在边框条中,依次单击插入→草图,弹出"创建草图"对话框,草图类型选择"在平面上"选项,并选择坐标系YZ平面开始绘制草图,如图1-69所示。

(2) 在"主页"选项卡中打开"直接草图"对话框,选择直线→圆弧→快速尺寸,进行草图绘制,如图1-70所示。

(3) 单击"完成草图"按钮,生成旋转体草图。

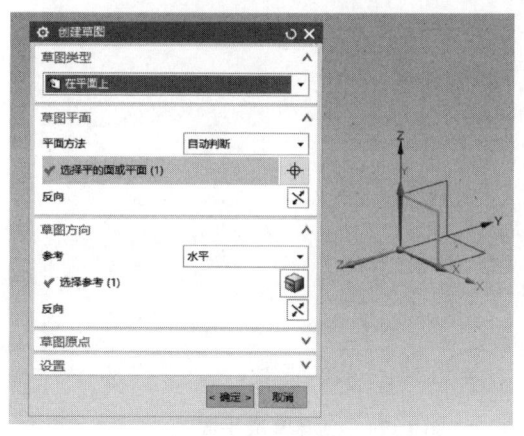

图1-69 "创建草图"对话框   图1-70 创建旋转体草图界面示意

3. 旋转

要求 以长度为165 mm的线段所在直线为轴进行草图旋转。

(1) 在边框条中,依次单击插入→设计特征→旋转,弹出"旋转"对话框,如图1-71所示。

(2) 在"旋转"对话框中,截面选择图1-70的草图,轴选择长度为165 mm的直线段,单击"确定"按钮,生成实体,如图1-72所示。

图1-71 "旋转"对话框

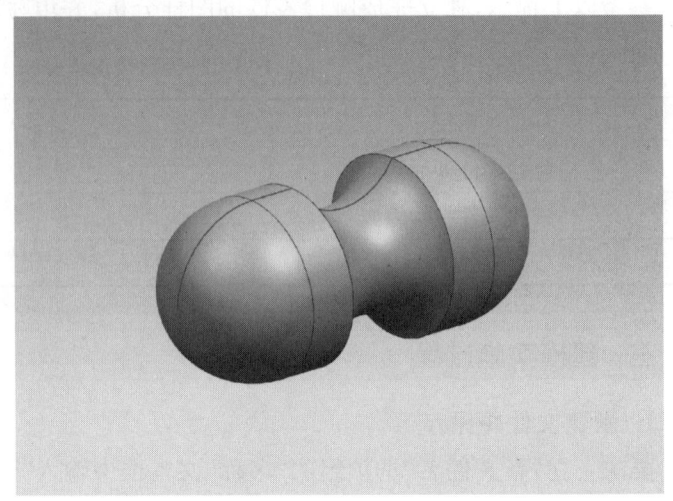

图1-72 旋转草图实体

4. 创建基准平面

(1) 在边框条中,依次单击插入→基准/点→基准平面,设置类型为"按某一距离"选项,平面参考选择坐标系 XZ 平面,"偏置"选项区的距离设置为 30 mm,如图1-73所示。

(2) 单击"确定"按钮,生成基准平面,如图1-74所示。

图1-73 "基准平面"对话框

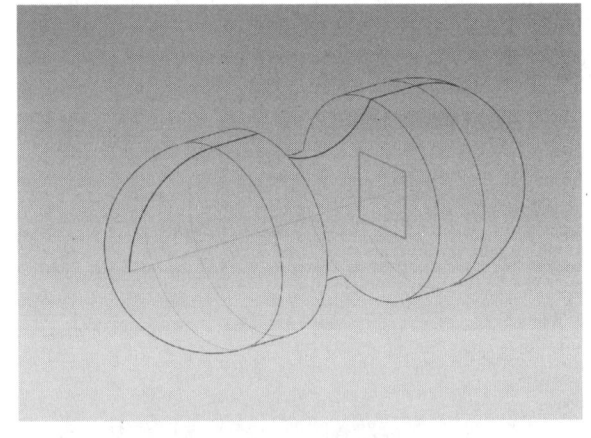

图1-74 创建基准平面

5. 绘制求差草图

(1) 在边框条中,依次单击菜单→插入→草图命令,弹出"创建草图"对话框,草图类型选择"在平面上"选项,选择图1-74的基准平面开始绘制草图,如图1-75所示。

(2) 在"主页"选项卡打开"直接草图"对话框,使用"矩形""快速尺寸"按钮进行草图绘制,如图1-76所示。

(3) 单击"完成草图"按钮,生成旋转体求差草图。

项目一　典型零件造型

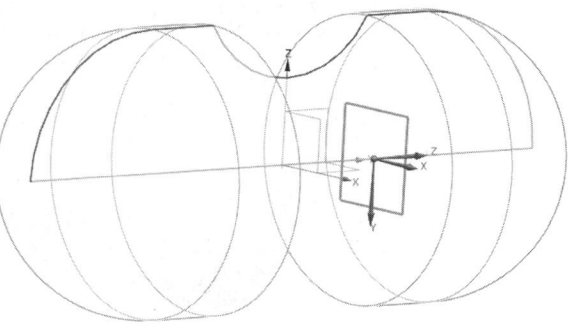

图 1-75　"创建草图"对话框

6. 求差

（1）在边框条中，依次单击菜单→插入→设计特征→拉伸，弹出"拉伸"对话框，如图 1-77 所示。

（2）在"拉伸"对话框中，"截面"选择图 1-76 的草图，"限制"选项区中距离设置为 50 mm，布尔选择"求差"选项，显示如图 1-78 所示。

（3）单击"确定"按钮，切除实体，如图 1-79 所示。

7. 镜像

（1）在边框条中，依次单击插入→关联复制→镜像特征，弹出"镜像特征"对话框，如图 1-80 所示。

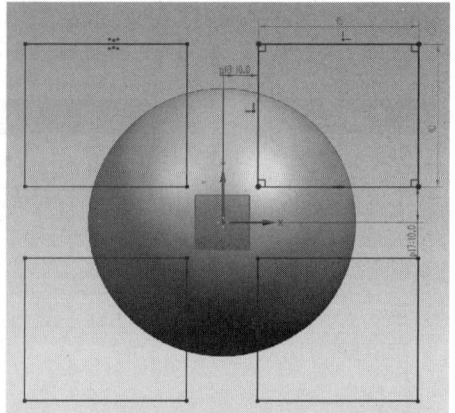

图 1-76　创建求差草图示意

（2）在"镜像特征"对话框中，选择"拉伸"特征，镜像平面选择坐标系 XZ 平面。

（3）单击"确定"按钮，镜像特征如图 1-81 所示。

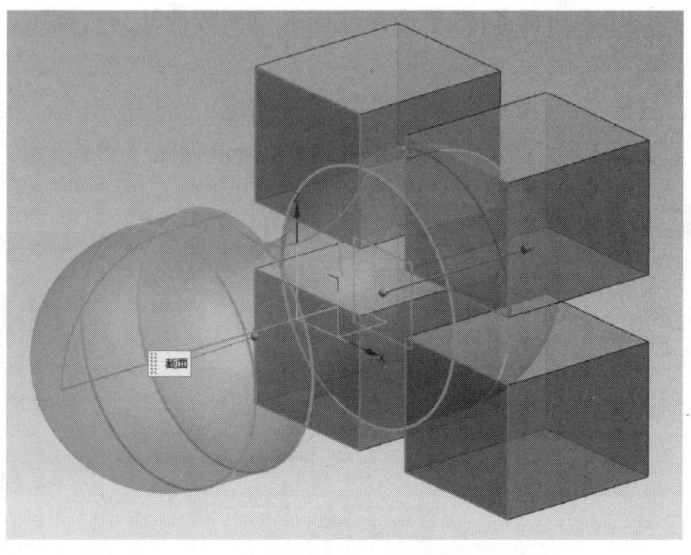

图 1-77　"拉伸"对话框　　　　　　图 1-78　求差步骤

27

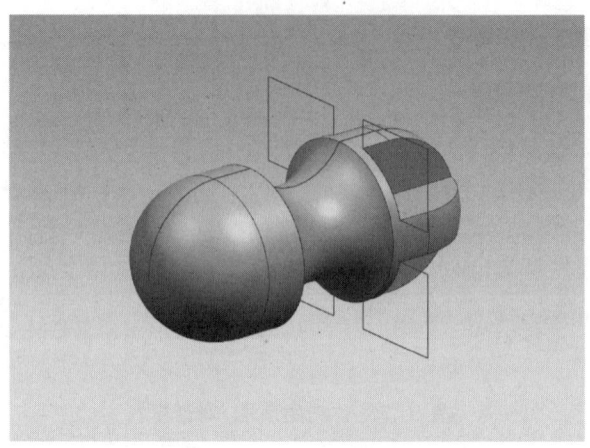

图 1-79　求差完成

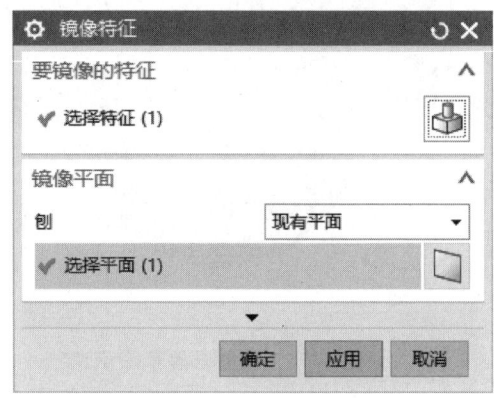

图 1-80　"镜像特征"对话框

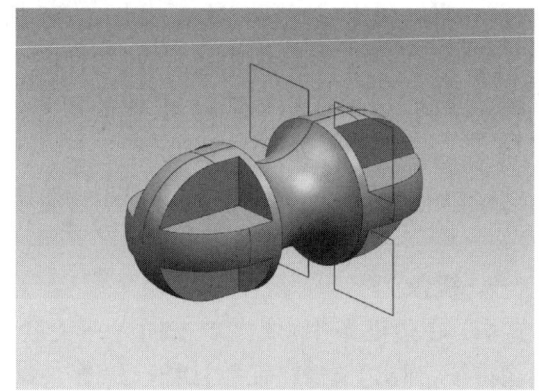

图 1-81　镜像特征

8. 边倒圆

（1）在边框条中，依次单击插入→细节特征→边倒圆，弹出"边倒圆"对话框，如图 1-82 所示。

（2）在"边倒圆"对话框中，选择如图 1-83 所示的 8 条线，半径设置为 10 mm。

（3）单击"确定"按钮，生成圆角，模型如图 1-84 所示。

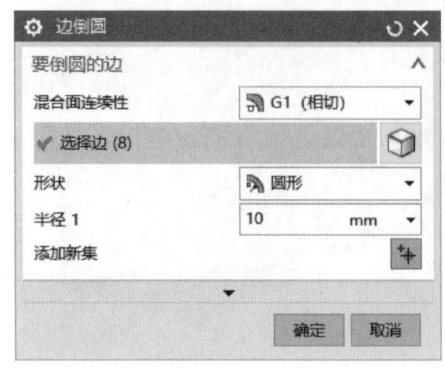

图 1-82　"边倒圆"对话框

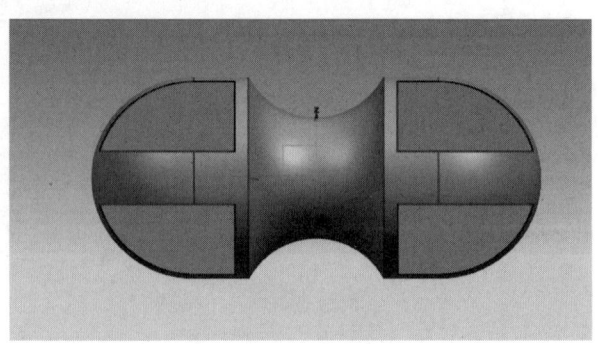

图 1-83　边倒圆

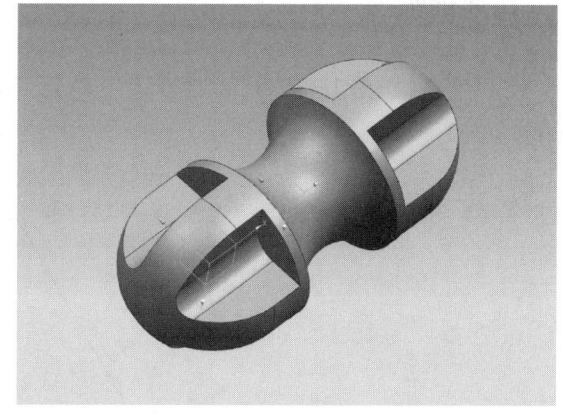

图 1-84 哑铃零件模型

9. 质量检测

在边框条中,依次单击分析→测量体,弹出"测量体"对话框,在下拉列表中选择"质量"选项,系统显示该模型的质量,如图 1-85 所示。

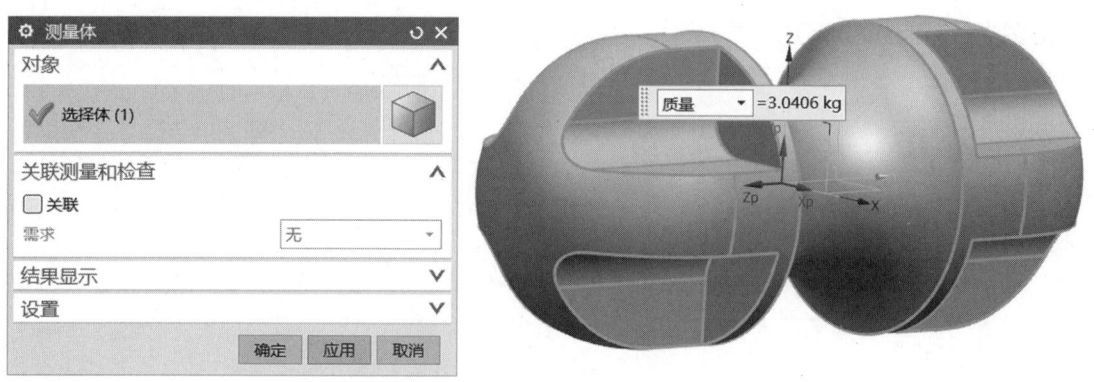

图 1-85 显示质量

任务评价

班级:		姓名:	学号:	成绩:
序号	评价内容	评价标准	评价结果(优/良/合格/不合格)	
1	基础知识的应用	能掌握相关命令的使用方法		
2	建模的基本流程	能按照零件合理设计基本流程		
3	安全文明	无安全隐患,无违章操作		

拓展训练

1. 绘制如图 1-86 所示的等边三角形草图轮廓。问该草图的轮廓周长为多少？（单位：mm）

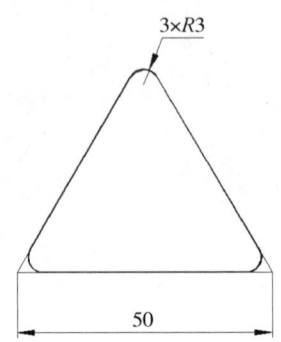

图 1-86　三角形草图轮廓（单位：mm）

2. 以题 1 的草图为例，问该草图轮廓所围成的区域面积为多少？（单位：mm²）

3. 绘制如图 1-87 所示草图轮廓。问该草图轮廓所围成的区域的周长（含 30×60 区域）是多少？（单位：mm）

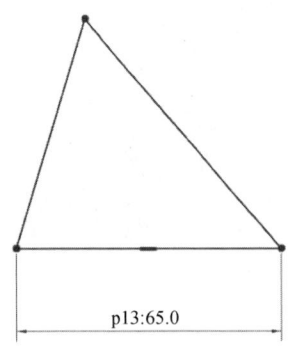 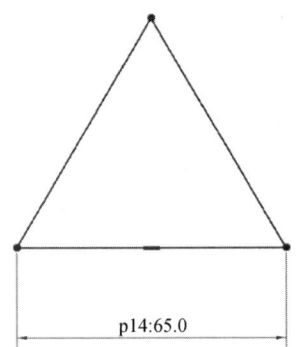

图 1-87　梯形草图轮廓

4. 图 1-88 中的建模过程使用了何种工具？（　　　）

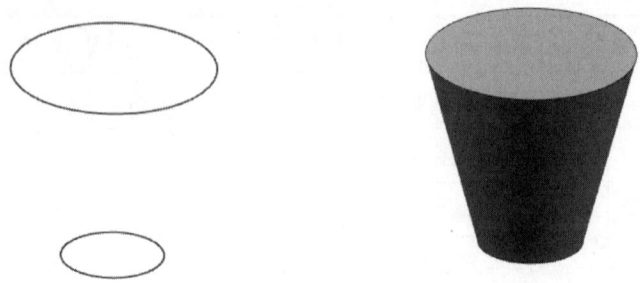

图 1-88　建模过程

A. 填充曲面　　　B. 通过曲线组　　　C. 扫掠　　　D. 拔模

5. 以下关于常用工具描述错误的是(　　)。
   A. 抽壳：通过应用壁厚并打开选定的面修改实体
   B. 孔：添加一个孔到部件或装配的一个或多个实体上,选项可为沉头孔、埋头孔和螺纹孔
   C. 边倒圆：对曲面的边进行倒圆。半径可以是常数或变量
   D. 倒斜角：对面之间的锐边进行倒斜角

学习任务 2
松果零件造型

任务导入

松果零件是比较简单的零件。该零件应具有中心轴线,且沿该轴线对称,可以用旋转草图进行建模,如图 1-89 所示。通过松果零件造型任务以及草图的镜像、旋转的使用方法以及采用合适的布尔运算进行简单的实体建模,掌握对简单实体进行布尔运算的技巧,同时在三维建模过程中培养专业相关的创新能力。

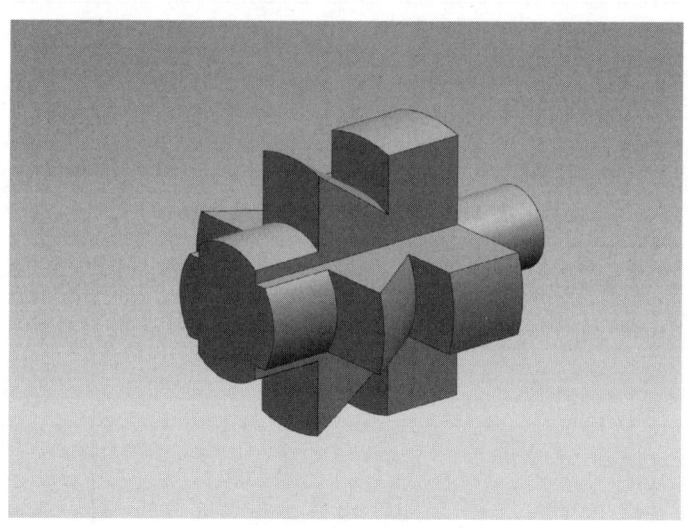

图 1-89　松果零件

任务流程

1. 参考造型方案

根据松果零件的特点和结构组成,设计松果零件建模参考方案,内容见表 1-4。

表 1-4 松果零件建模参考方案

序号	步骤	图示	序号	步骤	图示
1	绘制草图	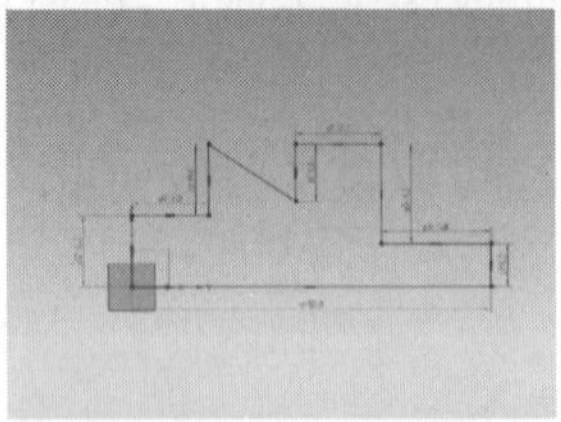	4	镜像曲线	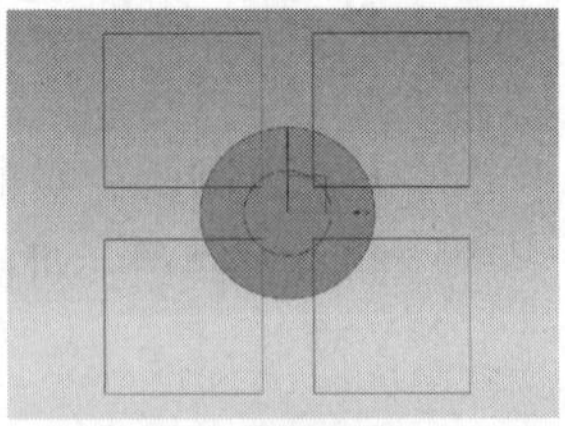
2	旋转草图		5	求差	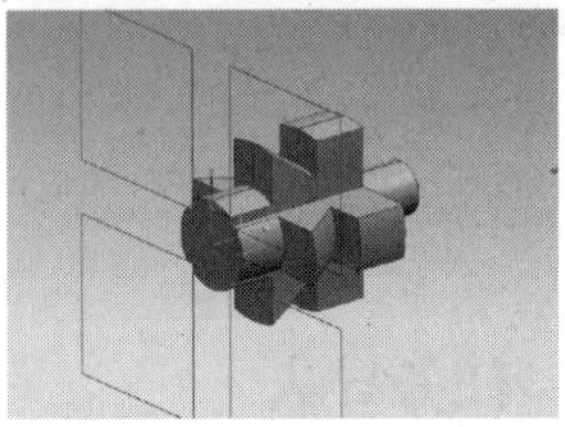
3	绘制草图	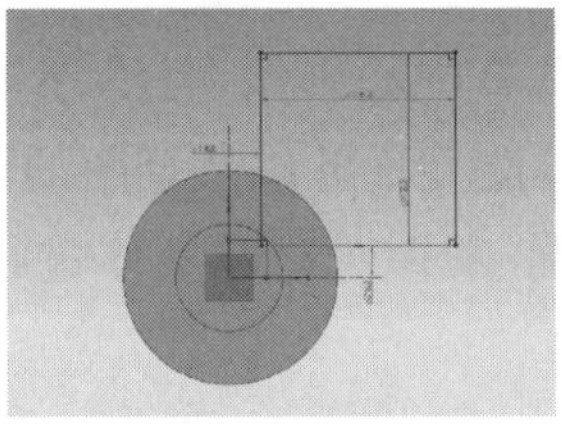			

2. 学生造型方案

学生根据自己对松果零件的分析,参照表 1-4 的参考方案,独立设计松果零件建模方案,并填写表 1-5。

表 1-5 学生松果零件建模方案

序号	步骤	图示	序号	步骤	图示
1			4		
2			5		
3					
考评结论					

任务实施

一、预习效果检查

1. 判断题

(1) 对于沟槽特征,安放表面必须是柱面或锥面。（　　）

(2) 可以不打开草图,利用部件导航器改变草图尺寸。（　　）

2. 填空题

(1) ＿＿＿＿＿＿特征可以生成直径、形状、大小不同的圆柱体。

(2) NX 软件是一款集 CAD、CAM、CAE 于一体的机械工程辅助系统,它采用基于＿＿＿＿＿＿的实体造型。

3. 选择题

(1) 特征建模时,特征不能单独存在的有(　　)。

　　A. 长方体　　　B. 圆柱体　　　C. 孔　　　D. 球

(2) 在进行布尔操作时,需要的体对象是(　　)。

　　A. 目标体、工具体　　　　　B. 工具体
　　C. 目标体　　　　　　　　　D. 实体、曲面体

二、零件结构分析

1. 参考零件图样分析

松果零件图样如图 1-90 所示。零件整体结构简单,可以使用草图绘制、镜像曲线、旋转和布尔运算等方法进行特征创建。

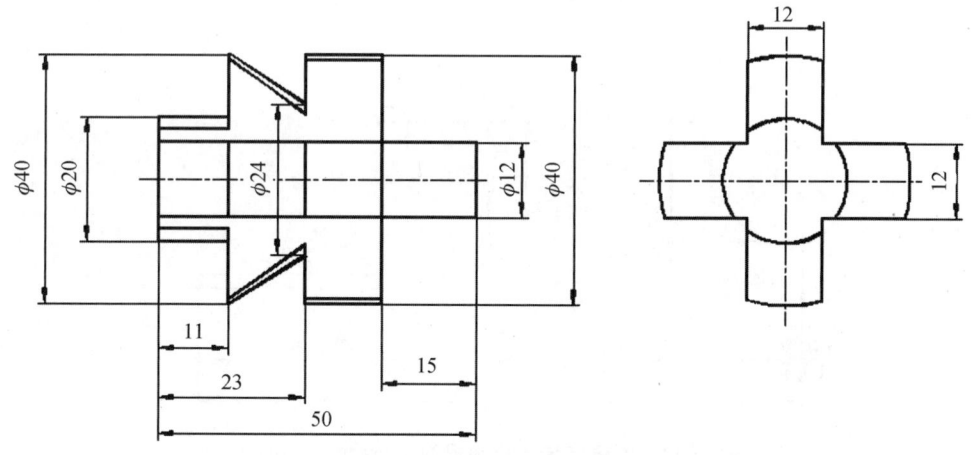

图 1-90　松果零件图样(单位:mm)

2. 学生零件图样分析

参考以上提示,独立完成松果零件的图样分析,并填写表 1-6。

表 1-6　松果零件图样分析

序号	项目	分析结果
1	松果零件外形特点	
2	松果零件结构组成	
3	教师评价	

三、建模实施过程

1. 新建文件并保存

要求　在"新文件名"选项区的"名称"文本框中输入"松果零件.prt",并指定保存路径。

2. 绘制旋转体草图

要求　中心点位置为(0,0,0)。

(1) 在边框条中,单击插入→草图,弹出"创建草图"对话框,草图类型选择"在平面上"选项,选择坐标系 YZ 平面,开始绘制草图,如图 1-91 所示。

(2) 在"主页"选项卡打开"直接草图"对话框,使用"直线""快速尺寸"按钮进行草图绘制,如图 1-92 所示。

(3) 单击"完成草图"按钮,生成旋转体草图。

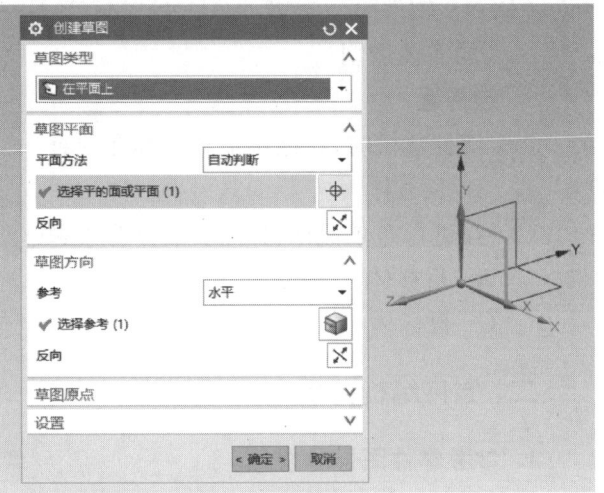

图 1-91　求差完成

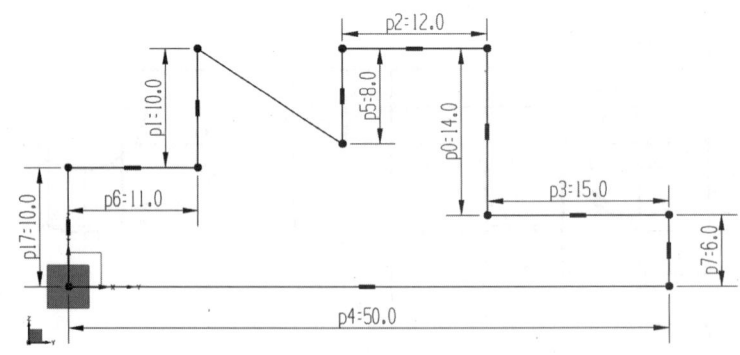

图 1-92　创建旋转体草图界面示意(单位:mm)

3. 旋转

要求　以 50 mm 直线为轴进行草图旋转。

(1) 在边框条中,依次单击插入→设计特征→旋转,弹出"旋转"对话框,如图1-93所示。

(2) 在"旋转"对话框中,截面选择图1-92的草图,轴选择50 mm直线,单击"确定"按钮,生成实体,如图1-94所示。

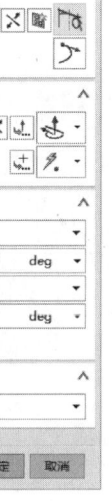

图1-93 "旋转"对话框

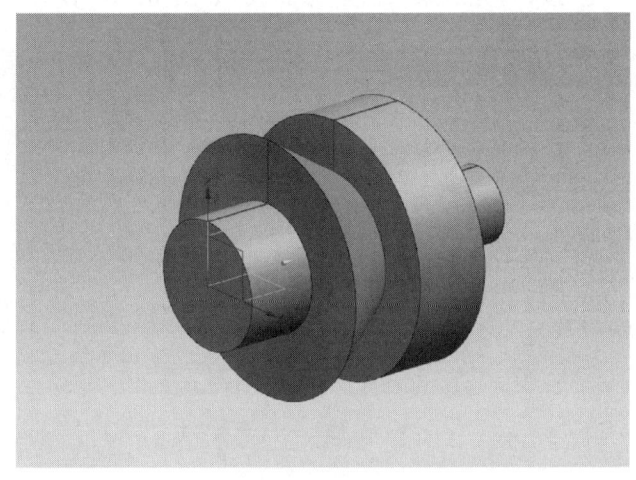

图1-94 旋转草图生成实体

4. 绘制求差草图

(1) 在边框条中,依次单击插入→草图,弹出"创建草图"对话框,草图类型选择"在平面上"选项,选择坐标系XZ平面,开始绘制草图,如图1-95所示。

(2) 在"主页"选项卡打开"直接草图"对话框,使用"矩形""快速尺寸"按钮进行草图绘制,如图1-96所示。

(3) 单击"完成草图"按钮,生成旋转体草图。

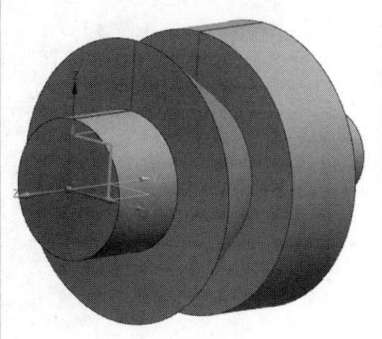

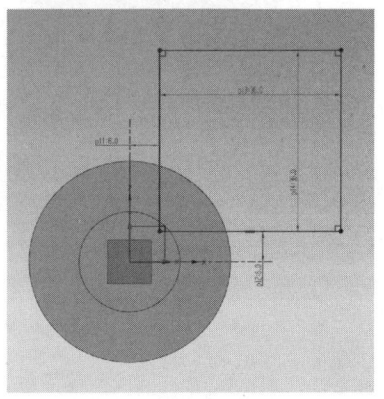

图1-95 "创建草图"对话框   图1-96 创建求差草图界面示意

5. 镜像曲线

(1) 在边框条中,依次单击插入→派生曲线→镜像,弹出"镜像曲线"对话框,如图1-97所示。

(2) 在"镜像曲线"对话框中,曲线选择图1-96的草图,镜像平面选择坐标系YZ平面,单击"应用"按钮,完成第一次镜像曲线。

(3) 在"镜像曲线"对话框中,曲线选择上方两矩形,镜像平面选择坐标系XY平面,单击"确定"按钮,完成第二次镜像曲线,如图1-98所示。

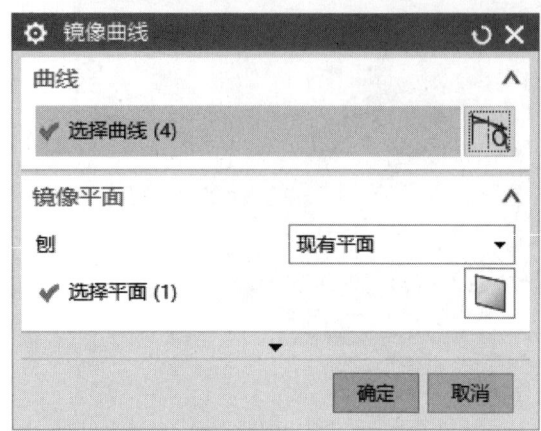

图1-97 "镜像曲线"对话框

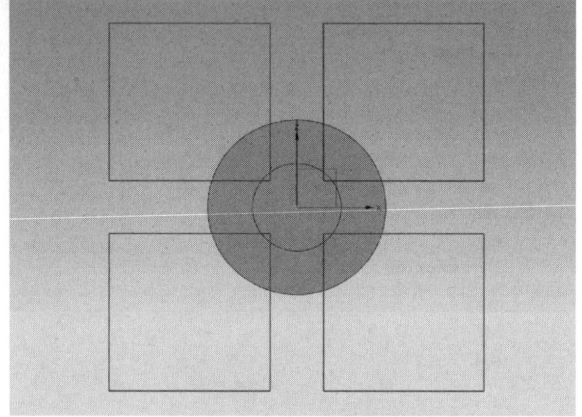

图1-98 镜像曲线示意

6. 求差

(1) 在边框条中,依次单击插入→设计特征→拉伸,弹出"拉伸"对话框,如图1-99所示。

(2) 在"拉伸"对话框中,"截面"选择图1-98的草图,限制结束距离设置为50 mm,布尔选择"求差"选项,如图1-100所示。

(3) 单击"确定"按钮,切除实体,如图1-101所示。

图1-99 "拉伸"对话框

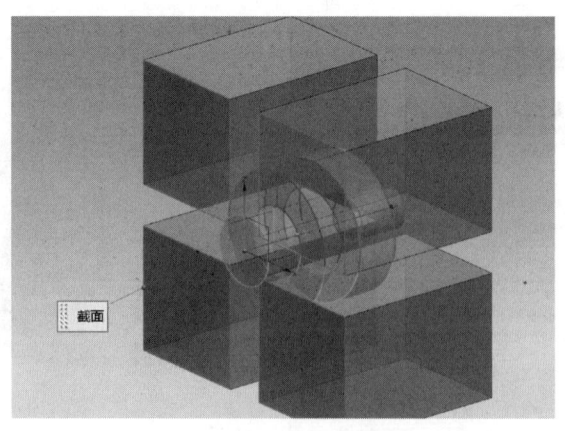

图1-100 求差步骤

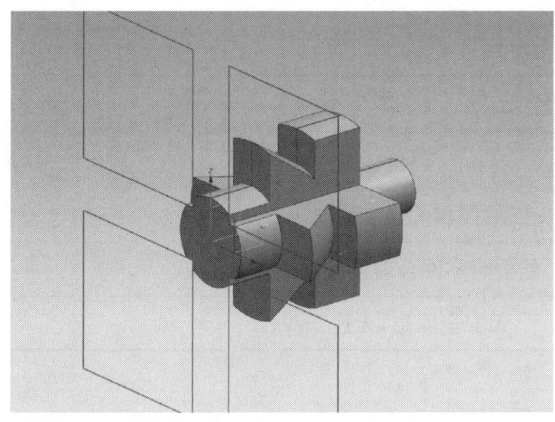

图 1-101　求差完成

最后生成的松果零件模型如图 1-102 所示。

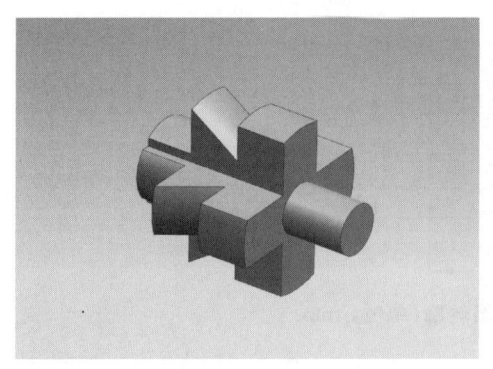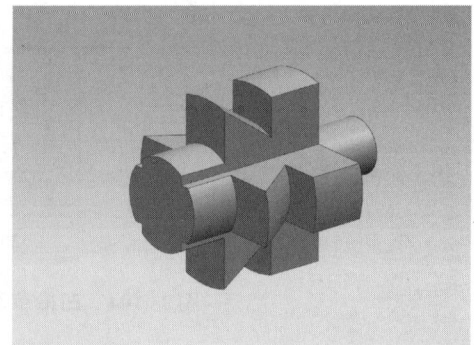

图 1-102　松果零件模型

7. 质量检测

在边框条中，依次单击分析→测量体，弹出"测量体"对话框，下拉列表中选择"质量"选项，系统显示该模型的质量，如图 1-103 所示。

图 1-103　质量显示

任务评价

班级：		姓名：	学号：	成绩：
序号	评价内容	评价标准	评价结果(优/良/合格/不合格)	
1	基础知识的应用	能掌握相关命令的使用方法		
2	建模的基本流程	能按照零件合理设计基本流程		
3	安全文明	无安全隐患,无违章操作		

拓展训练

1. 绘制如图 1-104 所示草图轮廓,问该草图轮廓周长为多少?(单位:mm)

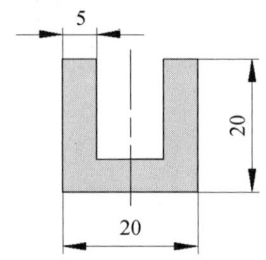

图 1-104 凹槽草图轮廓(单位:mm)

2. 以图 1-104 所示草图为例,问该草图轮廓所围成的区域的面积为多少?(单位:mm^2)

3. 图 1-105 所示的建模过程使用了何种工具?(   )

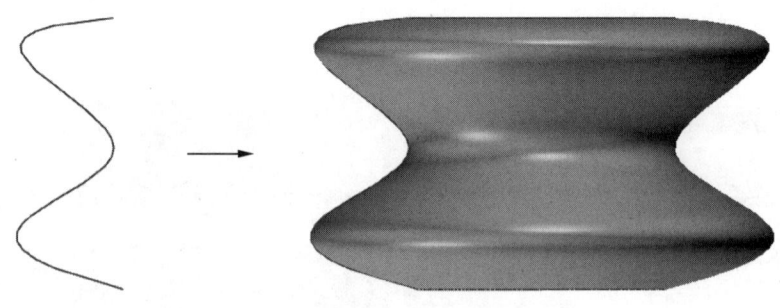

图 1-105 模型图

    A. 拉伸   B. 旋转   C. 扫掠   D. 直纹

4. 根据图 1-106 所示零件图样,建立零件的模型,材料为"钢",问该零件的重量为多少?(单位:g)

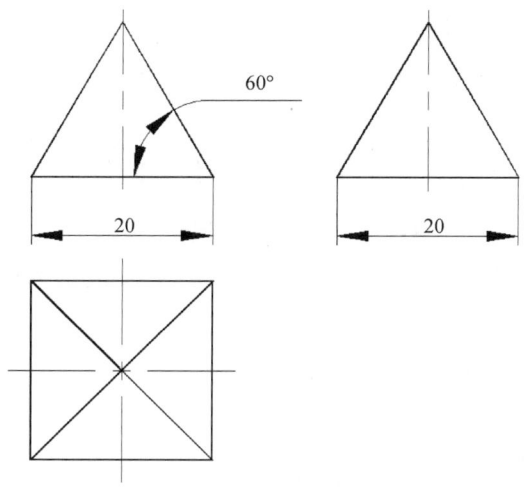

图 1-106　锥体零件图（单位：mm）

5. 以下关于常用工具描述错误的是（　　）。
    A. 拉伸：通过为截面轮廓添加深度，创建特征或实体。封闭的截面轮廓可创建实体或曲面
    B. 旋转：通过绕轴旋转一个或多个草图截面轮廓来创建特征或实体
    C. 扫掠：沿选定路径扫掠一个或多个草图截面轮廓或者一个实体工具体可以创建特征或实体
    D. 管道：通过沿截面扫掠方形横截面创建实体，可以选择外径和内径

学习任务 3
支架零件造型

任务导入

支架零件是一个比较简单的零件，该零件具有对称面，并且沿该对称面对称，可以用拉伸草图来进行建模，如图 1-107 所示。通过支架零件造型任务，学习草图的镜像、拉伸、求差的使用方法以及采用合适的基本体及布尔运算进行简单的实体建模，掌握对简单实体进行布尔运算的技巧，同时在三维建模过程中培养专业相关的创新能力。

图 1-107　支架零件

任务流程

1. 参考造型方案

根据支架零件的特点和结构组成,设计支架零件建模参考方案,内容见表1-7。

表1-7 支架零件建模参考方案

序号	步骤	图示	序号	步骤	图示
1	绘制草图	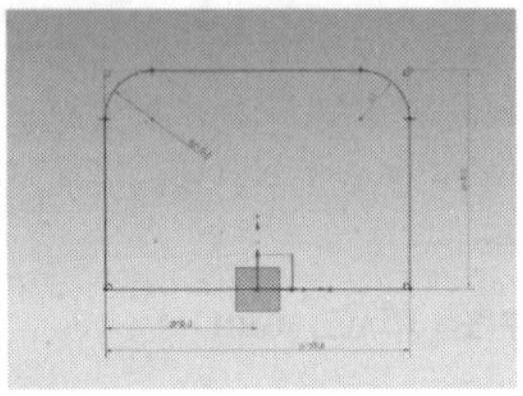	5	拉伸草图	
2	拉伸草图	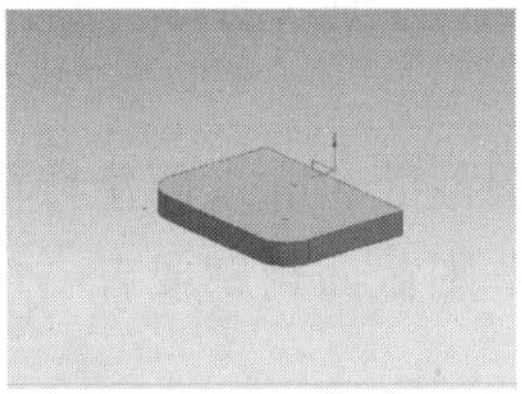	6	绘制草图	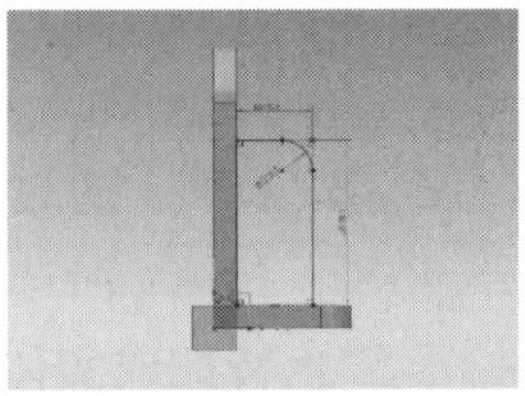
3	插入沉头孔	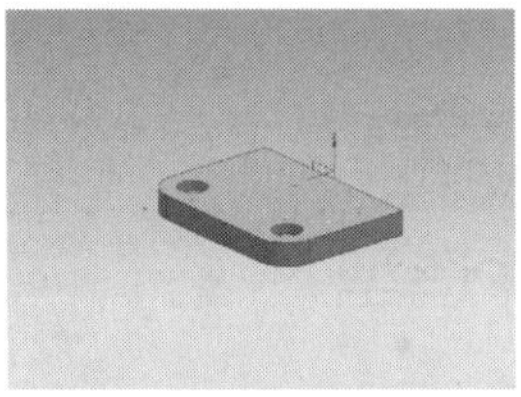	7	拉伸草图	
4	绘制草图	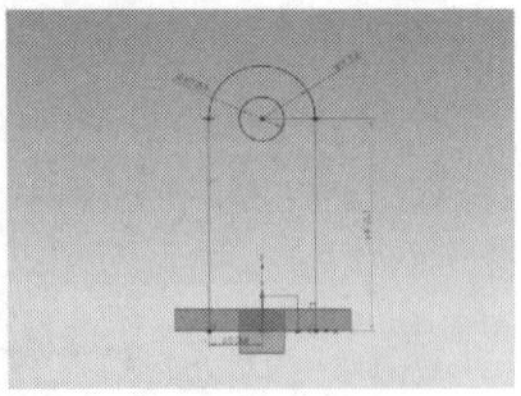			

2. 学生造型方案

学生根据自己对支架零件的分析,参照表1-7的建模方案,独立设计松果零件建模方案,并填写表1-8。

表 1-8 学生支架零件建模方案

序号	步骤	图示	序号	步骤	图示
1			5		
2			6		
3			7		
4					
考评结论					

任务实施

一、预习效果检查

1. 判断题

（1）利用拉伸特征，既可以创建实体，也可以创建片体。　　　　　　　　　　（　　）

（2）可以利用编辑—变换的方法移动孔的位置。　　　　　　　　　　　　　　（　　）

2. 填空题

（1）若要对某个结构的参数进行修改，可用鼠标右键选中该特征，在弹出的菜单中选择"编辑参数"，也可以_____键双击该特征，直接出现编辑参数界面。

（2）_____命令可以裁剪掉一段曲线，而不会影响曲线之间的关联关系。

3. 选择题

（1）NX 软件保存后，文件名的扩展名是（　　）。

　　A．*ICS　　　　B．*PRT　　　　C．*X_T　　　　D．*.MC9

（2）NX 中对实体的倒圆角方式不包括（　　）。

　　A．边倒圆　　　B．面倒圆　　　C．软倒圆　　　D．角倒圆

二、零件结构分析

1. 参考零件图样分析

支架零件图样如图 1-108 所示,零件整体结构简单,可以使用草图绘制、拉伸和布尔运算的方法进行特征创建。

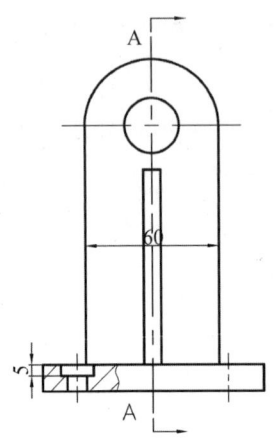
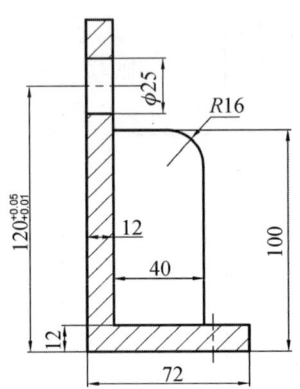
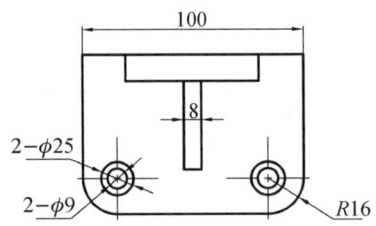

图 1-108　支架零件图样(单位:mm)

2. 学生零件图样分析

参考以上提示,独立完成支架零件的图样分析,并填写表 1-9。

表 1-9　支架零件图样分析

序号	项目	分析结果
1	支架零件外形特点	
2	支架零件结构组成	
3	教师评价	

三、建模实施过程

1. 新建文件并保存

要求　在"新文件名"选项区的"名称"文本框中输入"支架零件.prt",并指定保存路径。

2. 绘制底座草图

要求 中心点位置为(0,0,0)。

(1) 在边框条中,依次单击插入→草图,弹出"创建草图"对话框。草图类型选择"在平面上"选项,选择坐标系 XY 平面,开始绘制草图,如图 1-109 所示。

(2) 在"主页"选项卡打开"直接草图"对话框,使用"直线""圆角""圆""快速尺寸"按钮进行草图绘制,如图 1-110 所示。

(3) 单击"完成草图"按钮,生成底座草图。

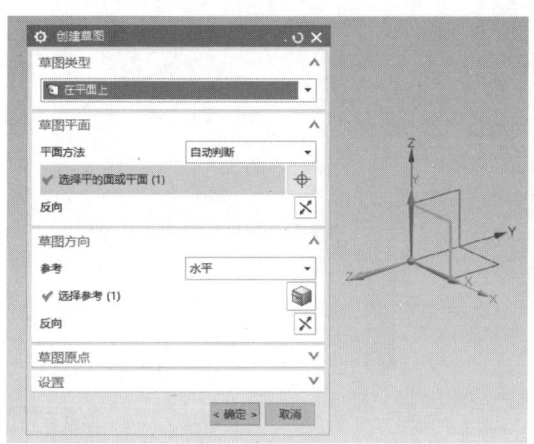

图 1-109 "创建草图"对话框　　　　图 1-110 创建底座草图界面示意

3. 拉伸

(1) 在边框条中,依次单击插入→设计特征→拉伸,弹出"拉伸"对话框,如图 1-111 所示。

(2) 在"拉伸"对话框中,"截面"选择图 1-110 的草图,"限制"选项区的距离设置为 12 mm,单击"确定"按钮,生成实体,如图 1-112 所示。

 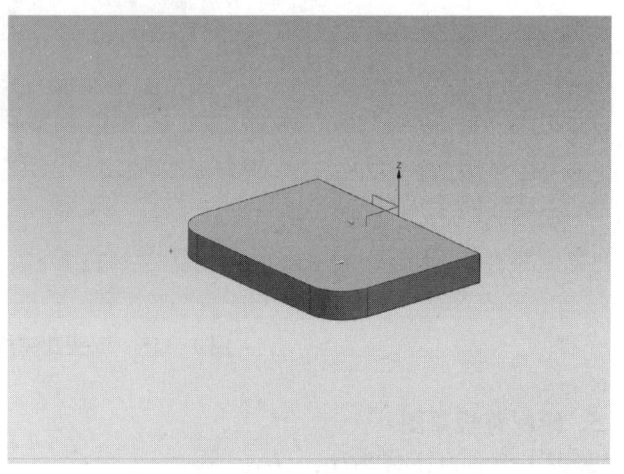

图 1-111 "拉伸"对话框　　　　图 1-112 拉伸草图实体

4. 孔

（1）在边框条中，依次单击插入→设计特征→孔，弹出"孔"对话框，如图 1-113 所示。

（2）在"孔"对话框中，位置选择圆角的圆心，设置形状为沉头孔，在"尺寸"选项区中设置沉头直径为 15 mm、沉头深度为 5 mm、直径为 9 mm，显示如图 1-114 所示。

（3）单击"确定"按钮完成沉头孔，如图 1-115 所示。

图 1-113　"孔"对话框

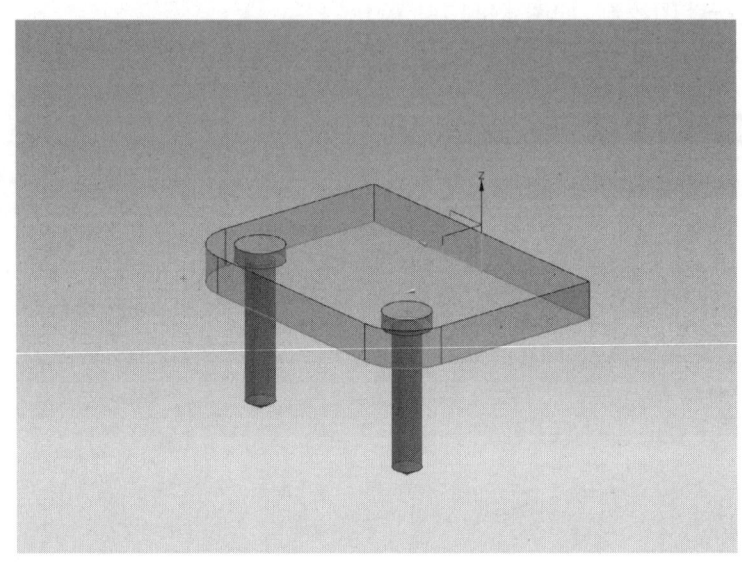

图 1-114　沉头孔设置

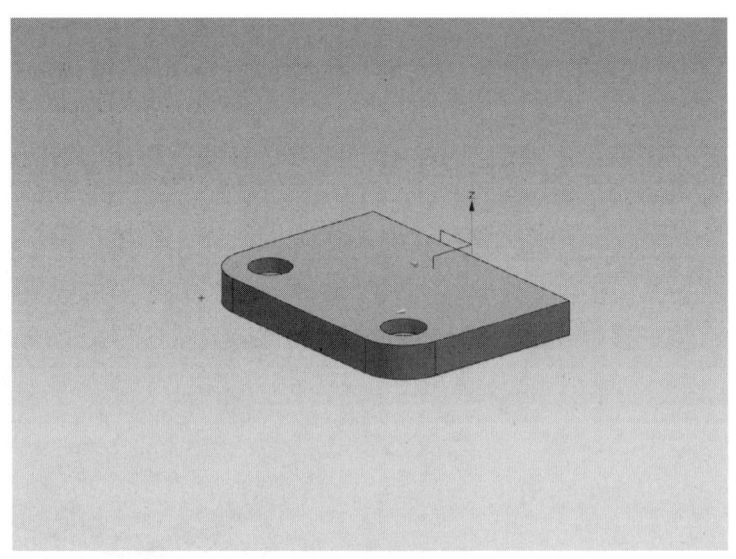

图 1-115　沉头孔完成

5. 绘制背板草图

要求　中心点位置为(0,0,0)。

（1）在边框条中，依次单击插入→草图，弹出"创建草图"对话框，草图类型选择"在平面上"选项,选择坐标系 XZ 平面,开始绘制草图,如图 1-116 所示。

（2）在"主页"选项卡打开"直接草图"对话框,使用"直线""圆弧""圆""快速尺寸"按钮进行草图绘制,如图 1-117 所示。

（3）单击"完成草图"按钮,生成背板草图。

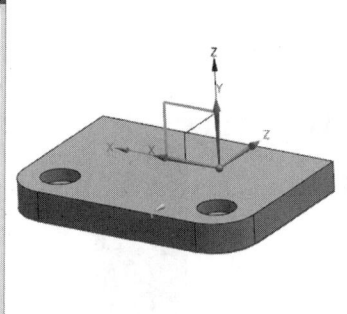

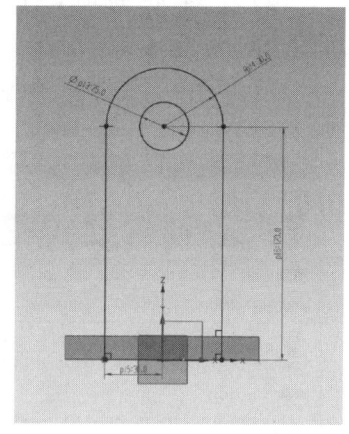

图 1-116　"创建草图"对话框

图 1-117　创建背板草图界面示意

6. 求和 1

（1）在边框条中,单击插入→设计特征→拉伸,弹出"拉伸"对话框,如图 1-118 所示。

（2）在"拉伸"对话框中,截面选择图 1-117 的草图,在"限制"选项区中设置距离为 12 mm,设置布尔为求和。

（3）单击"确定"按钮,完成实体,如图 1-119 所示。

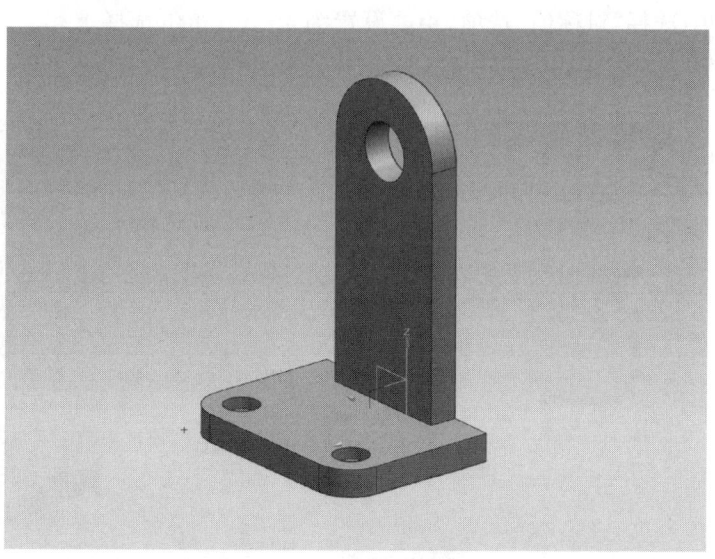

图 1-118　"拉伸"对话框

图 1-119　拉伸求和实体 1

7. 绘制肋板草图

要求 中心点位置为(0,0,0)。

(1) 在边框条中,单击插入→草图,弹出"创建草图"对话框,草图类型选择"在平面上"选项,选择坐标系 XY 平面开始绘制草图,如图 1-120 所示。

(2) 在"主页"选项卡打开"直接草图"对话框,使用"直线""圆角""快速尺寸"按钮进行草图绘制,如图 1-121 所示。

(3) 单击"完成草图"按钮,生成肋板草图。

图 1-120 "创建草图"对话框

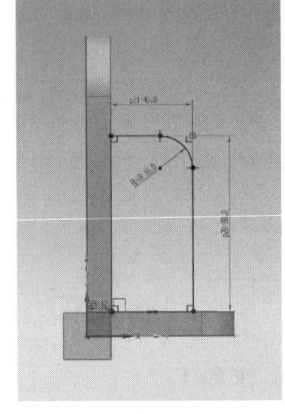

图 1-121 创建肋板草图界面示意

8. 求和 2

(1) 在边框条中,单击插入→设计特征→拉伸,弹出"拉伸"对话框,如图 1-122 所示。

(2) 在"拉伸"对话框中,截面选择图 1-121 的草图,在"限制"选项区的"结束"下拉列表中选择"对称值"选项,距离设置为 4 mm,布尔选择求和。

(3) 单击"确定"按钮,完成实体,如图 1-123 所示。

图 1-122 "拉伸"对话框

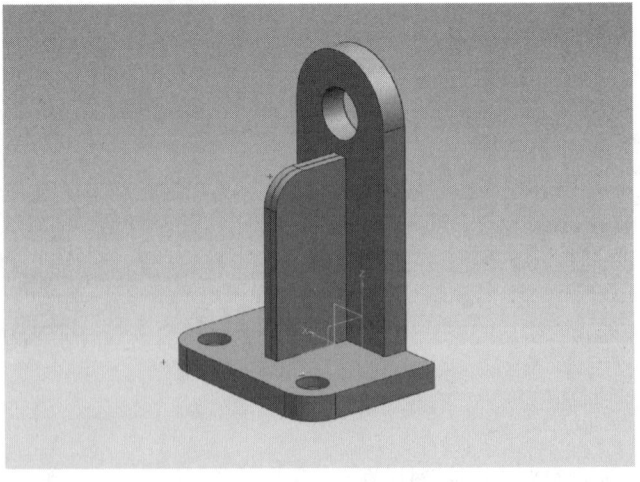

图 1-123 拉伸求和实体 2

最终生成的支架零件模型如图 1-124 所示。

图 1-124　支架零件模型

9. 质量检测

在边框条中单击分析→测量体，弹出"测量体"对话框，在下拉列表中选择"质量"选项，系统显示该模型的质量，如图 1-125 所示。

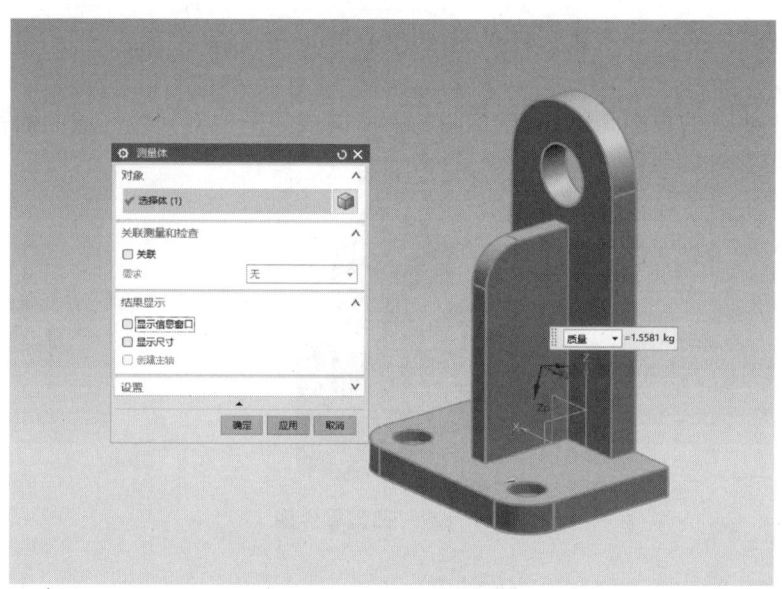

图 1-125　质量显示

任务评价

班级：	姓名：	学号：	成绩：

序号	评价内容	评价标准	评价结果（优/良/合格/不合格）
1	基础知识的应用	能掌握相关命令的使用方法	
2	建模的基本流程	能按照零件合理设计基本流程	
3	安全文明	无安全隐患，无违章操作	

拓展训练

1. 绘制如图 1-126 所示草图轮廓,问加粗线的周长为多少?(单位:mm)

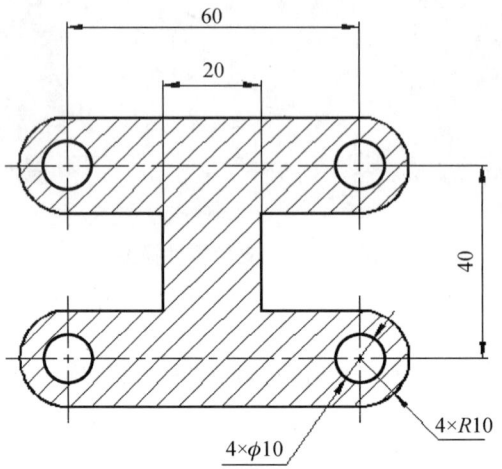

图 1-126　工型草图轮廓(单位:mm)

2. 以图 1-126 的草图为例,问该草图轮廓所围成的图中剖面线区域的面积为多少?

3. 图 1-127 所示建模过程使用了何种工具?(　　　)

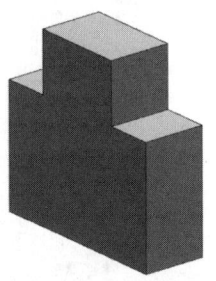

图 1-127　凸型零件图

  A. 拉伸   B. 旋转   C. 扫掠   D. 直纹

4. 图 1-128 所示的建模过程使用了何种工具?(　　　)

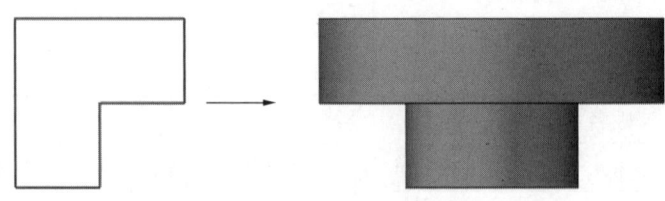

图 1-128　阶梯零件图

  A. 拉伸   B. 旋转   C. 扫掠   D. 直纹

5. 以下关于常用工具描述错误的是（　　）。
    A. 拉伸：通过为截面轮廓添加深度，创建特征或实体。封闭的截面轮廓可创建实体或曲面
    B. 筋：用一个开放轮廓草图创建一个筋特征
    C. 旋转：可以选择一个草图绕着曲线进行旋转
    D. 分割：在实体或开放造型与面、造型或基准平面相交的地方分割该实体或开放造型

项目二 零件装配

◇ 项目情境

通过装配设计可以将设计好的零件组装在一起形成零部件或完整的产品模型,还可以对装配好的模型进行间隙分析、重量管理等操作。装配设计是产品造型与结构设计师需要重点掌握的内容。

◇ 知识点

- 自底向上装配。
- 自顶向下装配。
- 装配序列。

◇ 技能点

- 掌握项目文件的创建与管理方法。
- 掌握装配环境下零件的装入、移动、旋转和编辑的基本操作方法。

◇ 素养目标

培养学生良好的职业习惯和严谨的工作作风。

◇ 知识准备

一、装配方法基础

在 NX 10.0 中可以采用虚拟装配方式,只需通过指针来引用各零部件模型,使装配部件和零部件之间存在关联性。这样,当更新零部件时,相应的装配文件也会随之一起自动更新。

典型的装配设计方法思路主要有两种,一种是自底向上装配,另一种是自顶向下装配。在实际设计中,可以根据情况选用一种装配方法,或者两种装配设计方法混合应用。

1. 自底向上装配

自底向上装配方法是指先分别创建最底层的零件(子装配件),然后再把这些单独创建好的零件装配到上一级的装配部件,直到完成整个装配任务为止。通俗一点来说,就是首先创建好装配体所需的各个零部件,接着将它们以组件的形式添加到装配文件中以形成一个所需的产品装配体。

采用自底向上装配方法通常包括以下两个设计环节:
- 装配设计之前的零部件设计。
- 零部件装配操作过程。

2. 自顶向下装配

自顶向下装配设计主要体现为从一开始便注重产品结构规划,从顶级层次向下细化设计。这种设计方法适合协作能力强的团队采用。自顶向下装配设计的典型应用之一是先新建一个装配文件,在该装配文件中创建空的新组件,并使其成为工作部件,然后按上下文中设计的设计方法在其中创建所需的几何模型。

在装配文件中创建的新组件可以是空的,也可以包含加入的几何模型。在装配文件中创建新组件的一般方法如下。

(1) 在功能区"装配"选项卡的"组件"面板中单击"新建"按钮,系统弹出如图 2-1 所示的"新建"对话框。

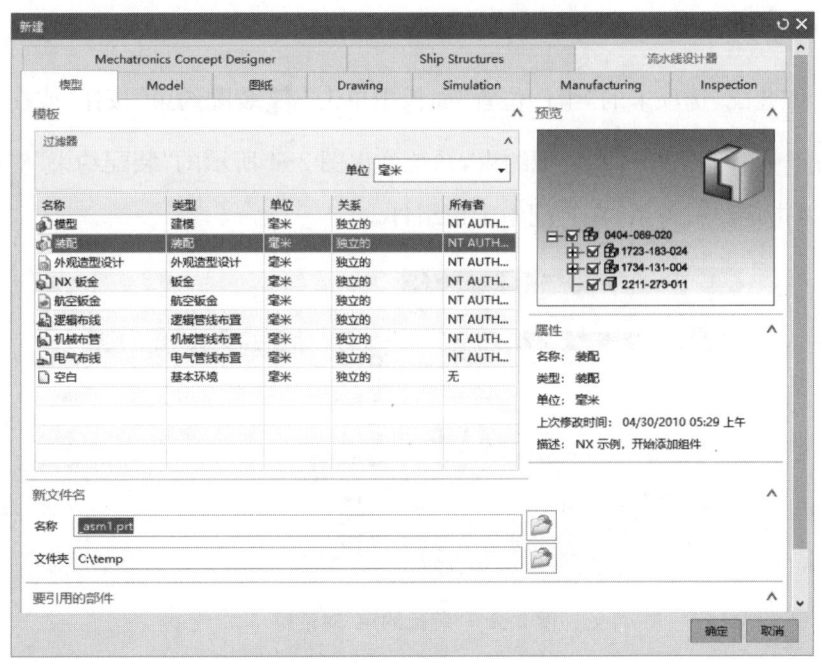

图 2-1 "新建"对话框

(2) 指定模型模板(例如,以名称为"装配"的模板为例),设置名称和文件夹后,单击"确定"按钮,系统弹出"新建组件"对话框,如图 2-2 所示。

(3) 为新组件选择对象,也可以根据实际情况或设计需要不作选择以创建空组件。另外,可以设置是否添加定义对象。

(4)展开"设置"选项区(图2-3),在"组件名"文本框中指定组件名称;在"引用集"下拉列表中选择一个引用集选项;在"图层选项"下拉列表中指定用于组件安放的图层("原始的""工作的"或"按指定的");在"组件原点"下拉列表中选择"WCS"选项或"绝对坐标系"选项,以定义采用工作相对坐标还是采用绝对坐标系;"删除原对象"复选框则用于设置是否删除原先的几何模型对象。

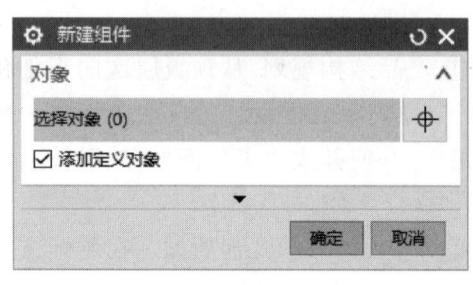

图2-2 "新建组件"对话框

图2-3 在"设置"选项区中设置

(5)在"新建组件"对话框中单击"确定"按钮。

二、装配约束

在功能区"装配"选项卡的"组件位置"面板中单击" 装配约束"按钮,或在边框条中单击菜单→装配→组件位置→ 装配约束,系统弹出图2-4所示的"装配约束"对话框。利用该对话框可以指定约束关系,在装配中定位组件。

图2-4 "装配约束"对话框

1. 角度约束

角度约束用于装配约束组件之间的角度尺寸,该约束的子类型有"3D角"和"方向角度"两个选项。前者用于在未定义旋转轴的情况下设置两个对象之间的角度约束,后者使用选定的旋转轴设置两个对象之间的角度约束。当设置角度约束的子类型为3D角时,需要选择两个有效对象(在组件和装配体中各选择一个对象,如实体面),并设置这两个对象之间的角度尺寸,如图2-5所示。当设置角度约束的子类型为方向角度时,需要选择3个对象,其中一个对象可为轴或边。

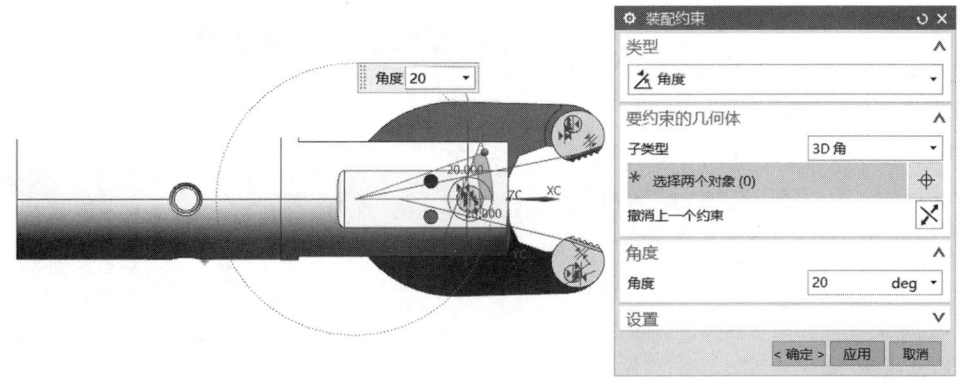

图 2-5　3D 角约束示例

2. 中心约束

使用中心约束,可以使一对对象之间的一个或两个对象居中,或使一对对象沿另一个对象居中。如图 2-6 所示,在"类型"下拉列表中选择"中心"选项时,该约束类型的子类型包括"1 对 2""2 对 1"和"2 对 2"三个选项。

- 1 对 2:使第一个所选对象居中于后两个所选对象之间。
- 2 对 1:使两个所选对象沿第三个所选对象居中。
- 2 对 2:使两个所选对象在两个其他所选对象之间居中。

3. 胶合约束

在"装配约束"对话框的"类型"下拉列表中选择"胶合"选项,如图 2-7 所示。此时可为胶合约束选择要约束的几何体或拖动几何体。

图 2-6　选择中心约束类型

图 2-7　选择胶合约束类型

使用胶合约束相当于将组件"焊接"在一起,使它们作为刚体移动。胶合约束只能应用于组件或组件和装配级的几何体,其他对象不可选。

4. 接触对齐约束

接触对齐约束用于约束两个组件,使它们彼此接触或对齐。

在"装配约束"对话框的"类型"下拉列表中选择"接触对齐"选项,此时在"方位"下拉列表中可以选择"首选接触""接触""对齐"和"自动判断中心/轴"选项,如图 2-8 所示。

图 2-8　选择接触对齐约束选项

(1) 首选接触

用于当接触和对齐都存在时,显示接触约束。选择对象时,系统提供的方位方式首选为接触。此项为默认选项。

(2) 接触

用于约束对象,使其曲面法向在反方向上。选择该方位方式时,指定的两个相配合对象接触(贴合)在一起。如果要配合的两对象是平面,则两平面贴合且默认法向相反,同时用户可以单击"撤销上一个约束"按钮 ✗ 进行反向设置;如果要配合的两对象是圆柱面,则两圆柱面以相切形式接触,用户还可以根据实际情况设置是外相切还是内相切。在图 2-9 所示的示例中,定义了两个接触方位约束,其中对于接触1位置单击"撤销上一个约束"按钮 ✗ 进行反向设置(即将接触约束切换为对齐约束)。

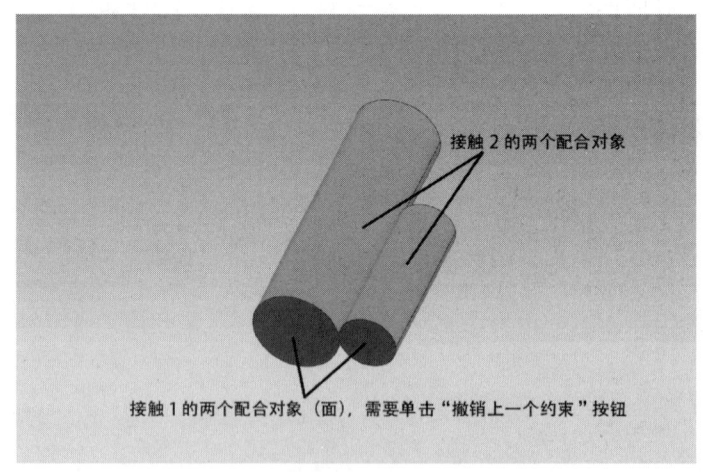

图 2-9　选择接触对齐约束的接触示例

(3) 对齐

用于约束对象,使其曲面法向在相同的方向上。选择该方位方式时,将对齐选定的两个要配合的对象。对于平面对象而言,将默认选定的两个平面共面并且法向相同,同样可以根据设计要求进行反向设置。对于圆柱面，也可以实现面相切约束，还可以对齐中心线。在图 2-10 所示的示例中，定义了两个对齐约束，均没有进行反向设置。学生可总结或对比接触约束与对齐约束的异同之处。

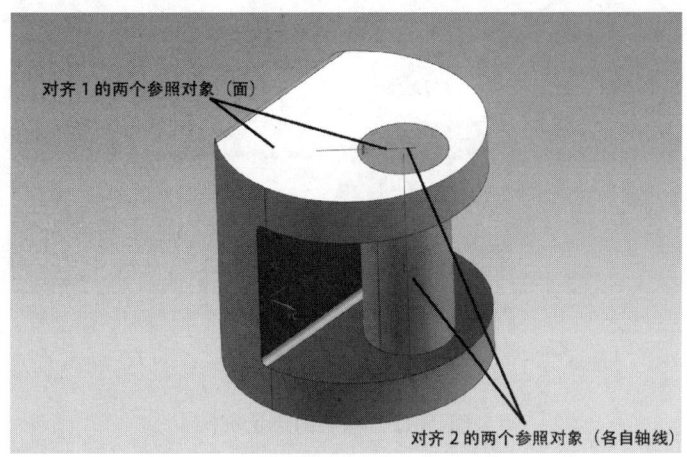

图 2-10　选择接触对齐约束的对齐示例

（4）自动判断中心/轴

指定在选择圆柱面或圆锥面时，NX 将使用面的中心/轴而不是面本身作为约束。选择该方位方式时，可根据所选参照曲面来自动判断中心/轴，从而实现中心/轴的接触对齐，如图 2-11 所示。

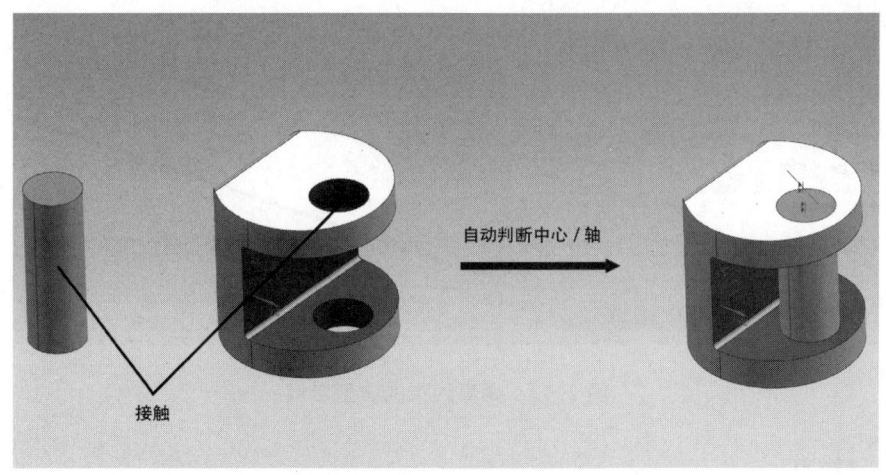

图 2-11　接触对齐的自动判断中心/轴约束示例

5. 同心约束

同心约束类型用于约束两个组件的圆形边或椭圆形边，以使中心重合，并使边的平面共面。采用同心约束的示例如图 2-12 所示。选择"同心"选项后，应分别在装配体原有组件中选择一个端面圆（圆对象）和在要添加的组件中选择一个端面圆（圆对象）。

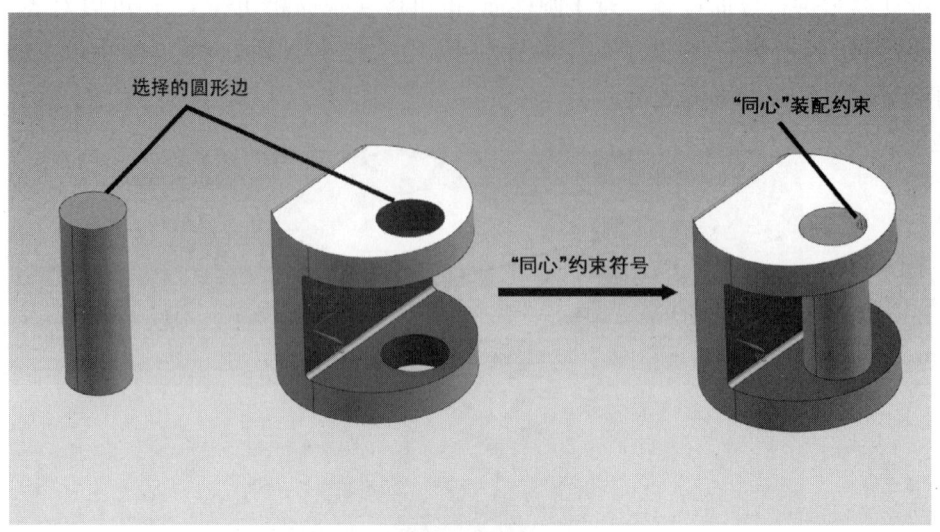

图 2-12 同心约束示例

6. 距离约束

距离约束指定两个对象之间的最小距离。选择该约束类型选项时,在选择要约束的两个对象参照后,需要输入这两个对象之间的最小距离,距离可以是正数,也可以是负数。采用距离约束的典型示例如图 2-13 所示。

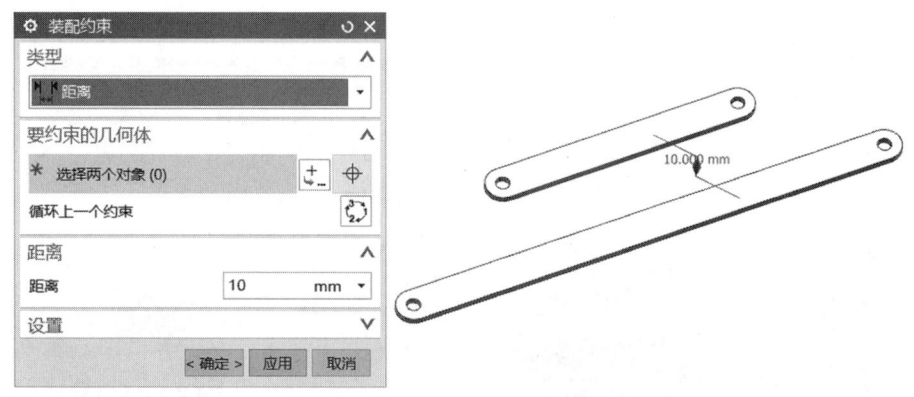

图 2-13 距离约束的典型示例

7. 平行约束

平行约束将两个对象的方向矢量定义为相互平行。图 2-14 所示示例中选择两个实体面来定义方向矢量平行。

8. 垂直约束

垂直约束将两个对象的方向矢量定义为相互垂直。该约束类型和平行约束类型类似,只是方向矢量限制不同而已。垂直约束的典型示例如图 2-15 所示。

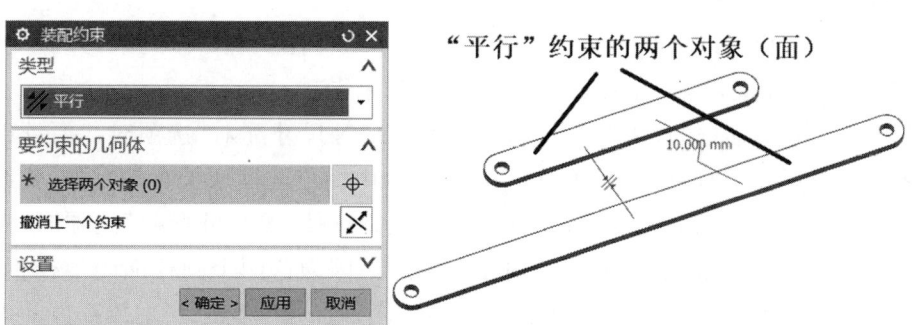

图 2-14 平行约束的典型示例

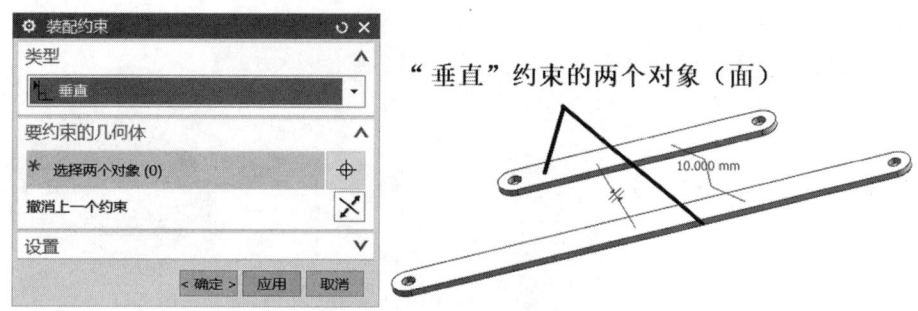

图 2-15 垂直约束的典型示例

9. 固定约束

固定约束用于将组件在装配体中的当前指定位置处固定。当需要隐含静止对象时,固定约束会很有用;如果没有固定的节点,整个装配可以自由移动。

在"装配约束"对话框的"类型"下拉列表中选择"固定"选项时,系统提示为固定选择对象或拖动几何体。选择对象即可在当前位置处固定它,固定的几何体会显示固定符号,如图 2-16 所示。

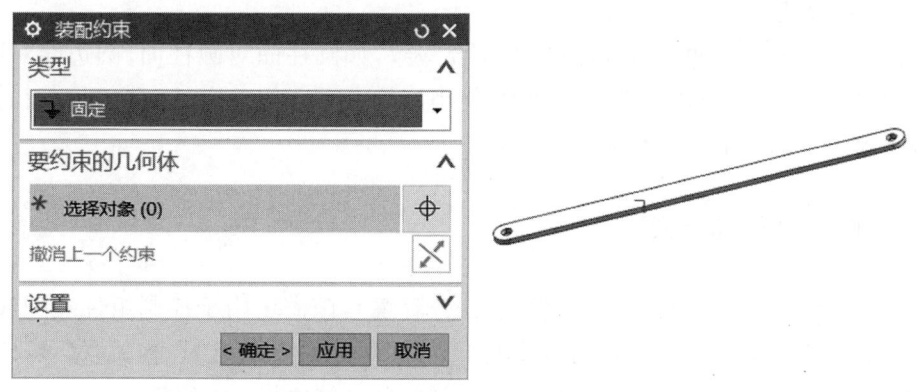

图 2-16 固定约束的典型示例

10. 等尺寸配对约束

等尺寸配对约束可以将半径相等的两个圆柱面结合在一起。该约束对确定孔中销或螺栓的位置很有用；如果以后半径变为不等，则该约束无效。

在"装配约束"对话框的"类型"下拉列表中选择"等尺寸配对"选项时，"要约束的几何体"选项区的"选择两个对象"选项处于被激活状态，由用户选择两个有效对象（要约束的几何体）。等尺寸配对约束的典型示例如图 2-17 所示，选择"等尺寸配对"选项时，先选择小圆柱体的圆柱面，接着选择主体部件的内孔圆柱面。因为这两个圆柱面的半径相等，所以二者能够以等尺寸配对约束在一起，即小圆柱体的圆柱面被"拟合"到主体部件的内孔圆柱面位置处。

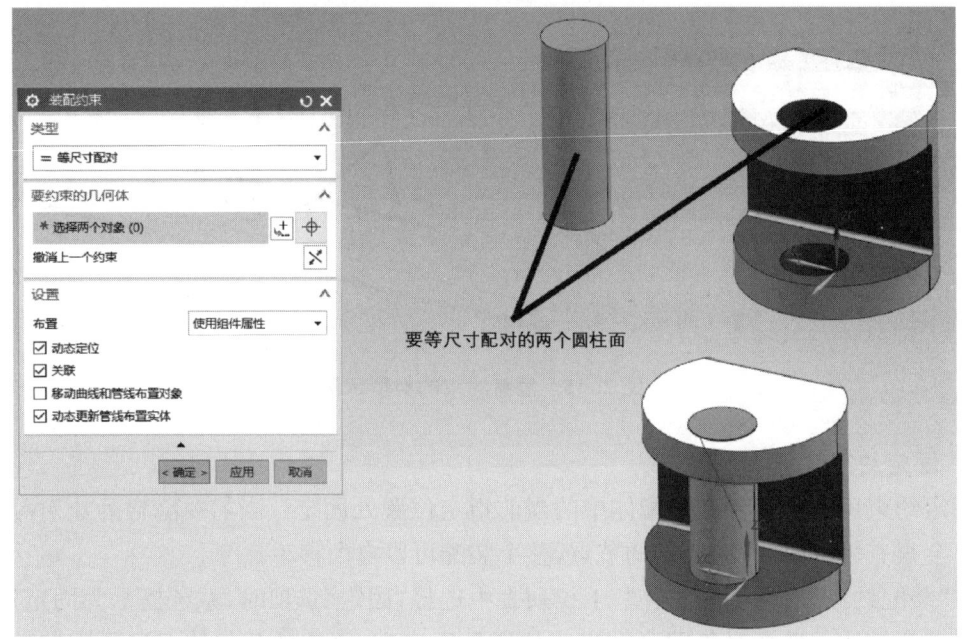

图 2-17　等尺寸配对约束的典型示例

11. 对齐/锁定约束

对齐/锁定约束可将两个对象（所选对象要一致，如圆柱面对圆柱面、圆边线对圆边线、直边线对直边线等）快速对齐/锁定。例如，使用该约束可以使选定的两个圆柱面的中心线对齐，或者使选定的两个圆边共面且中心对齐。

三、装配序列基础与应用

NX 10.0 提供了一个"装配序列"模块（任务环境），该模块用于控制组件装配或拆卸的顺序，并仿真组件运动。每个序列均与装配布置（即组件的空间组织）相关联。可以每次装配或拆卸一个组件或组件组，也可以在开始当前序列之前预装一组组件。

要进入"装配序列"任务环境,则在边框条中单击装配→ 序列,或者在功能区"装配"选项卡的"常规"面板中单击" 序列"按钮。装配序列界面如图 2-18 所示。在装配序列界面中,在资源条区出现一个序列导航器,其用于显示各序列的基本信息。

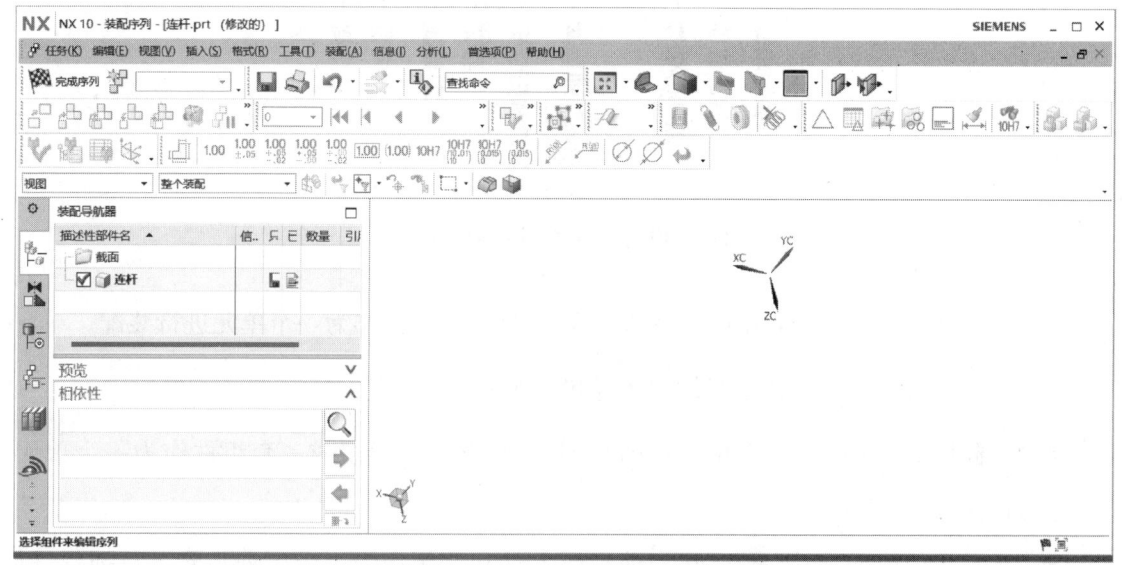

图 2-18 "装配序列"任务环境

在"装配序列"任务环境中,在功能区"主页"选项卡的"装配序列"面板中单击"新建"按钮,开始新建任务,即新建装配序列。此时,学生应该熟悉"装配序列"面板、"序列步骤"面板、"工具"面板、"回放"面板、"碰撞"面板和"测量"面板(这些面板均位于功能区的"主页"选项卡)中的实用工具。

1. "装配序列"面板

"装配序列"面板包含以下三个实用工具。

- "完成"按钮 ：完成序列,并退出"装配序列"任务环境。

- "新建"按钮 ：新建装配序列。

- "设置关联序列"下拉列表：列出显示部件中的所有序列,并将选定的序列作为关联序列。

2. "序列步骤"面板

"序列步骤"面板主要包含以下工具按钮。

- "插入运动"按钮 ：为组件插入运动步骤,使其可以形成动画。单击此按钮,打开图 2-19 所示的"录制组件运动"对话框。

- "装配"按钮 ：为选定组件按其选定的顺序创建单个装配步骤。

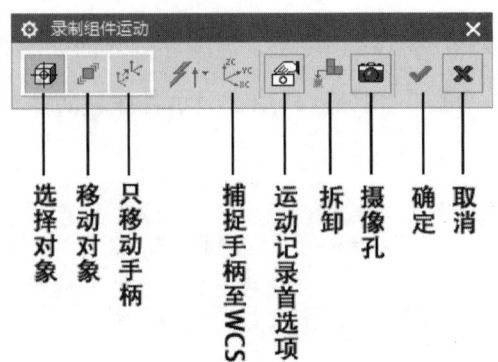

图 2-19 "录制组件运动"对话框

- "一起装配"按钮：在单个序列步骤中，将一套组件作为一个单元进行装配。

- "拆卸"按钮：为选定组件创建拆卸步骤。

- "一起拆卸"按钮：在单个序列步骤中，将选定的子组或一套组件作为一个单元进行拆卸。

- "记录摄像位置"按钮：将当前视图方位和比例作为一个序列步骤进行捕捉，以便回放此序列时，该视图将过渡到该摄像位置。这有利于清晰地展现比较细小的组件。

- "插入暂停"按钮：在此序列中插入一个暂停步骤，以便回放此序列时，该视图暂停在此步骤。

- "抽取路径"按钮：为选定的组件创建一个无碰撞抽取路径序列步骤，以便在起始和终止位置之间移动。间隙值将确保选定组件的运动路径避免与视图中其他可见组件碰撞。

3. "工具"面板

"工具"面板主要包含以下工具按钮。

- "删除"按钮：用于删除选定的顺序或顺序步骤。

- "捕捉布置"按钮：将装配组件的当前位置作为一个布置进行捕捉。

- "在序列中查找"按钮：在序列导航器中查找特定的组件。

- "显示所有序列"按钮：显示序列导航器中所有已显示部件的序列（仅在关闭时显示关联序列）。

- "运动包络体"按钮：通过连续序列运动步骤扫掠选定的对象（装配组件、实体、片体或组件中的小平面体），在显示部件（或新部件）中创建一个运动包络体。

4. "回放"面板

"回放"面板集中了用来显示装配序列和回放运动的工具命令。当工具按钮显示为灰色时,表示其当前不可用。"回放"面板中各工具按钮或下拉列表的功能含义如下。

- "设置当前帧"下拉列表:显示按序列播放的当前帧,并转至所选定或输入的帧。
- "倒回到开始"按钮：直接移动至序列中的第一帧。
- "前一帧"按钮：序列单步倒回到前一帧。
- "向后播放"按钮：反向播放序列中的所有帧。
- "向前播放"按钮：按前进顺序播放序列中的所有帧。
- "下一帧"按钮：序列单步向前一帧。
- "快进到结尾"按钮：直接移动至序列中的最后一帧。
- "导出至电影"按钮：导出序列帧至电影。
- "停止"按钮：在当前可见停止序列回放。
- "回放速度"下拉列表:该列表用于控制回放的速度(数字越大,速度越快)。

5. "碰撞"面板

"碰撞"面板主要包含以下工具。

- "无检查"按钮：关闭动态碰撞检测并忽略任何碰撞。
- "高亮显示碰撞"按钮：在继续移动组件的同时高亮显示碰撞区域。
- "在碰撞前停止"按钮：在发生碰撞干涉之前停止运动。
- "认可碰撞"按钮：认可碰撞并允许运动继续。
- "检查类型"下拉列表:指定对象类型以在运动期间用于间隙检测,可供选择的检查类型有"小平面/实体"和"快速小平面"选项。虽然"快速小平面"选项较快,但"小平面/实体"选项更精确。

6. "测量"面板

"测量"面板主要包含以下工具。

- "高亮显示测量"按钮：高亮显示测量违例需求,同时继续移动组件。
- "违例后停止"按钮：发生需求违例后立即停止移动,并高亮显示测量。
- "认可测量违例"按钮：认可测量需求违例并允许运动继续。
- "测量更新频率"下拉列表:定义在运动期间测量尺寸显示的更新频率(以帧计)。

介绍了装配序列任务环境下各面板的相关工具按钮的功能含义之后,下面介绍装配序列应用的主要操作。

(1) 新建序列

打开装配序列界面,在功能区"主页"选项卡的"装配序列"面板中单击"新建"按钮，则创建一个新的序列,该序列以默认名称显示在"设置关联序列"下拉列表中。

每个系列分为一系列步骤,每个步骤代表装配或拆卸过程中的一个阶段。

(2) 插入运动

在"序列步骤"面板中单击"插入运动"按钮,打开"录制组件运动"工具栏。利用该工具栏,结合设计要求和系统提示,将组件拖动或旋转为特定状态,从而完成插入运动操作。

(3) 记录摄像位置

记录摄像位置是很实用的一个操作,它可以将当前视图方位和比例作为一个序列步骤进行捕捉。通常,把视图调整到较佳的观察位置并进行适当放大,此时在"序列步骤"面板中单击"记录摄像位置"按钮,可完成记录摄像位置操作。

(4) 拆卸与装配

在"序列步骤"面板中单击"拆卸"按钮,系统弹出"类选择"对话框。从装配中选择要拆卸的组件,单击"确定"按钮,完成一个拆卸步骤。如果需要,继续使用同样的方法来创建其他的拆卸步骤。

装配步骤与拆卸步骤是相对的,二者的操作方法类似。要创建装配步骤,就在"序列步骤"面板中单击"装配"按钮,然后选择要装配的组件。

在单个序列步骤中,可以进行一起拆卸和一起装配等操作。以一起拆卸为例,首先选择要一起拆卸的多个组件,然后单击"序列步骤"面板中的"一起拆卸"按钮即可。

(5) 回放装配序列

利用"回放"面板来进行回放装配序列的操作,如以下两个例子。

① 在"装配序列"面板的"设置关联序列"下拉列表中选定一个要回放的序列作为关联序列。

② 在"回放"面板的"回放速度"下拉列表中设置回放速度,接着单击"倒回到开始"按钮,再单击"向前播放"按钮,以前进顺序播放序列。可灵活执行"回放"面板中的其他功能按钮进行回放操作。

(6) 删除序列

对于不满意的序列,用户可以对其进行删除处理。

四、WAVE 几何链接器

"WAVE 几何链接器"是一个重要工具,可以根据不同的设计意图及目的,进行部件间的点、线、面、区域、实体或草图的复制,从而满足不同的设计需要。单击"装配"工具栏中的"WAVE 几何链接器"按钮,弹出"WAVE 几何链接器"对话框,如图 2-20 所示。

操作时,可以根据需要修改"类型"选项,并从中选择"复合曲线""点""基准""面""体"等内容,以方便对象链接,还可以改变选择"关联"复选框及其他复选框,使链接更符合需要。

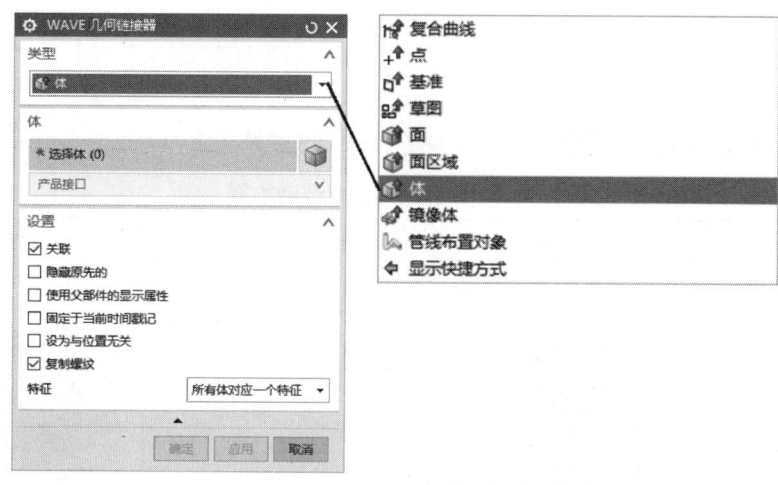

图 2-20 "WAVE 几何链接器"对话框

学习任务 1
连杆机构装配

任务导入

NX 装配是一种基于三维实体模型的装配设计方法,它可以在计算机上模拟产品的装配过程,检验产品的装配性能,优化产品的结构设计,提高产品的质量和生产效率。通过装配学习,学会图 2-21 所示模型的装配方法。

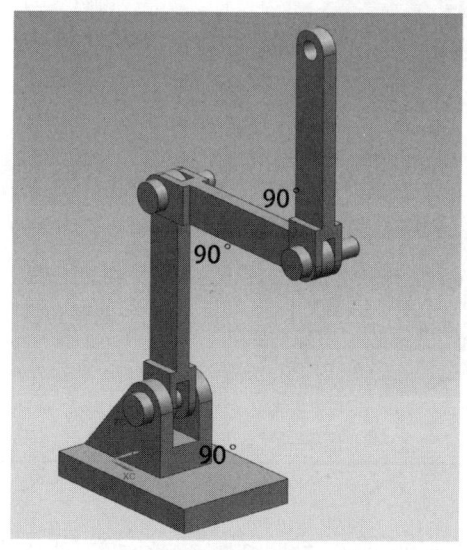

图 2-21 连杆机构模型

任务流程

1. 参考装配方案

根据装配规则,设计连杆机构装配的参考方案,内容见表2-1。

表2-1 连杆机构装配参考方案

序号	步骤	图示	序号	步骤	图示
1	固定基座		5	铆钉2与连杆2配合	
2	基座与连杆1配合	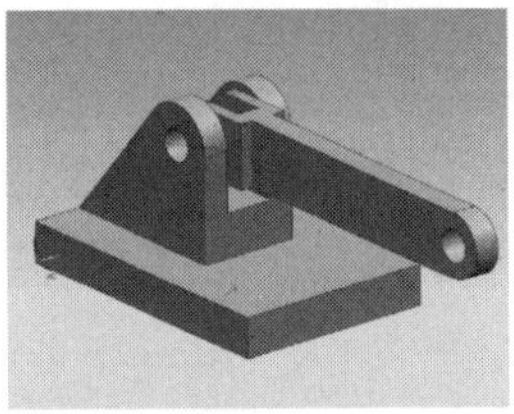	6	连杆3与连杆2配合	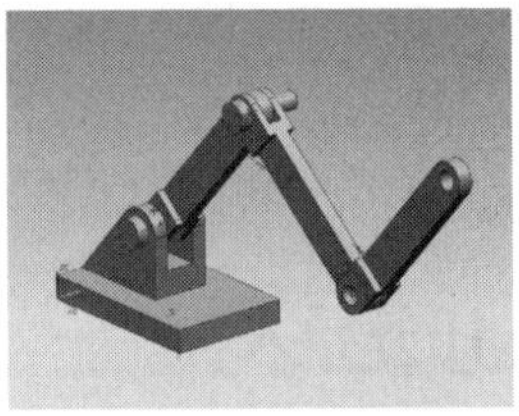
3	铆钉1与基座配合	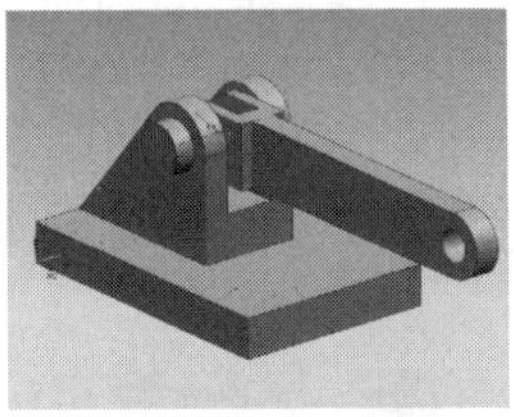	7	铆钉3与连杆3配合	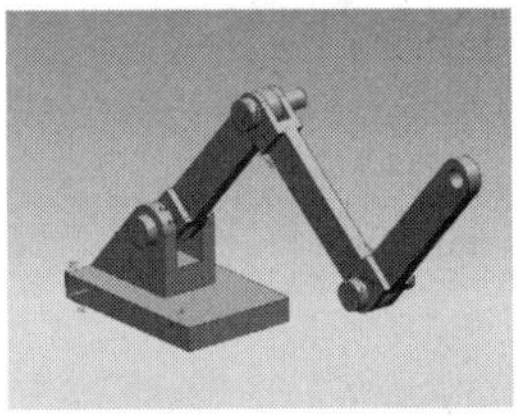
4	连杆1与连杆2配合		8	调整角度	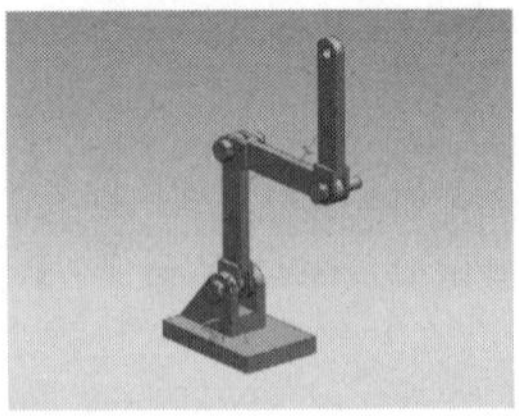

2. 学生装配方案

学生根据自己对装配规则的理解,参照装配参考方案,独立设计连杆机构装配方案,并填写表2-2。

表 2-2　学生连杆机构装配方案

序号	步骤	图示	序号	步骤	图示
1			5		
2			6		
3			7		
4			8		
考评结论					

任务实施

一、预习效果检查

1. 判断题

（1）在 NX 创建装配体的过程中，添加或创建组件到装配体后，还要确定各组件的配对关系，以确定各个组件的装配位置。　　　　　　　　　　　　　　　　　　（　　）

（2）装配克隆提供一种有用的、自顶向下建立新装配的方法。　　　　　　　（　　）

2. 填空题

（1）约束是指对零部件之间的_____和_____进行限制，以确保其满足设计要求。

（2）列举三个常见的约束类型：_____、_____、_____。

3. 选择题

（1）使用下列哪个工具可以编辑特征参数，改变参数表达式的数值？（　　）

　　A. 特征表格　　　B. 检查工具　　　C. 装配导航器　　　D. 部件导航器

（2）当组件的引用集在装配文件中被使用时，此引用集若被删除，那么下次打开此装配文件时，组件的哪个引用集将会被使用？（　　）

　　A. 空集　　　　　　　　　　　　B. 默认引用集

　　C. 装配文件将打开失败　　　　　D. 整集

二、连杆机构装配体结构分析

1. 参考图样分析
连杆机构装配图参考图 2-21,连杆机构由基座、3 个连杆和 3 个铆钉组成。

2. 学生图样分析
参考以上提示,独立完成连杆机构装配图样分析,并填写表 2-3。

表 2-3 连杆机构装配图样分析

序号	项目	分析结果
1	连杆机构装配体结构组成	
2	教师评价	

三、连杆机构装配实施过程

1. 新建文件并保存
要求 在"新文件名"选项区的"名称"文本框中输入"连杆机构装配.prt",并指定要保存到的文件夹(即指定保存路径)。

2. 载入部件
在弹出的"添加组件"对话框中,选择连杆机构装配的部件,如图 2-22 和图 2-23 所示。

图 2-22 "添加组件"对话框

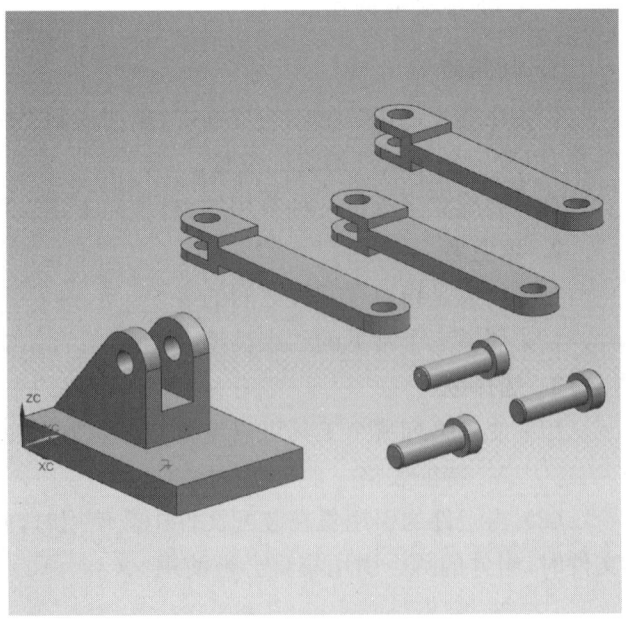

图 2-23 载入部件

3. 固定基座

选择基座并使其固定,如图 2-24 所示。

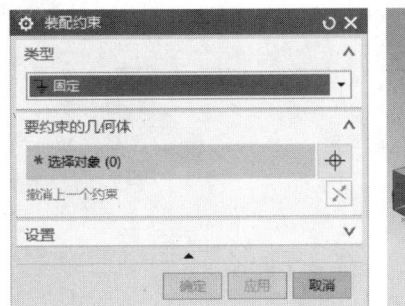

图 2-24 固定基座

4. 基座与连杆 1 配合

选择连杆 1,使用接触对齐约束与基座进行配合,如图 2-25 所示。

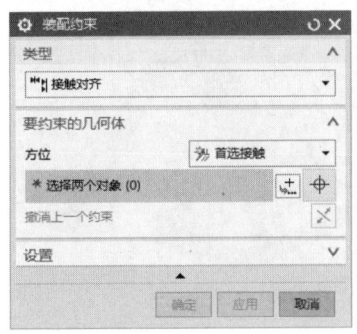
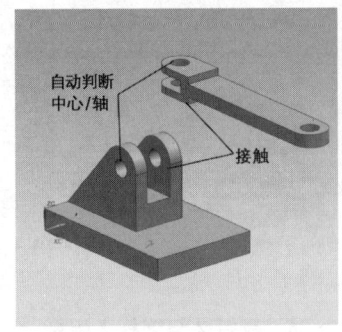
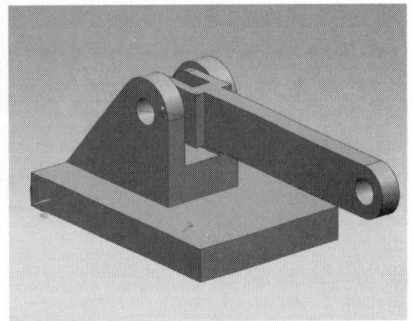

图 2-25 基座与连杆 1 配合

5. 铆钉 1 与基座配合

选择铆钉 1,使用接触对齐约束与基座进行配合,如图 2-26 所示。

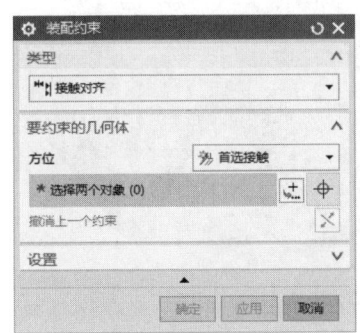
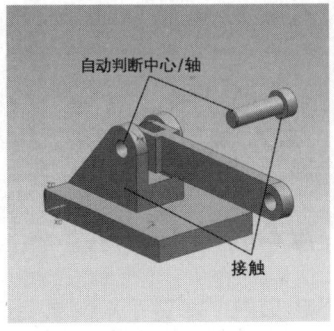
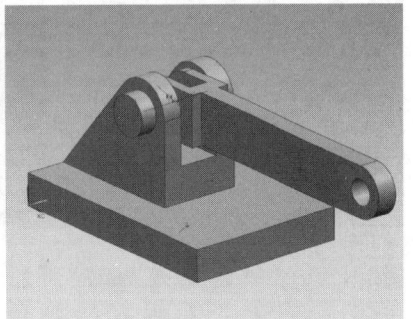

图 2-26 铆钉 1 与基座配合

6. 连杆 1 与连杆 2 配合

选择连杆 2,使用接触对齐约束和垂直约束与连杆 1 进行配合,如图 2-27 所示。

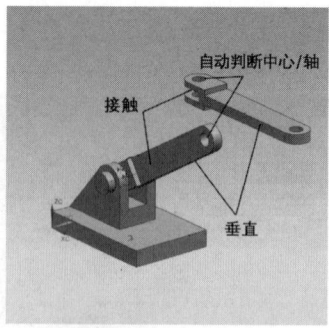

图 2-27　连杆 2 和连杆 1 配合

7. 铆钉 2 与连杆 2 配合

选择铆钉 2，使用接触对齐约束与连杆 2 进行配合，如图 2-28 所示。

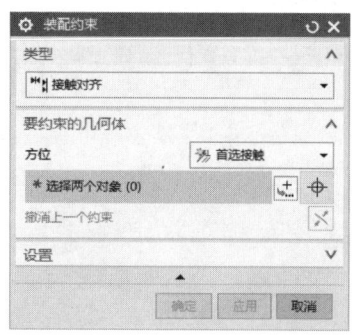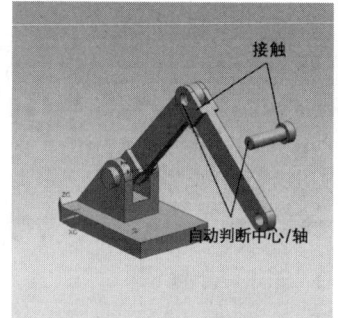

图 2-28　铆钉 2 与连杆 2 配合

8. 连杆 3 与连杆 2 配合

选择连杆 3，使用接触对齐约束和垂直约束与连杆 2 进行配合，如图 2-29 所示。

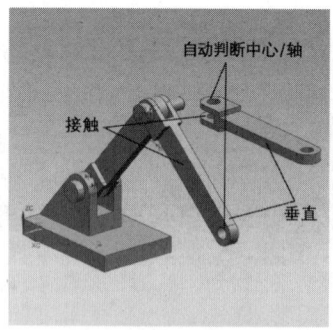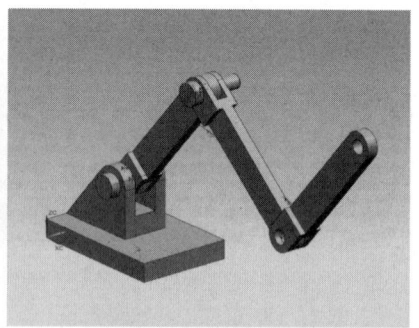

图 2-29　连杆 3 与连杆 2 配合

9. 铆钉 3 与连杆 3 配合

选择铆钉 3，使用接触对齐约束与连杆 3 进行配合，如图 2-30 所示。

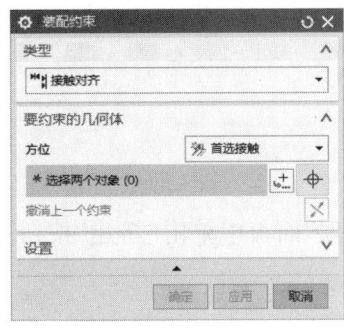 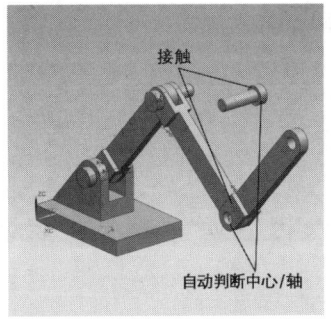 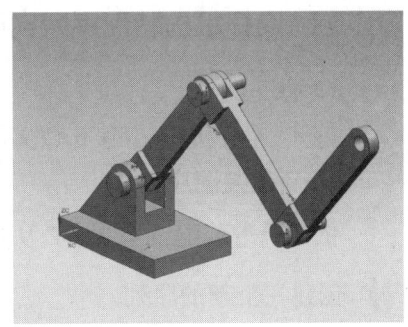

图 2-30　铆钉 3 与连杆 3 配合

10. 调整角度

选择三个连杆,与基座使用垂直约束进行配合,如图 2-31 所示。

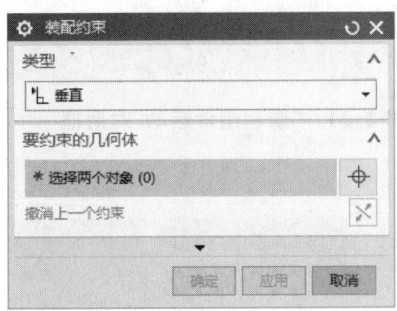 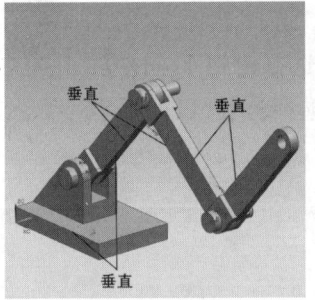 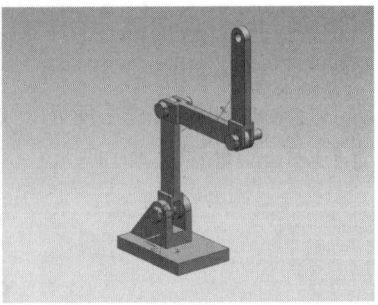

图 2-31　连杆、基座配合调整角度

11. 测量质心

在边框条中单击分析→测量体,弹出"测量体"对话框,如图 2-32 所示。勾选"显示信息窗口"复选框,选中装配体整体,弹出"信息"对话框,测得质心,如图 2-33 所示。

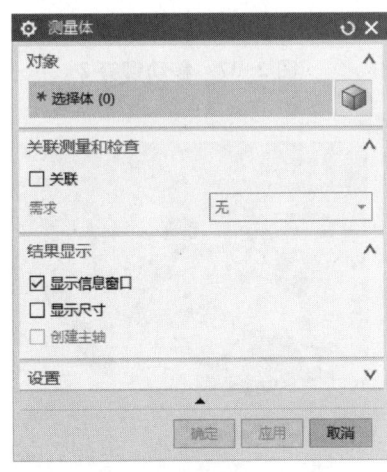 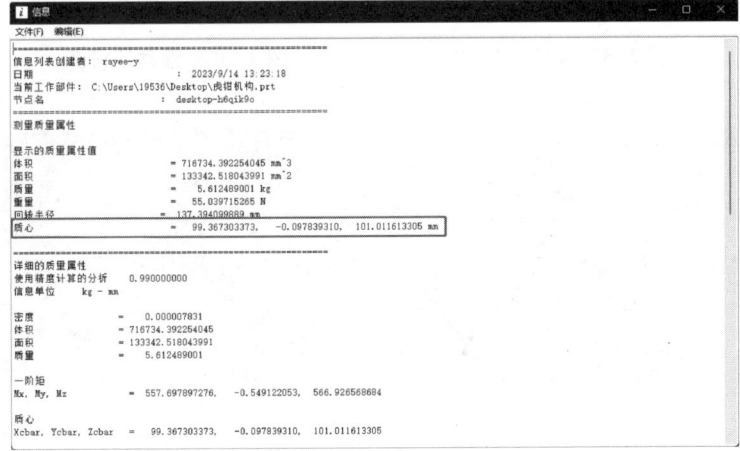

图 2-32　"测量体"对话框　　　　　　　图 2-33　"信息"对话框

四、连杆机构装配序列实施过程

1. 打开文件

打开"连杆机构装配.prt"文件。

2. 新建装配序列

依次单击装配→序列,从功能区"主页"选项卡的"装配序列"面板中单击"新建"按钮,创建一个新的序列。

3. 插入运动

在装配序列环境的"序列步骤"面板中,单击"插入运动"按钮,弹出"录制组件运动"对话框,如图2-34所示。选择铆钉3,向左移动100 mm,如图2-35所示。选择连杆3,向前移动100 mm,如图2-36所示。选择铆钉2,向左移动100 mm,如图2-37所示。选择连杆2,向上移动100 mm,如图2-38所示。选择铆钉1,向左移动100 mm,如图2-39所示。选择连杆1,向后移动100 mm,如图2-40所示。

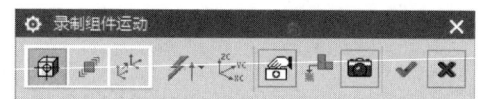

图2-34 "录制组件运动"对话框

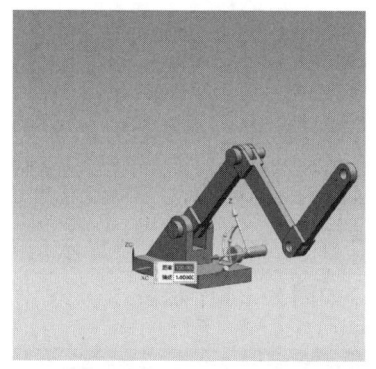

图2-35 移动铆钉3

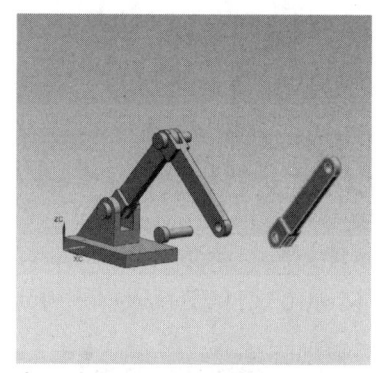

图2-36 移动连杆3

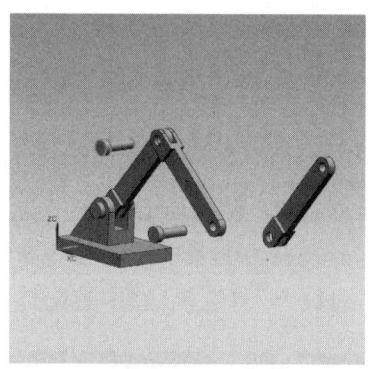

图2-37 移动铆钉2

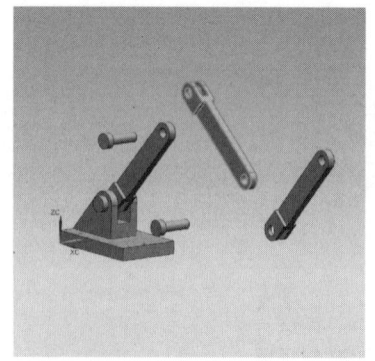

图2-38 移动连杆2

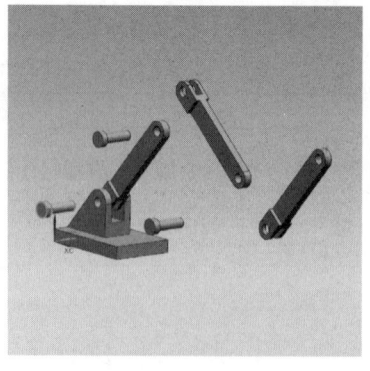

图2-39 移动铆钉1

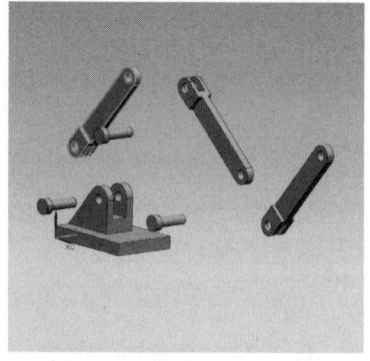

图2-40 移动连杆1

4. 导出视频

点击 ![导出至电影] 按钮，导出"连杆机构"视频。

任务评价

班级：　　　　姓名：　　　　学号：　　　　成绩：

序号	评价内容	评价标准	评价结果(优/良/合格/不合格)
1	基础知识的应用	能掌握相关命令的使用方法	
2	装配的基本流程	能按照图纸合理设计基本流程	
3	安全文明	无安全隐患，无违章操作	

拓展训练

1. 若需将两个任意对象约束到一起，使它们作为刚体移动，应采取下面哪种约束？（　　）

　　A. 对齐/锁定　　　B. 胶合　　　C. 固定　　　D. 接触对齐

2. 零件的一个或多个特征由装配体中的某项来定义，比如布局草图或一个零件的几何体。设计意图来自顶层并下移，这种方法也称为（　　）。

　　A. 自内而外　　　B. 自外而内　　　C. 自顶向下　　　D. 自底向上

3. 以下几种关于工具描述错误的是（　　）。

　　A. 添加：通过选择已加载的部件或从磁盘选择部件，将组件添加到装配

　　B. 选择原点：系统将通过指定原点定位的方式确定组件在装配中的位置

　　C. 移动组件：移动装配中的组件

　　D. 绝对原点：是指执行定位的组件与装配环境坐标系位置保持不一致

4. 以下哪一项是产品爆炸图？（　　）

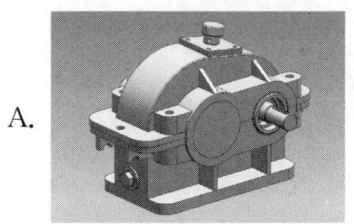
A.

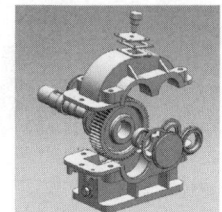
B.

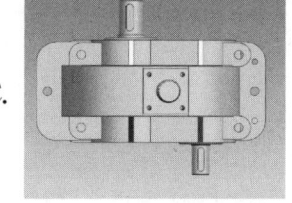
C.

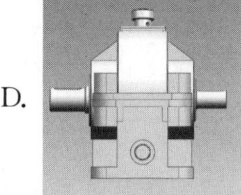
D.

5. 下图应用了哪种约束以确定零件间的位置关系？（   ）

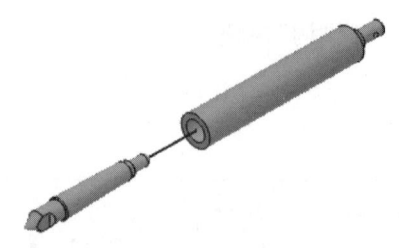

A. 中心 　　　　　　　　　　　　B. 自动判断中心/轴
C. 角度 　　　　　　　　　　　　D. 距离

学习任务 2
三位四通手动换向阀装配

任务导入

NX 装配是一种基于三维实体模型的装配设计方法，它可以在计算机上模拟产品的装配过程，检验产品的装配性能，优化产品的结构设计，提高产品的质量和生产效率。通过装配学习，学会图 2-41 所示的装配操作方法。

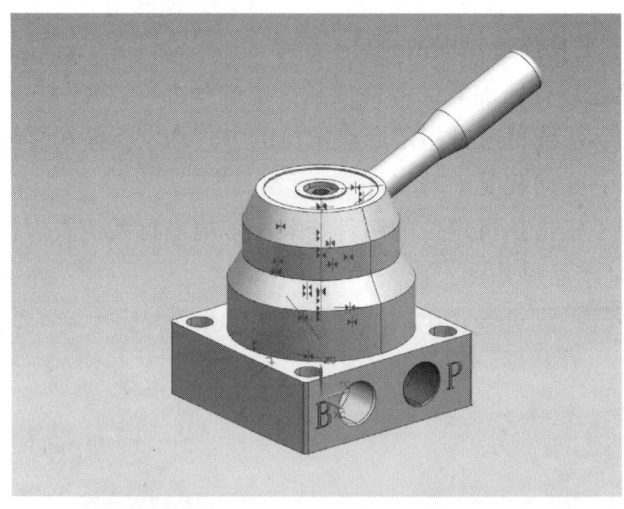

图 2-41　三位四通手动换向阀模型

任务流程

1. 参考装配方案

根据装配规则，设计三位四通手动换向阀装配的参考方案，内容见表 2-4。

表 2-4　三位四通手动换向阀装配参考方案

序号	步骤	图示	序号	步骤	图示
1	固定阀体		8	螺钉 M4×20 和阀体配合	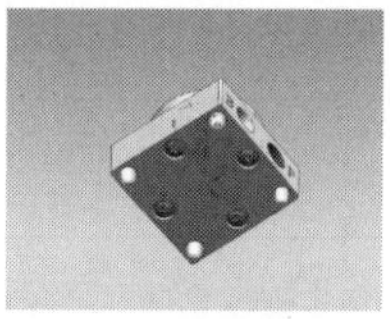
2	阀体和 O 型圈 32.5×2 配合	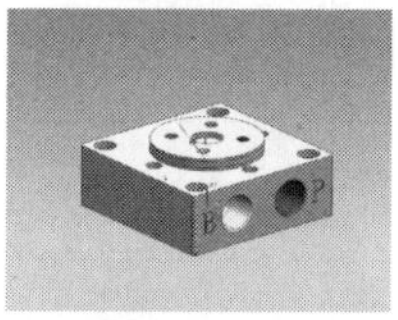	9	钢球、挡芯轴和连接件配合	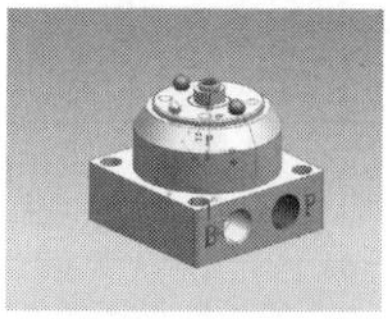
3	阀体和配气盘垫配合	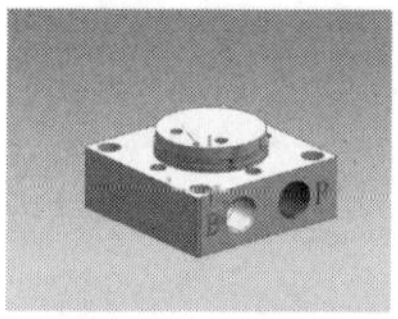	10	钢球压紧弹簧和钢球配合	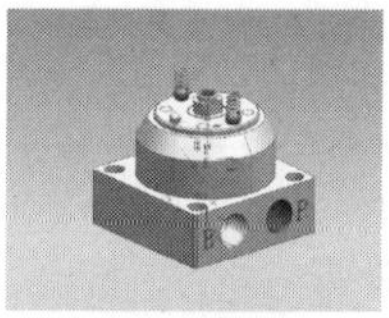
4	配气盘和配气盘垫配合	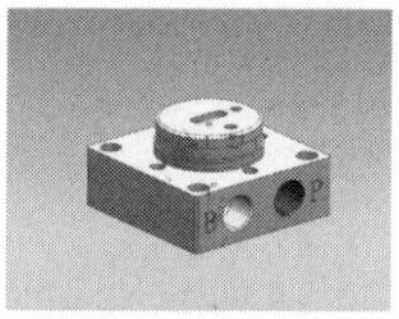	11	阀上盖和连接件配合	
5	内芯、O 型圈 11.2×2 和压紧弹簧配合		12	螺钉 M5×8 和阀上盖配合	
6	内芯、压紧弹簧和配气盘配合		13	手柄和阀上盖配合	
7	连接件和阀体配合	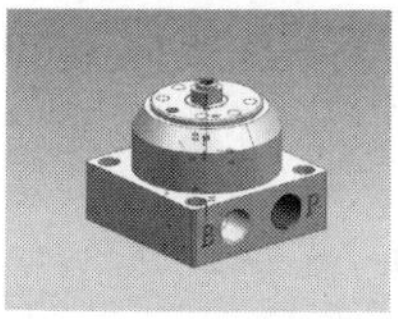			

2. 学生装配方案

学生根据自己对装配规则的理解,参照表 2-4 的装配参考方案,独立设计三位四通手动换向阀装配方案,并填写表 2-5。

表 2-5 学生三位四通手动换向阀装配方案

序号	步骤	图示	序号	步骤	图示
1			8		
2			9		
3			10		
4			11		
5			12		
6			13		
7					
考评结论					

任务实施

一、预习效果检查

1. 判断题

(1) NX 高级装配模块提供了增加产品级大装配设计的特殊功能。（ ）

(2) 使用 NX 装配建模，零件设计修改后，装配模型中的零件会自动更新，同时可在装配环境下直接修改零件。（ ）

2. 填空题

(1) NX 中的体是指包含_____或_____的几何对象。

(2) "装配序列"模块用于控制组件_____或_____的顺序，并仿真组件运动。

3. 选择题

(1) 下列哪个选项不是装配中的组件阵列的方法？（   ）

    A. 线性　　　　B. 从引用集阵列　　C. 参考　　　　D. 圆形

(2) 以下哪项不是 NX 的装配方法？（   ）

    A. 自顶向下的装配　　　　　　　B. 自底向上的装配

    C. 自内向外的装配　　　　　　　D. 混合装配

二、三位四通手动换向阀装配体结构分析

1. 参考图样分析

三位四通手动换向阀装配图如图 2-42 所示，三位四通手动换向阀图由手柄、螺钉 M5×8、阀上盖、钢球压紧弹簧、钢球、挡芯轴、螺钉 M4×20、连接件、内芯、O 型圈 11.2×2、配气盘、压紧弹簧、配气盘垫、O 型圈 32.5×2 组成。

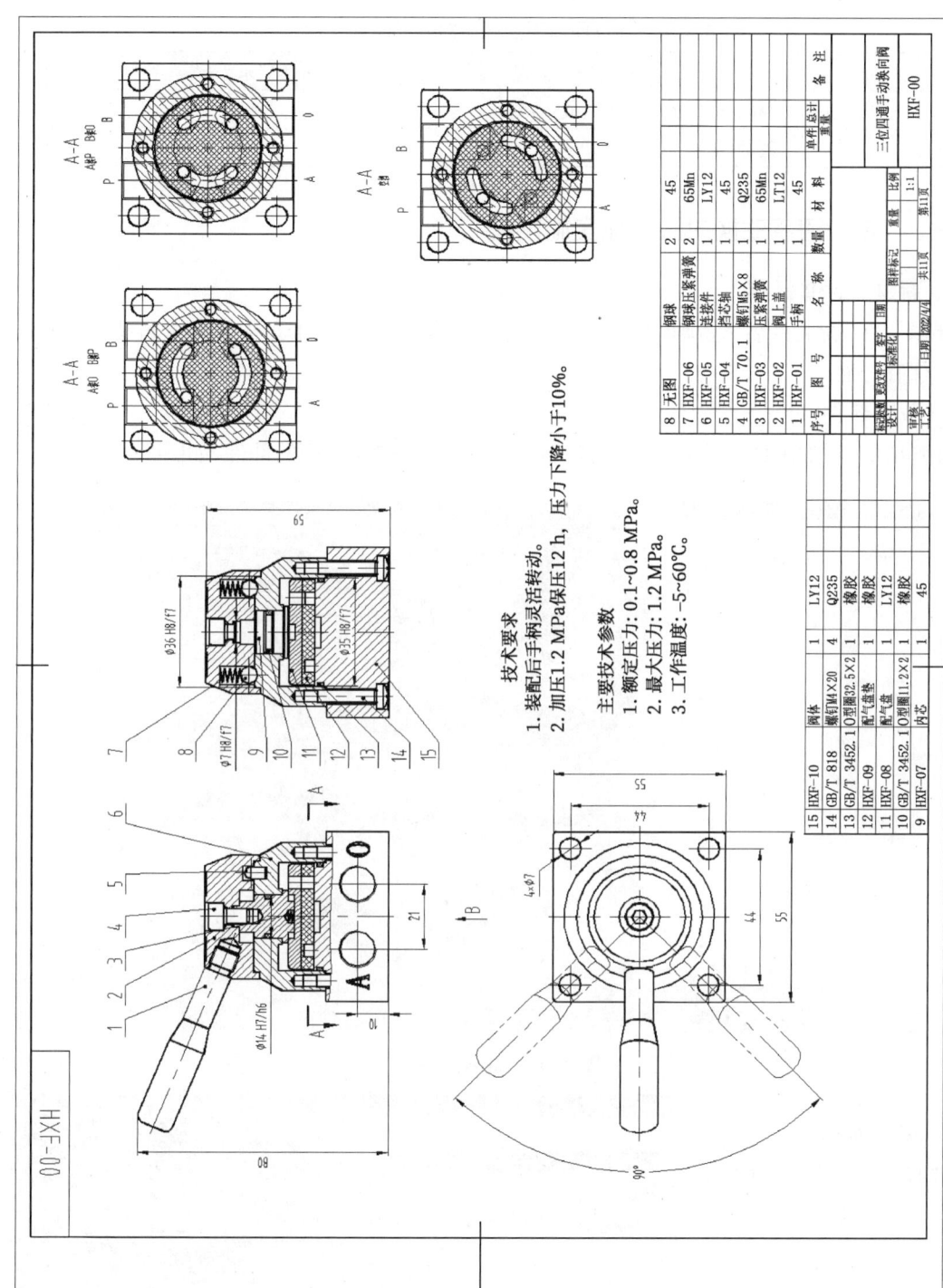

图 2-42 三位四通手动换向阀装配图纸图样

2. 学生图样分析

参考以上提示，独立完成三位四通手动换向阀装配图样分析，并填写表2-6。

表2-6 三位四通手动换向阀装配图样分析

序号	项目	分析结果
1	三位四通手动换向阀装配体结构组成	
2	教师评价	

三、三位四通手动换向阀装配实施过程

1. 新建文件并保存

要求　在"新文件名"选项区的"名称"文本框中输入"三位四通手动换向阀装配.prt"，并指定保存路径。

2. 载入部件

在弹出的"添加组件"对话框中，选择三位四通手动换向阀装配的部件，如图2-43所示。

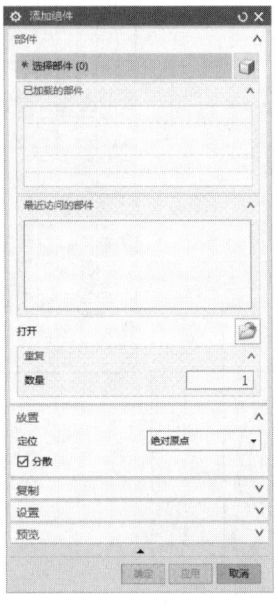
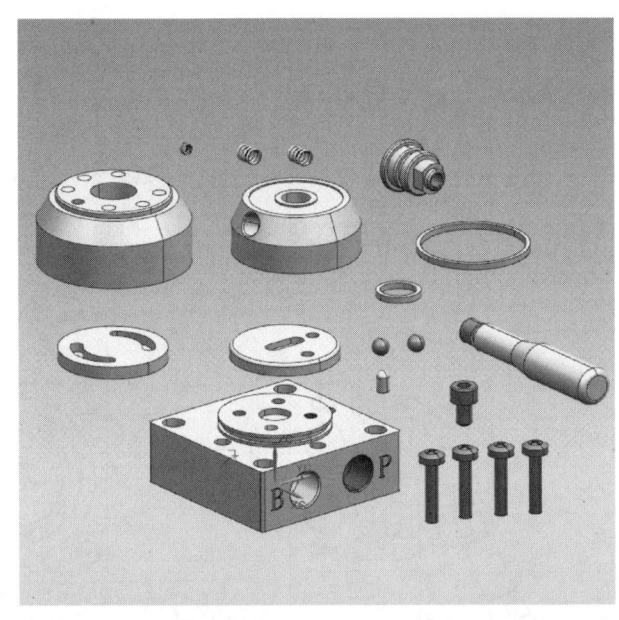

图2-43 载入部件

3. 固定阀体

选择阀体，使其固定，如图2-44所示。

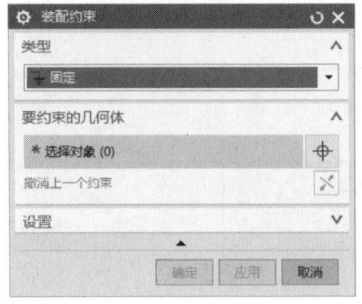
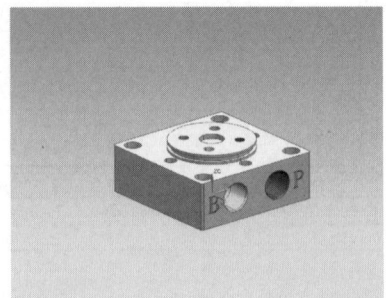

图2-44 固定阀体

4. 阀体和 O 型圈 32.5×2 配合

选择 O 型圈 32.5×2，使用接触对齐约束和阀体进行配合，如图 2-45 所示。

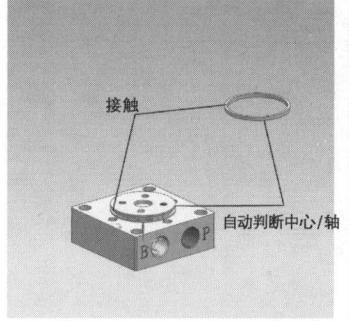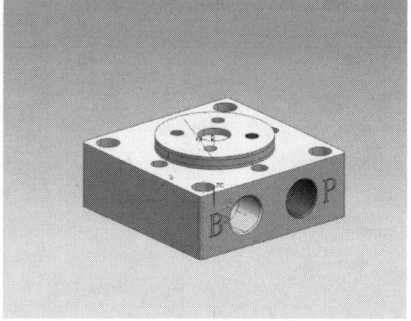

图 2-45　阀体和 O 型圈 32.5×2 配合

5. 阀体和配气盘垫配合

选择配气盘垫，使用接触对齐约束与阀体进行配合，如图 2-46 所示。

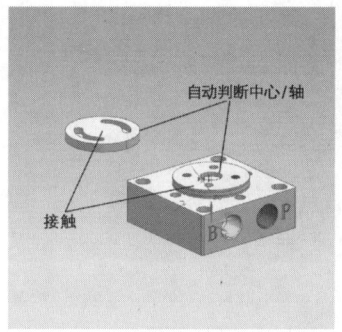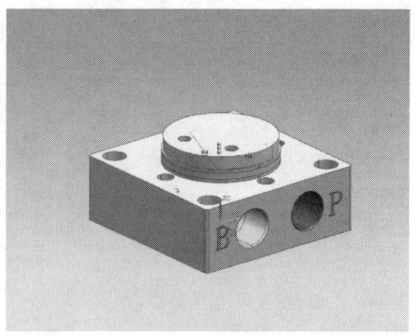

图 2-46　阀体和配气盘垫配合

6. 配气盘和配气盘垫配合

选择配气盘，使用接触对齐约束与配气盘垫进行配合，如图 2-47 所示。

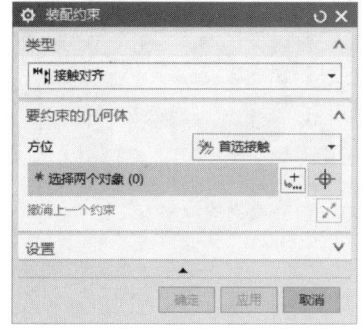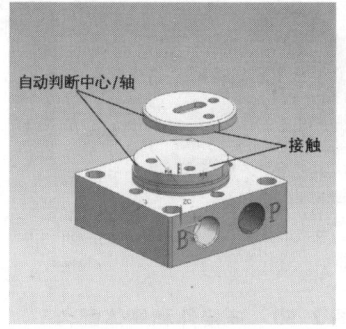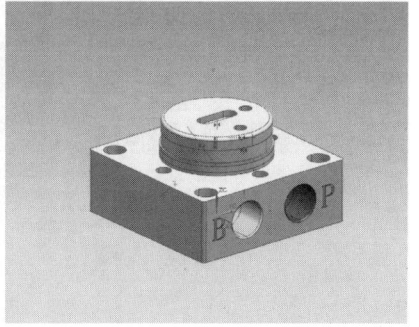

图 2-47　配气盘和配气盘垫配合

7. 内芯、O 型圈 11.2×2 和压紧弹簧配合

选择内芯、O 型圈 11.2×2 和压紧弹簧，使用接触对齐约束进行配合，如图 2-48 所示。

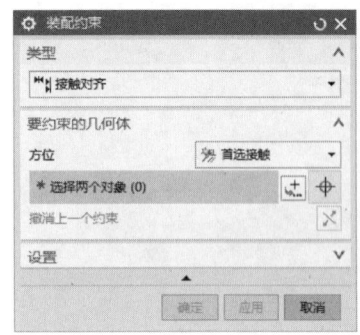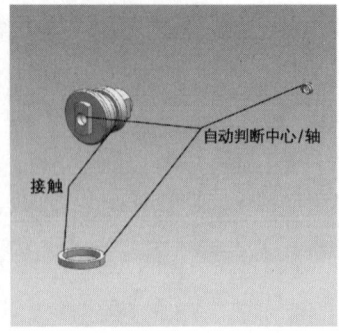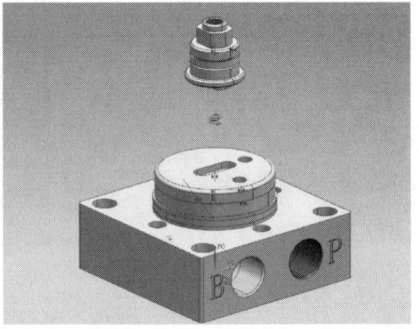

图 2-48　内芯、O 型圈 11.2×2 和压紧弹簧配合

8. 内芯、压紧弹簧和配气盘配合

选择内芯、压紧弹簧和配气盘，使用接触对齐约束进行配合，如图 2-49 所示。

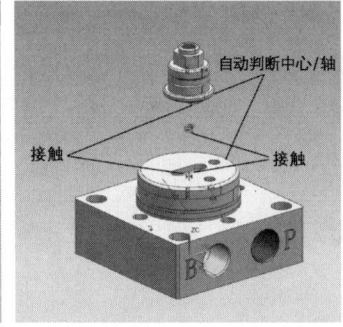

图 2-49　内芯、压紧弹簧和配气盘配合

9. 连接件和阀体配合

选择连接件，使用接触对齐约束与阀体进行配合，如图 2-50 所示。

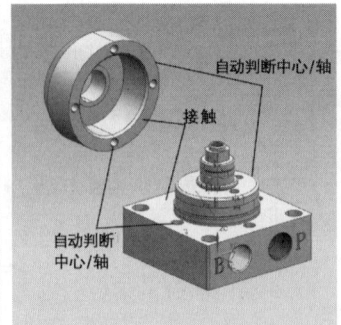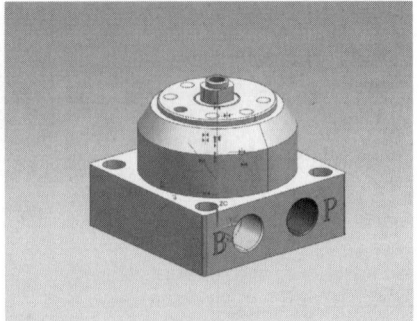

图 2-50　连接件和阀体配合

10. 螺钉 M4×20 和阀体配合

选择螺钉 M4×20，使用接触对齐约束进行配合，如图 2-51 所示。

 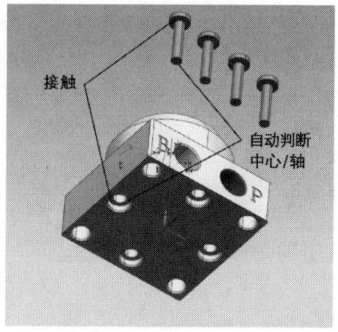 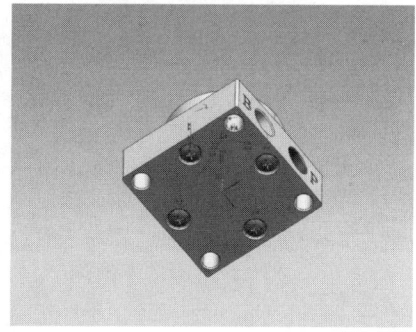

图 2-51　螺钉 M4×20 和阀体配合

11. 钢球、挡芯轴和连接件配合

选择钢球、挡芯轴和连接件，使用接触对齐约束进行配合，如图 2-52 所示。

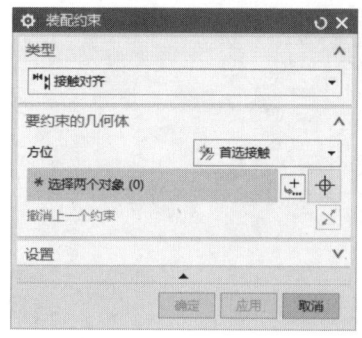 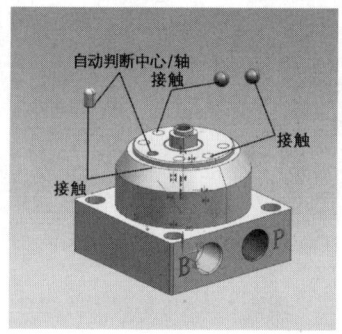 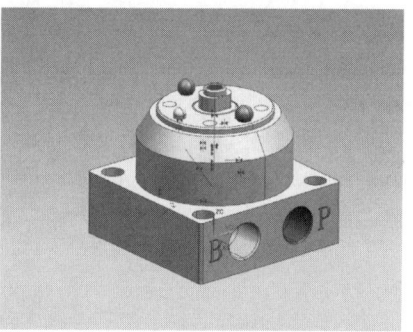

图 2-52　钢球、挡芯轴和连接件配合

12. 钢球压紧弹簧和钢球配合

选择钢球压紧弹簧和钢球，使用接触对齐约束进行配合，如图 2-53 所示。

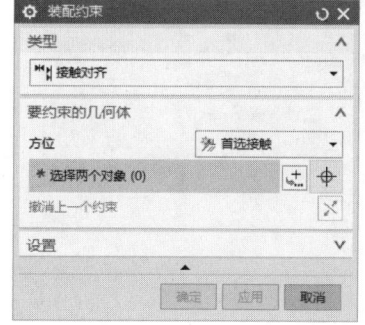 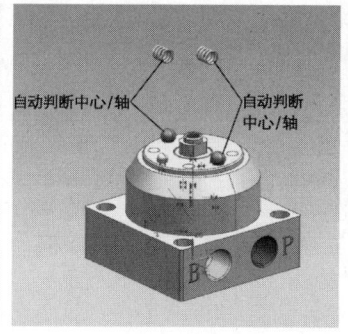 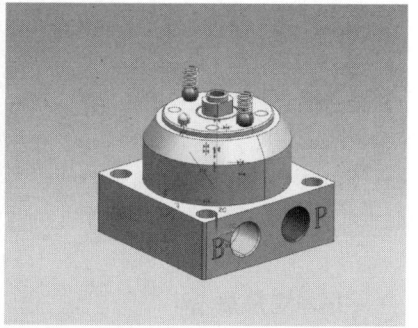

图 2-53　钢球压紧弹簧和钢球配合

13. 阀上盖和连接件配合

选择阀上盖和连接件，使用接触对齐约束进行配合，如图 2-54 所示。

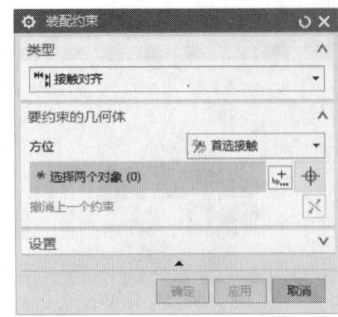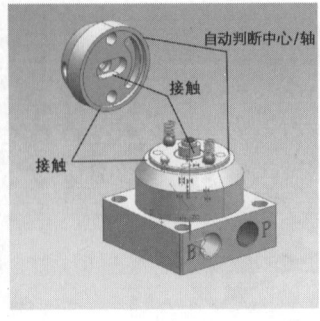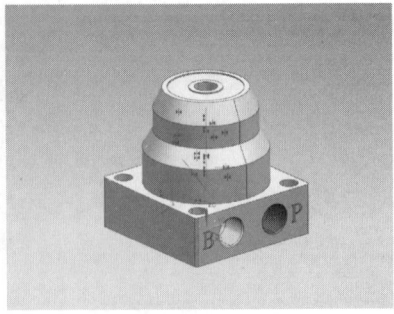

图 2-54　阀上盖和连接件配合

14. 螺钉 M5×8 和阀上盖配合

选择螺钉 M5×8 和阀上盖，使用接触对齐约束进行配合，如图 2-55 所示。

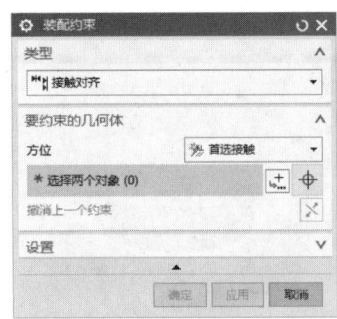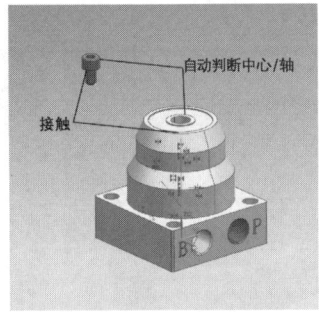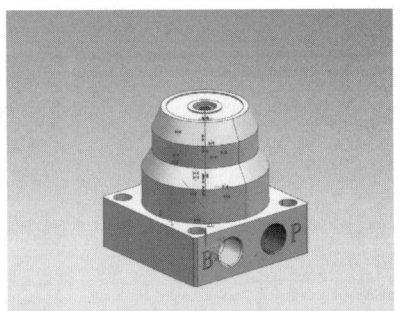

图 2-55　螺钉 M5×8 和阀上盖配合

15. 手柄和阀上盖配合

选择手柄和阀上盖，使用接触对齐的方法进行配合，如图 2-56 所示。

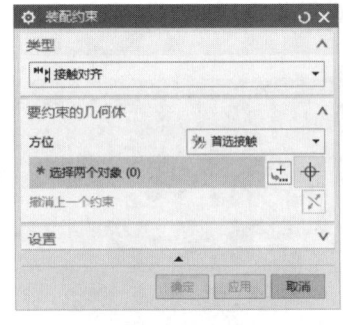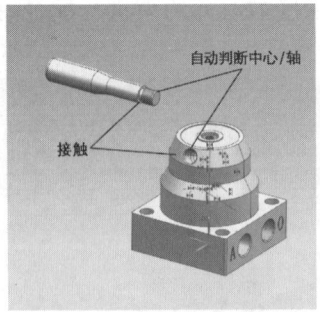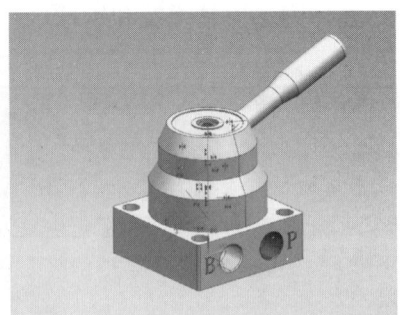

图 2-56　手柄和阀上盖配合

16. 测量质心

在边框条中单击分析→测量体，弹出"测量体"对话框，如图 2-57 所示。勾选"显示信息窗口"复选框，选中装配体整体，弹出"信息"对话框，测得质心，如图 2-58 所示。

项目二 零件装配

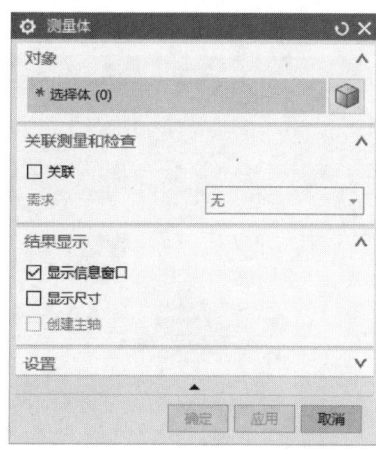

图 2-57 "测量体"对话框

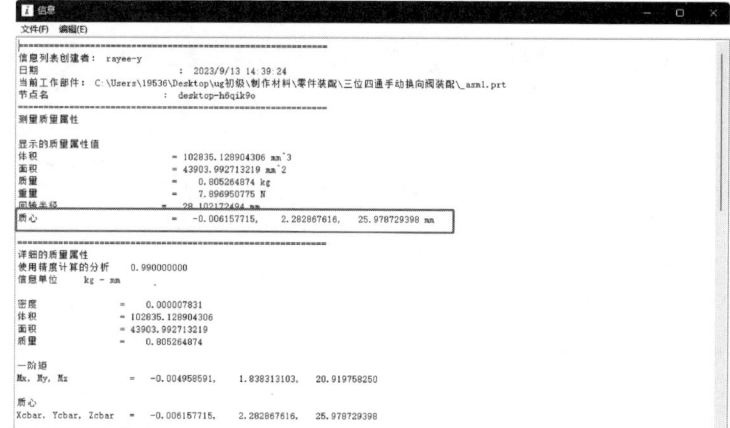

图 2-58 "信息"对话框

四、三位四通手动换向阀装配序列实施过程

1. 打开文件

打开"三位四通手动换向阀装配.prt"文件。

2. 新建装配序列

单击"菜单"按钮并选择装配→序列,从功能区"主页"选项卡的"装配序列"面板中单击"新建"按钮,创建一个新的序列。

3. 插入运动

在装配序列环境下,在"序列步骤"面板中单击"插入运动"按钮。选择手柄,向右移动 50 mm(图 2-59)。选择螺钉 M5×8,向上移动 190 mm(图 2-60)。选择阀上盖,向上移动 165 mm(图 2-61)。选择钢球压紧弹簧,向上移动 140 mm(图 2-62)。选择钢球和挡芯轴,向上移动 135 mm(图 2-63)。选择螺钉 M4×20,向下移动 40 mm(图 2-64)。选择连接件,向上移动 100 mm(图 2-65)。选择内芯、O 型圈 11.2×2 和压紧弹簧,分别向上移动 70、60、50 mm(图 2-66)。选择配气盘,向上移动 40 mm(图 2-67)。选择配气盘垫,向上移动 30 mm(图 2-68)。选择 O 型圈 32.5×2,向上移动 20 mm(图 2-69)。

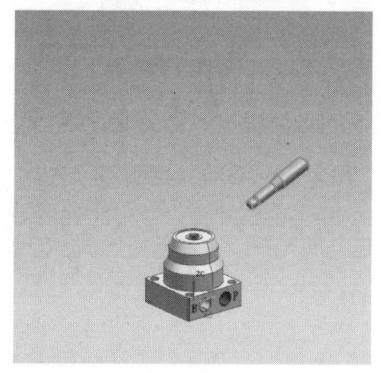

图 2-59 移动手柄

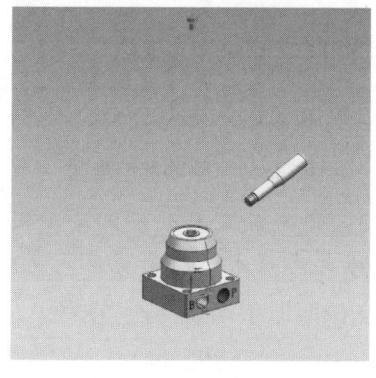

图 2-60 移动螺钉 M5×8

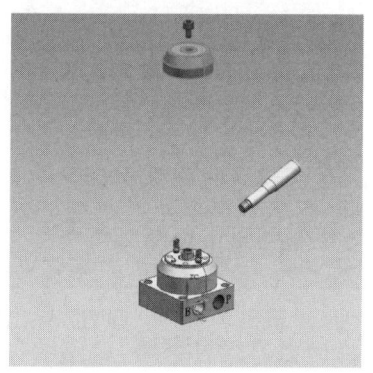

图 2-61 移动阀上盖

81

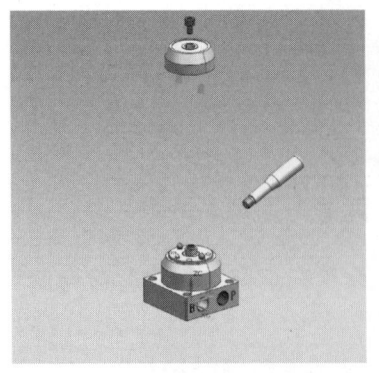
图 2-62 移动钢球压紧弹簧

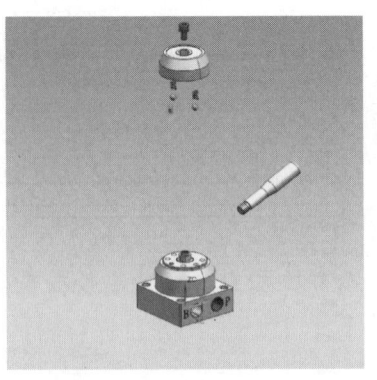
图 2-63 移动钢球和挡芯轴

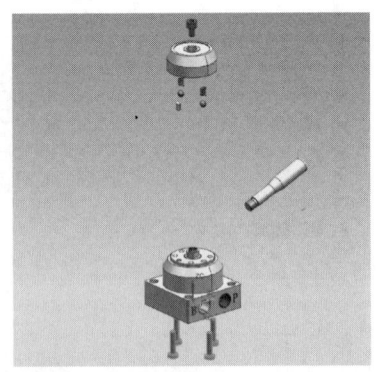
图 2-64 移动螺钉 M4×20

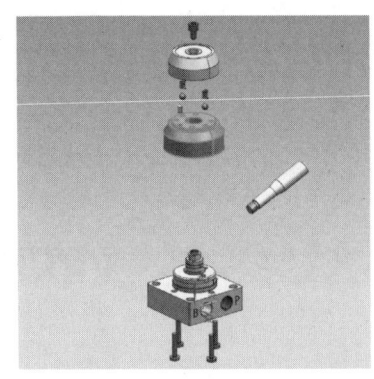
图 2-65 移动连接件

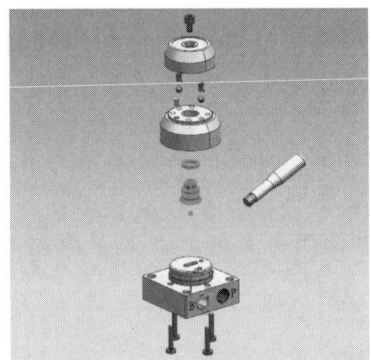
图 2-66 移动内芯、O 型圈 11.2×2 和压紧弹簧

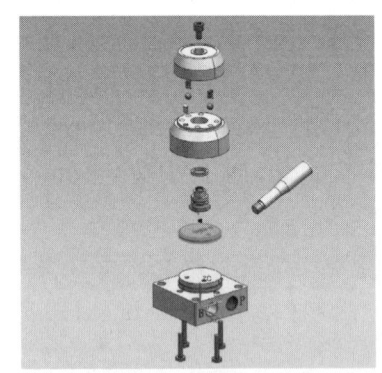
图 2-67 移动配气盘

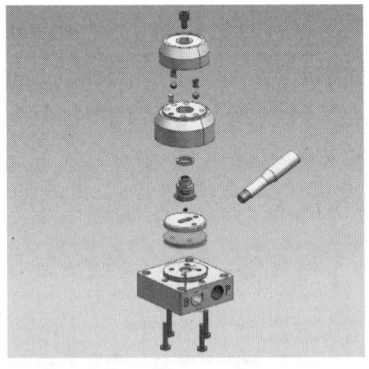
图 2-68 移动配气盘垫

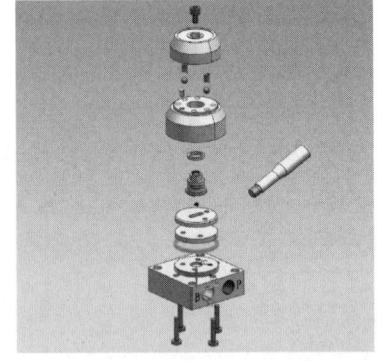
图 2-69 移动 O 型圈 32.5×2

4. 导出视频

单击 按钮,导出"三位四通手动换向阀"视频。

任务评价

班级：		姓名：	学号：	成绩：
序号	评价内容	评价标准	评价结果(优/良/合格/不合格)	
1	基础知识的应用	能掌握相关命令的使用方法		
2	装配的基本流程	能按照图纸合理设计基本流程		
3	安全文明	无安全隐患,无违章操作		

拓展训练

1. 在装配环境中,以下哪个工具可用于组件相对位置调整?(   )
   A. 阵列组件　　　B. 移动组件　　　C. 移动面　　　D. 镜像装配

2. 以下几种关于工具描述错误的是(   )。
   A. 装配约束:通过指定约束关系,相对装配中的其他组件重定位组件
   B. 移动组件:移动装配中的组件
   C. 显示和隐藏约束:显示和隐藏约束及使用其关系的组件
   D. 镜像装配:创建整个零件或选定曲面的镜像版本

3. 【多选】自上而下也称为自顶向下的产品设计,就是从产品的顶层开始。设计过程基本上都在装配结构这个"基本骨架"的基础上进行,以下选项中与"自顶向下产品设计"无关的是(   )。
   A. 新建故事板   B. 新建快照视图
   C. 调整零部件位置   D. 捕获照相机

4. 以下几种关于工具描述错误的是(   )。
   A. 绝对原点:是指执行定位的组件与装配环境坐标系位置保持一致
   B. 选择原点:系统将通过指定原点定位的方式确定组件在装配中的位置
   C. 移动组件:将组件加到装配中后相对于指定的基点移动,并且将其定位
   D. 组件定位:下拉列表中包含3种定位操作

5. 自顶向下设计法的基本流程是由整体到局部。先从装配架构中开始设计工作,根据配合架构确定零件的位置及结构。零件的形状、大小及位置可直接在装配体中设计。经过用户设定的一些参数可以跟随意愿自动调整。由此说明自顶向下设计法的优点在于(   )。
   A. 在发生设计更改时,零件可以根据用户所创建的方法而自动更新
   B. 零部件之间有大量的关联参考,会增加零部件的复杂度,有时候甚至因为找不到参考源头而无法修改
   C. 由于参考关联复杂,要求工程师能够熟练操作软件,熟悉产品设计流程和变化趋势,对总工程师的要求更高
   D. 关联设计带来大量关联计算,尤其是总图的更新,会导致全部相关零部件自动更新,对于计算机硬件提出了较高的要求

项目三 效果图

◇ 项目情境

在创建零件和装配的三维模型时,能够进行简单的着色和显示不同的线框状态。但在实际的产品设计中,那些显示状态是远远不够的,因为它们无法表达产品的颜色、光泽、质感等特点,因此要进行进一步的渲染处理,才能使模型达到真实的效果。NX 具有强大的渲染功能,为设计人员提供了一个很有效的工具。本项目主要讲述如何对材料/纹理、灯光效果、展示室环境、基本场景和视觉效果进行设置,以及如何生成高质量图像和艺术图像。

NX 的渲染功能主要包括图片渲染、材料/纹理设置、灯光效果设置、视觉效果设置、可视化参数设置以及图像的输出。

◇ 知 识 点

- 材料/纹理设置。
- 编辑对象显示。

◇ 技 能 点

掌握通过"编辑对象显示"功能改变模型外观的操作方法。

◇ 素养目标

培养学生善于动脑思考、动手操作的良好职业习惯。

◇ 知识准备

一、材料/纹理设置

材料/纹理的设置是通过"材料/纹理"对话框实现的。选择菜单→视图→可视化→材料/纹理,弹出如图 3-1 所示的"材料/纹理"对话框。

注意 在进行材料/纹理设置之前,因为已选定材料,所以图 3-1 的"材料/纹理"对话框为激活状态;若未选定材料,

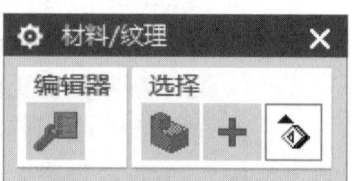

图 3-1 "材料/纹理"对话框

此时的"材料/纹理"对话框中的部分按钮为灰色，即处于未激活状态。

"材料/纹理"对话框中的部分按钮说明如下。

🔧：用于启用材料编辑器。

⬢：用于显示指定对象的材料属性。

🏷：用于继承选定的实体材料。

二、材料编辑器

材料编辑器的功能是对零件材料进行编辑，通过材料编辑器可实现对材料的亮度、纹理及颜色的设置。单击"材料/纹理"对话框中的 🔧 按钮，系统弹出图 3-2 所示的"材料编辑器"对话框。"材料编辑器"对话框中主要包括"常规""凹凸""图样""透明度"和"纹理空间"选项卡，通过这些选项卡可直接对材料进行设置，下面逐一对其进行说明。

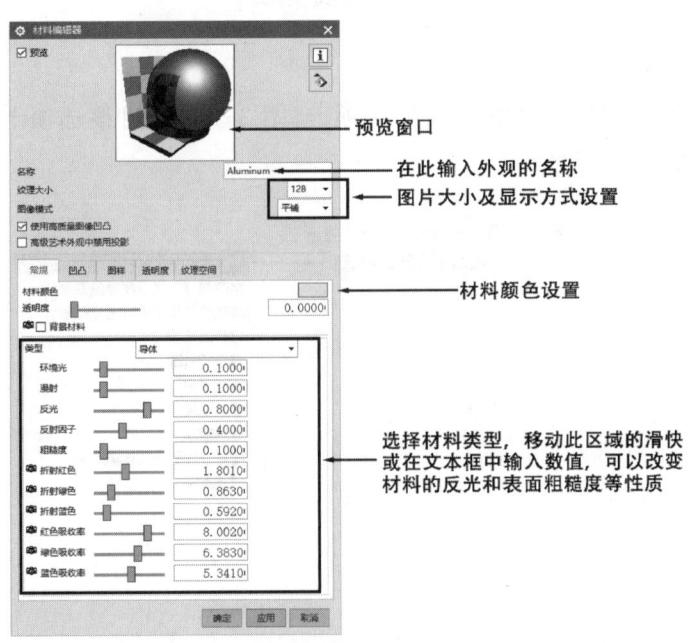

图 3-2 "材料编辑器"对话框

1. "常规"选项卡

单击"材料编辑器"对话框中的"常规"选项卡（图 3-3），通过该选项卡可以对材料颜色、透明度、背景材料和类型进行设置。

(1) 材料颜色：用于定义系统中的材料颜色。

(2) 透明度：用于定义材料透明度。

(3) 背景材料：选中此项后，系统会自动将选定的材料作为渲染图片的背景，从而达到特定的效果。

(4) 类型：用于定义要渲染的材料类型。

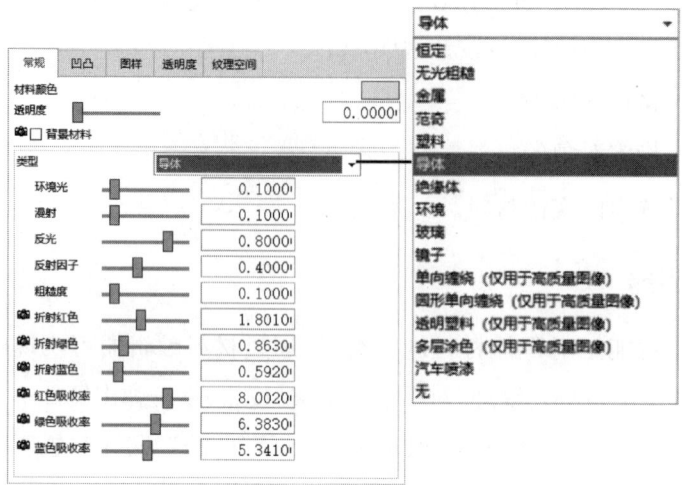

图 3-3 "常规"选项卡

2. "凹凸"选项卡

单击"材料编辑器"对话框中的"凹凸"选项卡(图 3-4),通过该选项卡可以设置凹凸的类型及对应的参数,具体说明如下。

图 3-4 "凹凸"选项卡

(1) 无:该选项用于不设置材料纹理。

(2) 铸造面(仅用于高质量图像):该选项用于将材料设置成铸造面效果,其中包括比例、浇注范围、凹进比例、凹进幅度、凹进阈值和详细六个参数设置。

(3) 粗糙面(仅用于高质量图像):该选项用于将材料设置成粗糙面效果,其中包括比例、粗糙值、详细和锐度四个参数设置。

(4) 缠绕凹凸点:该选项用于将材料设置成缠绕的凹凸效果,其中包括比例、分隔、半径、中心深度和圆角五个参数设置。

(5)缠绕粗糙面：该选项用于将材料设置成缠绕粗糙面的效果，其中包括比例、粗糙值、详细和锐度四个参数设置。

(6)缠绕图像：该选项用于设置材料的缠绕图像效果，其中包括柔软度、幅值和图像三个参数设置。

(7)缠绕隆起：该选项用于设置材料的缠绕隆起效果，其中包括比例、圆角和幅值三个参数设置。

(8)缠绕螺纹：该选项用于设置材料的缠绕螺纹效果，其中包括比例、圆角、半径和幅值四个参数设置。

(9)皮革(仅用于高质量图像)：该选项用于设置材料的皮革效果，其中包括比例、不规则和粗糙值等参数设置。

(10)缠绕皮革：该选项用于设置材料的缠绕皮革效果，其中包括比例、不规则和粗糙值等参数设置。

3．"图样"选项卡

单击"材料编辑器"对话框中的"图样"选项卡(图3-5)，通过该选项卡可以设置图样的类型及对应的参数。

图3-5 "图样"选项卡

4．"透明度"选项卡

单击"材料编辑器"对话框中的"透明度"选项卡(图3-6)，通过该选项卡可以设置透明度的类型及对应的参数。

图3-6 "透明度"选项卡

5．"纹理空间"选项卡

单击"材料编辑器"对话框中的"纹理空间"选项卡(图3-7)，通过该选项卡可以设置纹理空间的类型及对应的参数，具体说明如下。

（1）类型：该下拉列表包括任意平面、圆柱坐标系、球坐标系、自动定义 WCS 轴、Uv 和摄像机方向平面选项。

（2）任意平面：选择该选项，以平面形式投影。

（3）圆柱坐标系：选择该选项，以圆柱形的形式投影。

（4）球坐标系：选择该选项，以球形的形式投影。

（5）自动定义 WCS 轴：选择该选项，根据曲面法向选择 X、Y 或 Z 轴。

（6）Uv：从几何体的 UV 坐标映射，将参数坐标系分配到纹理空间。

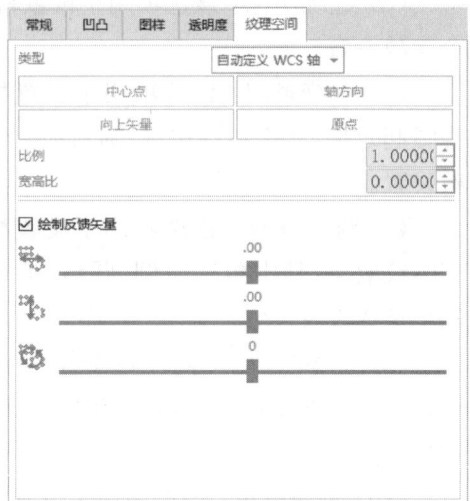

图3-7 "纹理空间"选项卡

（7）摄像机方向平面：选择该选项，以摄像机所在平面方向进行投影。

（8）中心点：可以任意指定纹理空间的原点。可用于"任意平面""圆柱形""球形"纹理空间。

（9）轴方向：可以任意指定圆锥形或球形的垂直或主要轴。

（10）向上矢量：可以任意指定纹理空间的参考轴。仅可用于"任意平面"纹理空间。

（11）比例：指定纹理空间的总体大小。

（12）宽高比：指定纹理空间的高度和宽度的比率。

（13）绘制反馈矢量：可动态地调整对象的纹理设置。其效果取决于所应用的纹理空间类型。

三、编辑对象的显示

编辑对象的显示就是修改对象的层、颜色、线型和宽度等。下面以图3-8和图3-9所示的模型为例，说明编辑对象显示的一般过程。

图3-8 编辑对象显示模型(修改颜色前)　　图3-9 编辑对象显示模型(修改颜色后)

（1）打开对话框。在菜单中选择编辑→ 编辑对象显示，弹出"类选择"对话框。

（2）定义需编辑的对象。选择图 3-8 的圆柱体，单击"确定"按钮，弹出图 3-10 所示的"编辑对象显示"对话框。

（3）修改对象显示属性。在该对话框的"颜色"区域中选择蓝色（blue），单击"确定"按钮，在"线型"下拉列表中选择"无更改"选项，在"宽度"下拉列表中选择 0.7 mm 宽度。

（4）单击"确定"按钮，完成对象显示的编辑。

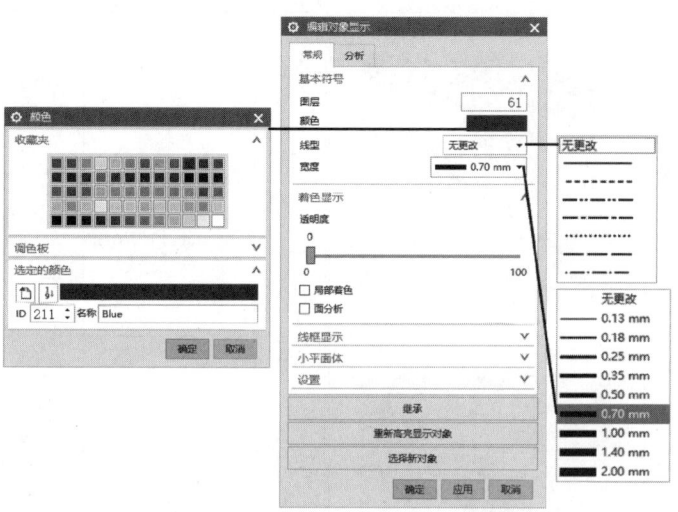

图 3-10 "编辑对象显示"对话框 1

学习任务 1

三位四通手动换向阀效果图设计

任务导入

效果图设计是将指定的材料或纹理应用到相应的零件上，使零件表现出特定的效果，从而在感观上更具有真实性。NX 10.0 的材料本质上是描述特定材料表面光学特性的参数集合，纹理是对零件表面粗糙度、图样的综合性描述。通过效果图设计学习，学会图 3-11 所示的编辑模型颜色的操作方法。

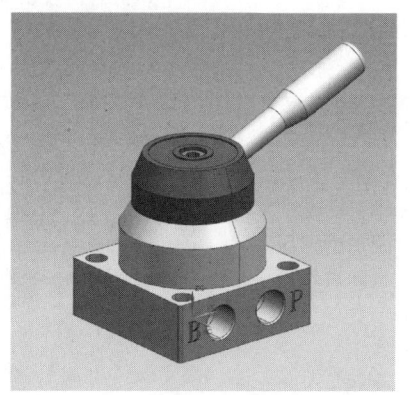

图 3-11 三位四通手动换向阀效果图

任务流程

1. 参考三位四通手动换向阀效果图方案

设计三位四通手动换向阀效果图的参考方案,内容见表3-1。

表3-1 三位四通手动换向阀效果图参考方案

序号	步骤	图示	序号	步骤	图示
1	添加手柄外观	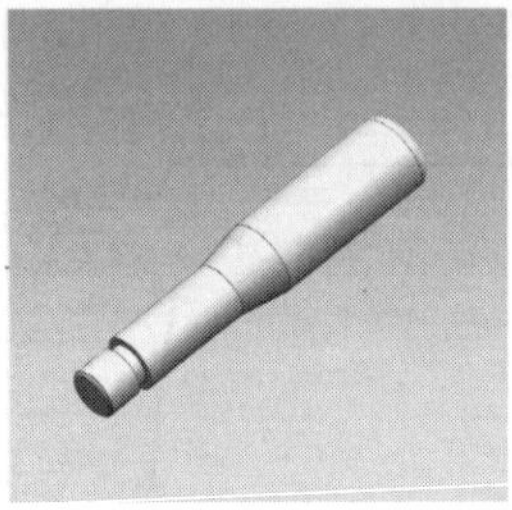	5	添加钢球外观	
2	添加螺钉 M5×8 外观	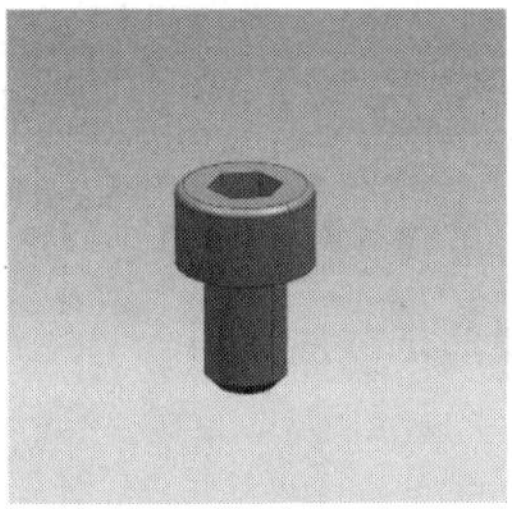	6	添加挡芯轴外观	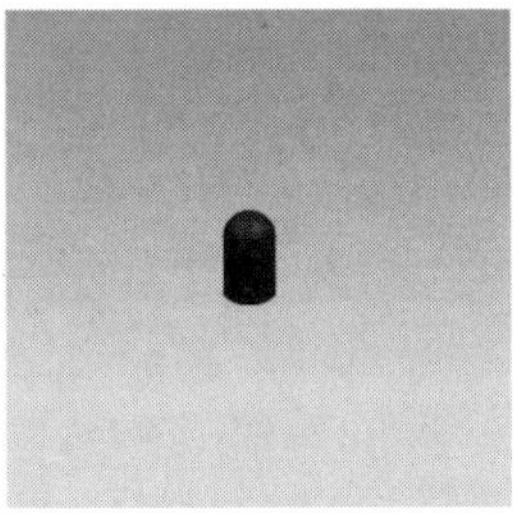
3	添加阀上盖外观		7	添加连接件外观	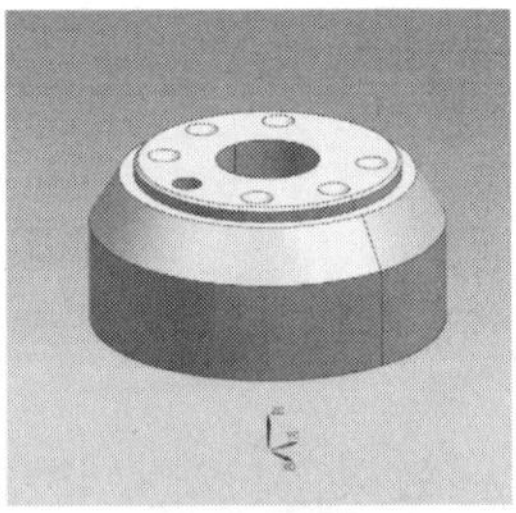
4	添加钢球压紧弹簧外观	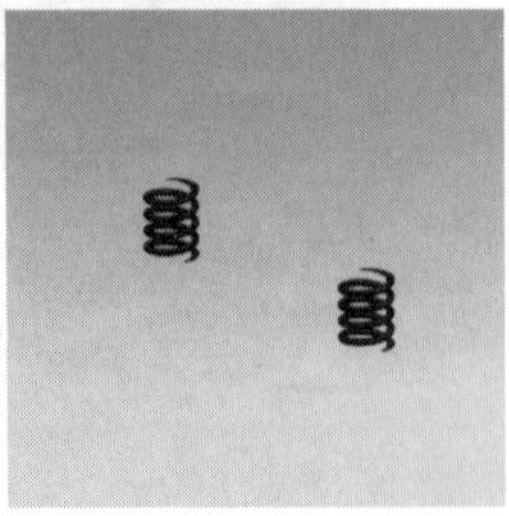	8	添加O型圈 11.2×2 外观	

（续表）

序号	步骤	图示	序号	步骤	图示
9	添加内芯外观		13	添加O型圈32.5×2外观	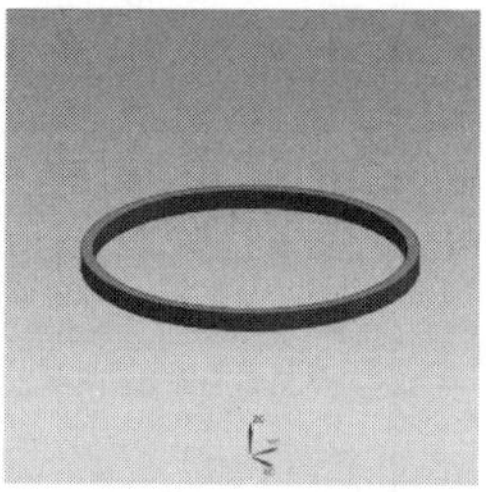
10	添加压紧弹簧外观		14	添加阀体外观	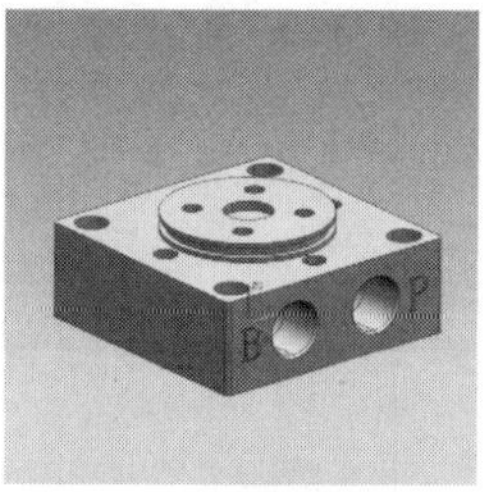
11	添加配气盘外观	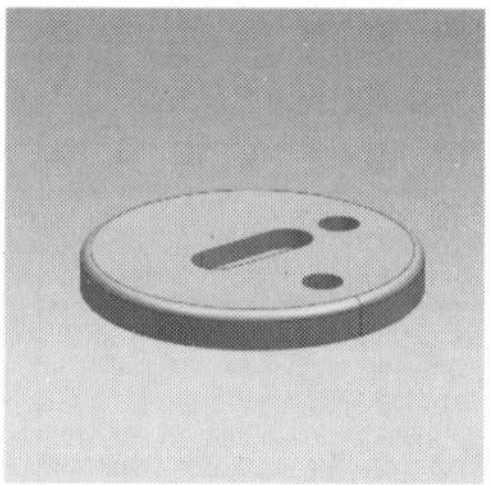	15	添加螺钉M4×20外观	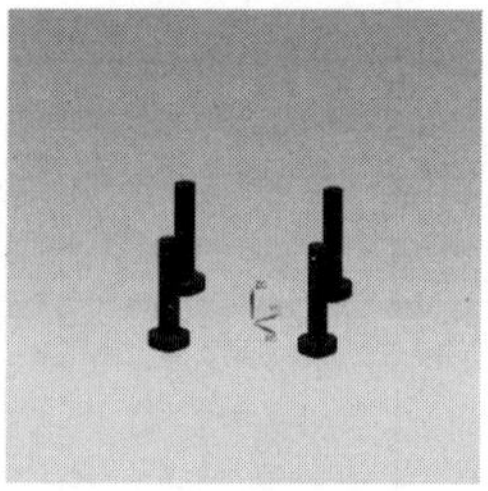
12	添加配气盘垫外观	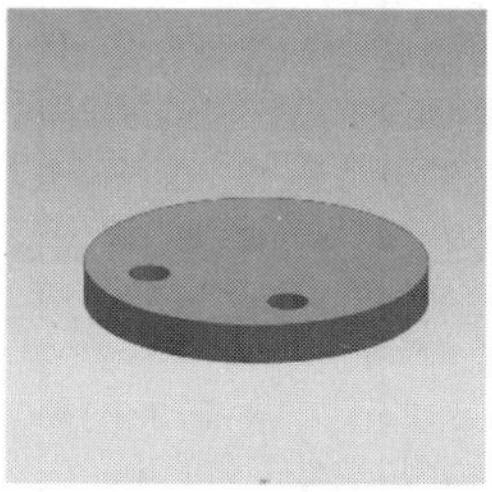	16	导出效果图	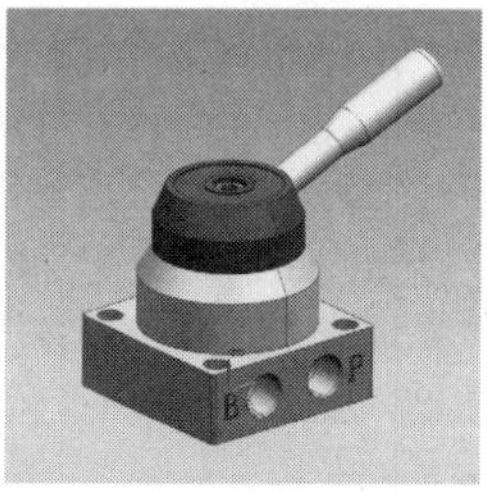

2. 学生三位四通手动换向阀效果图方案

学生根据自己对效果图规则的理解，参照表3-1，独立设计三位四通手动换向阀效果图方案，并填写表3-2。

表 3-2 学生三位四通手动换向阀效果图方案

序号	步骤	图示	序号	步骤	图示
1			9		
2			10		
3			11		
4			12		
5			13		
6			14		
7			15		
8			16		
考评结论					

任务实施

一、预习效果检查

1. 判断题

（1）材料编辑器的功能是对零件材料进行编辑，通过材料编辑器可实现对材料的亮度、纹理及颜色的设置。（　　）

（2）材料及纹理功能是指将指定的材料或纹理应用到相应的零件上，使零件表现出特定的效果，从而在感观上更具有真实性。（　　）

2. 填空题

（1）编辑对象的显示就是修改对象的层、_____、_____和_____等。

（2）法矢是指可以任意指定圆锥形或球形的_____或_____轴。

3. 选择题

（1）以下哪个选项不能在材料编辑器中调整？（　　）

　　A. 环境光　　　　　　　　B. 反光
　　C. 散光　　　　　　　　　D. 反射系数

（2）"缠绕凹凸点"用于将材料设置成缠绕的凹凸效果，其中包括比例、分隔、半径、（　　）和圆角五个参数设置。

　　A. 锐度　　　　　　　　　B. 中心深度
　　C. 详细　　　　　　　　　D. 粗糙值

二、三位四通手动换向阀效果图分析

1. 参考图样分析

三位四通手动换向阀效果图见图 3-11，此产品使用了修改模型颜色的方法。

2. 学生图样分析

参考以上提示，独立完成三位四通手动换向阀效果图样分析，并填写表 3-3。

表 3-3　三位四通手动换向阀效果图样分析

序号	项目	分析结果
1	三位四通手动换向阀效果图分析	
2	教师评价	

三、三位四通手动换向阀效果图实施过程

1. 打开文件

打开"三位四通手动换向阀装配.prt"文件。

2. 添加手柄外观

（1）在菜单中选择编辑→ 对象显示，弹出"类选择"对话框。

（2）选择图 3-12 所示的手柄，单击"确定"按钮，弹出"编辑对象显示"对话框。

（3）修改手柄显示属性。在该对话框的"颜色"区域中选择 Medium Aqua，单击"颜色"对话框的"确定"按钮；在"线型"下拉列表中选择"无更改"选项，在"宽度"下拉列表中选择"无更改"选项，如图 3-13、图 3-14 所示。

（4）单击"确定"按钮，完成手柄显示的编辑。

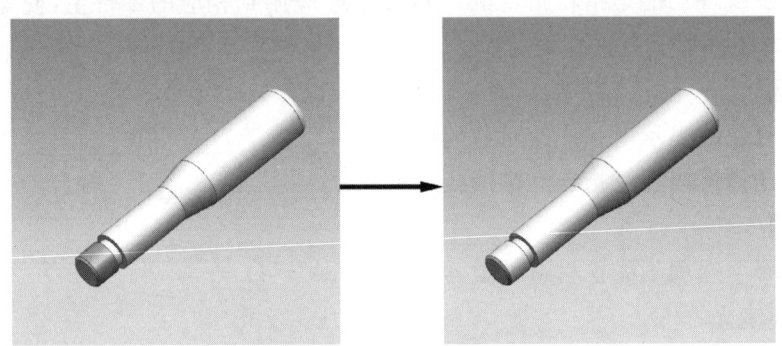

图 3-12　手柄显示模型

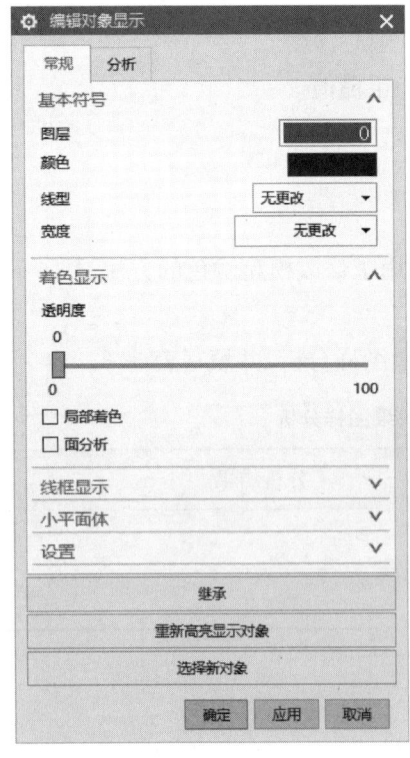

图 3-13　"编辑对象显示"对话框 2

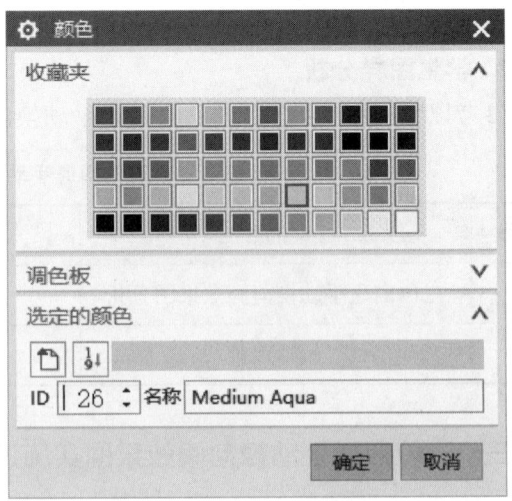

图 3-14　设置手柄颜色

3. 添加螺钉 M5×8 外观

（1）在菜单中选择编辑→ 编辑对象显示，弹出"类选择"对话框。

（2）选择图 3-15 所示的螺钉 M5×8，单击"确定"按钮，弹出"编辑对象显示"对话框。

（3）修改螺钉 M5×8 显示属性。在该对话框的"颜色"区域中选择 Silver Gray，单击"颜色"对话框的"确定"按钮；在"线型"下拉列表中选择"无更改"选项，在"宽度"下拉列表中选择"无更改"选项，如图 3-16、图 3-17 所示。

（4）单击"确定"按钮，完成螺钉 M5×8 显示的编辑。

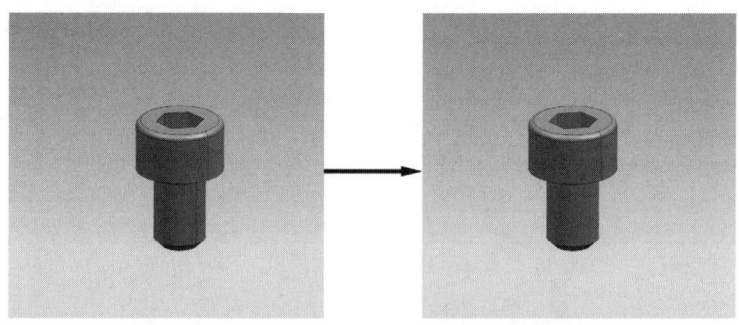

图 3-15　螺钉 M5×8 显示模型

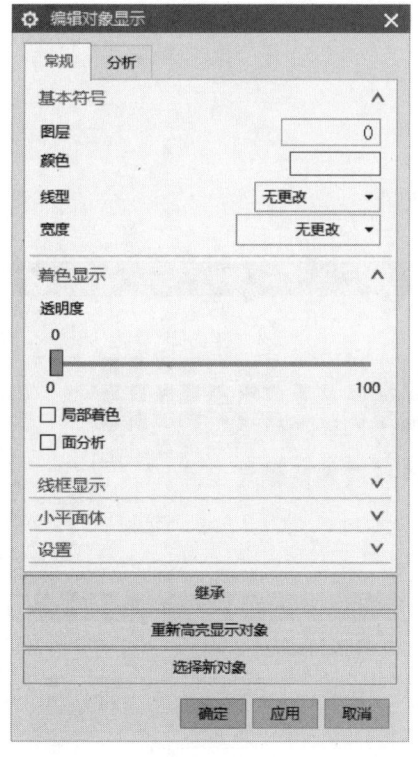

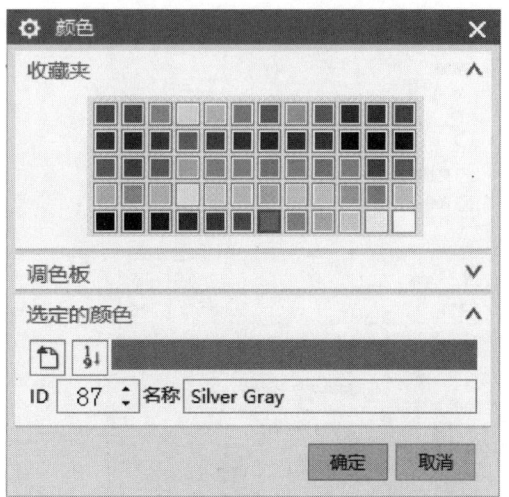

图 3-16　"编辑对象显示"对话框 3　　　图 3-17　设置螺钉 M5×8 颜色

4. 添加阀上盖外观

(1) 在菜单中选择编辑→编辑对象显示,弹出"类选择"对话框。

(2) 选择图 3-18 所示的阀上盖,单击"确定"按钮,弹出"编辑对象显示"对话框。

(3) 修改阀上盖显示属性。在该对话框的"颜色"区域中选择 Medium Gray,单击"颜色"对话框的"确定"按钮;在"线型"下拉列表中选择"无更改"选项,在"宽度"下拉列表中选择"无更改"选项,如图 3-19、图 3-20 所示。

(4) 单击"确定"按钮,完成阀上盖显示的编辑。

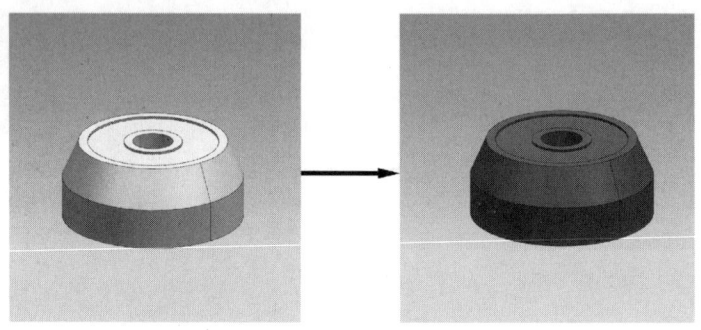

图 3-18　阀上盖显示模型

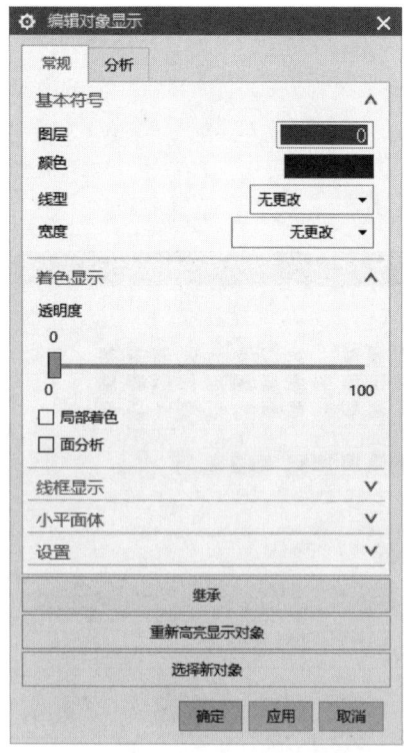

图 3-19　"编辑对象显示"对话框 4

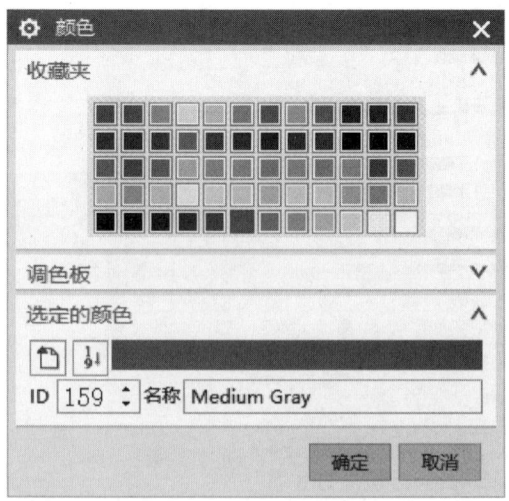

图 3-20　设置阀上盖颜色

5. 添加钢球压紧弹簧外观

（1）在菜单中选择编辑→编辑对象显示，弹出"类选择"对话框。

（2）选择图 3-21 所示的钢球压紧弹簧，单击"确定"按钮，弹出"编辑对象显示"对话框。

（3）修改钢球压紧弹簧显示属性。在该对话框的"颜色"区域中选择 Dark Gray，单击"颜色"对话框的"确定"按钮；在"线型"下拉列表中选择"无更改"选项，在"宽度"下拉列表中选择"无更改"选项，如图 3-22、图 3-23 所示。

（4）单击"确定"按钮，完成钢球压紧弹簧显示的编辑。

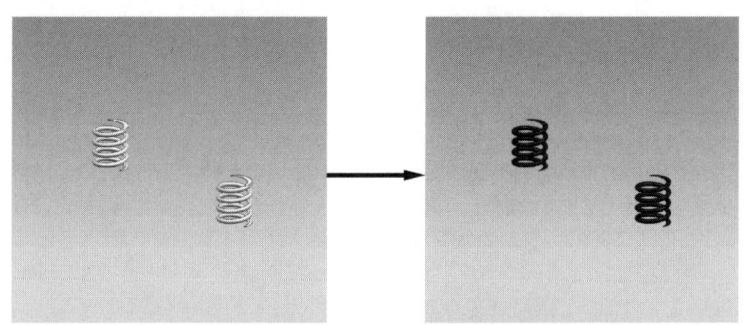

图 3-21　钢球压紧弹簧显示模型

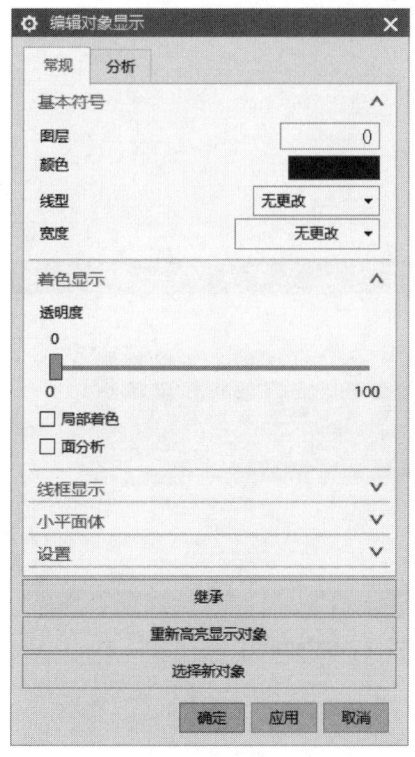

图 3-22　"编辑对象显示"对话框 5

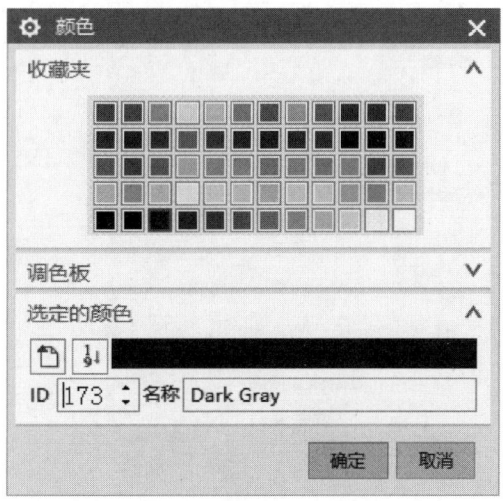

图 3-23　设置钢球压紧弹簧颜色

6. 添加钢球外观

(1) 在菜单中选择编辑→编辑对象显示,弹出"类选择"对话框。

(2) 选择图 3-24 所示的钢球,单击"确定"按钮,弹出"编辑对象显示"对话框。

(3) 修改钢球显示属性。在该对话框的"颜色"区域中选择 Medium Gray,单击"颜色"对话框的"确定"按钮,在"线型"下拉列表中选择"无更改"选项,在"宽度"下拉列表中选择"无更改"选项,如图 3-25、图 3-26 所示。

(4) 单击"确定"按钮,完成钢球显示的编辑。

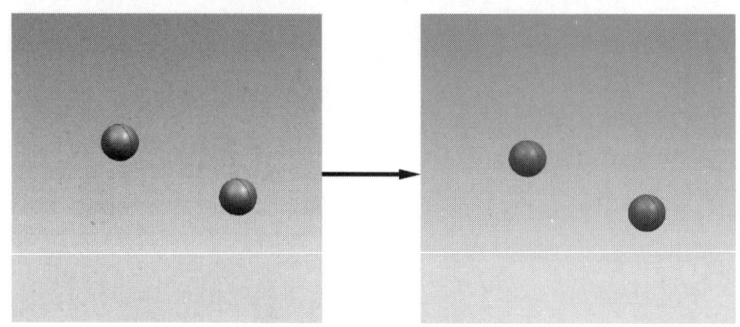

图 3-24 钢球显示模型

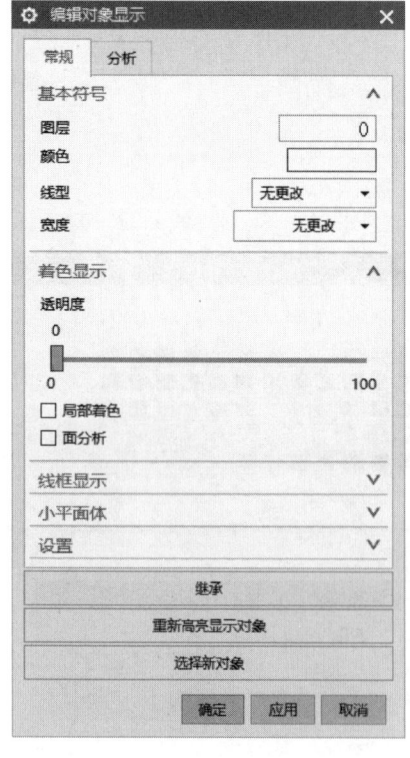

图 3-25 "编辑对象显示"对话框 6

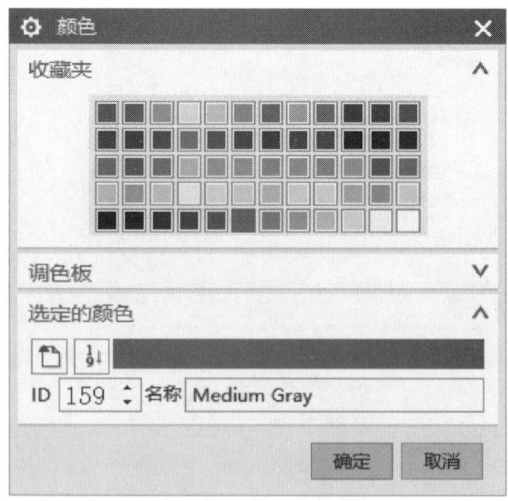

图 3-26 设置钢球颜色

7. 添加挡芯轴外观

（1）在菜单中选择编辑→编辑对象显示，弹出"类选择"对话框。

（2）选择图 3-27 所示的挡芯轴，单击"确定"按钮，弹出"编辑对象显示"对话框。

（3）修改挡芯轴显示属性。在该对话框的"颜色"区域中选择 Strong Umber，单击"颜色"对话框的"确定"按钮；在"线型"下拉列表中选择"无更改"选项，在"宽度"下拉列表中选择"无更改"选项，如图 3-28、图 3-29 所示。

（4）单击"确定"按钮，完成挡芯轴显示的编辑。

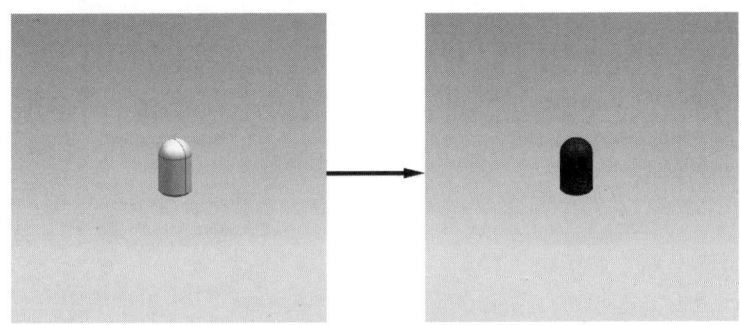

图 3-27　挡芯轴显示模型

图 3-28　"编辑对象显示"对话框 7

图 3-29　设置挡芯轴颜色

8. 添加连接件外观

(1) 在菜单中选择编辑→编辑对象显示,弹出"类选择"对话框。

(2) 选择图3-30所示的连接件,单击"确定"按钮,弹出"编辑对象显示"对话框。

(3) 修改连接件显示属性。在该对话框的"颜色"区域中选择Medium Aqua,单击"颜色"对话框的"确定"按钮;在"线型"下拉列表中选择"无更改"选项,在"宽度"下拉列表中选择"无更改"选项,如图3-31、图3-32所示。

(4) 单击"确定"按钮,完成连接件显示的编辑。

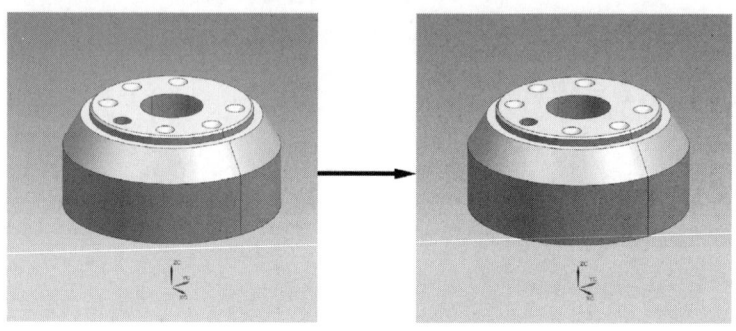

图3-30 连接件显示模型

图3-31 "编辑对象显示"对话框8

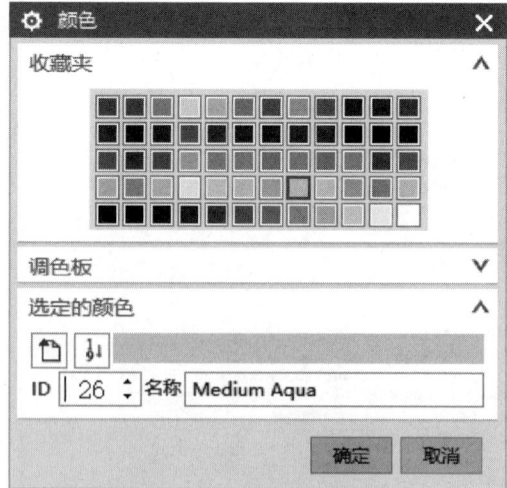

图3-32 设置连接件颜色

9. 添加 O 型圈 11.2×2 外观

（1）在菜单中选择编辑→编辑对象显示，弹出"类选择"对话框。

（2）选择图 3-33 所示的 O 型圈 11.2×2，单击"确定"按钮，弹出"编辑对象显示"对话框。

（3）修改 O 型圈 11.2×2 显示属性。在该对话框的"颜色"区域中选择 Strong Stone，单击"颜色"对话框的"确定"按钮；在"线型"下拉列表中选择"无更改"选项，在"宽度"下拉列表中选择"无更改"选项，如图 3-34、图 3-35 所示。

（4）单击"确定"按钮，完成 O 型圈 11.2×2 显示的编辑。

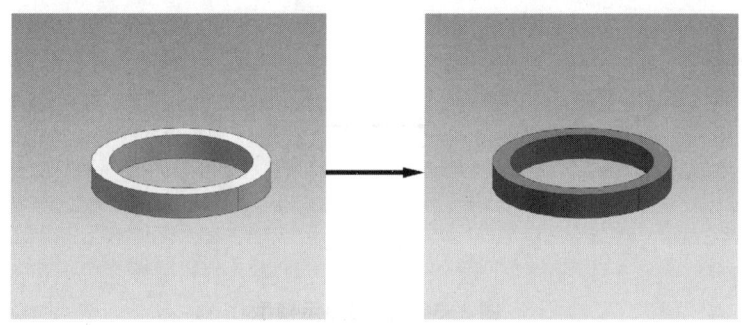

图 3-33　O 型圈 11.2×2 显示模型

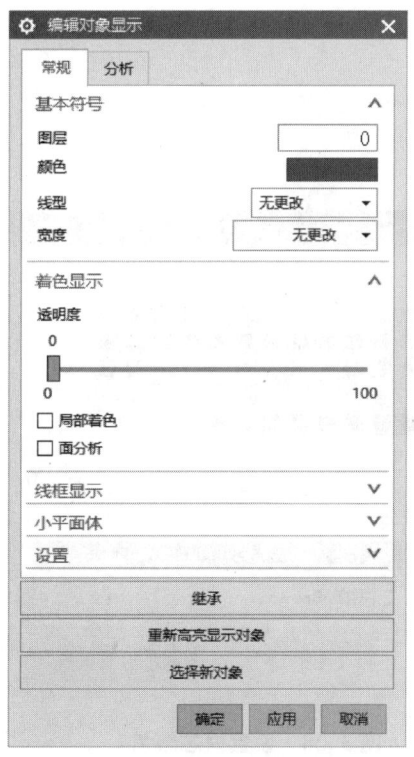

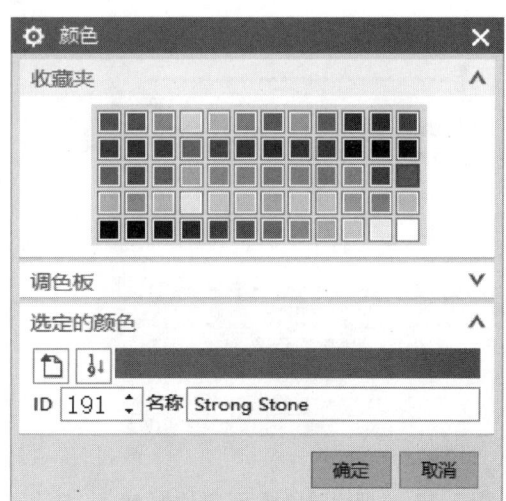

图 3-34　"编辑对象显示"对话框 9　　　图 3-35　设置 O 型圈 11.2×2 颜色

10. 添加内芯外观

(1) 在菜单中选择编辑→🎨编辑对象显示，系统弹出"类选择"对话框。

(2) 选择图 3-36 所示的内芯，单击"确定"按钮，弹出"编辑对象显示"对话框。

(3) 修改内芯显示属性。在该对话框的"颜色"区域中选择 Brown，单击"颜色"对话框的"确定"按钮；在"线型"下拉列表中选择"无更改"选项，在"宽度"下拉列表中选择"无更改"选项，如图 3-37、图 3-38 所示。

(4) 单击"确定"按钮，完成内芯显示的编辑。

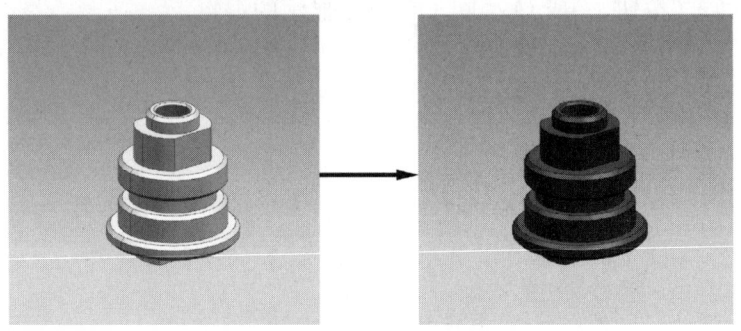

图 3-36　内芯显示模型

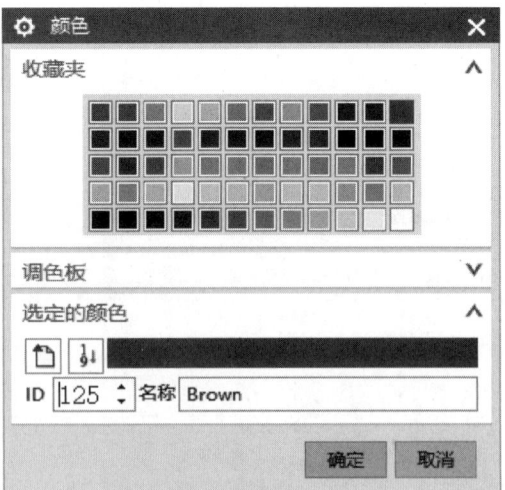

图 3-37　"编辑对象显示"对话框 10　　　　图 3-38　设置内芯颜色

11. 添加压紧弹簧外观

（1）在菜单中选择编辑→编辑对象显示，系统弹出"类选择"对话框。

（2）选择图 3-39 所示的压紧弹簧，单击"确定"按钮，弹出"编辑对象显示"对话框。

（3）修改压紧弹簧显示属性。在该对话框的"颜色"区域中选择 Dark Gray，单击"颜色"对话框的"确定"按钮；在"线型"下拉列表中选择"无更改"选项，在"宽度"下拉列表中选择"无更改"选项，如图 3-40、图 3-41 所示。

（4）单击"确定"按钮，完成压紧弹簧显示的编辑。

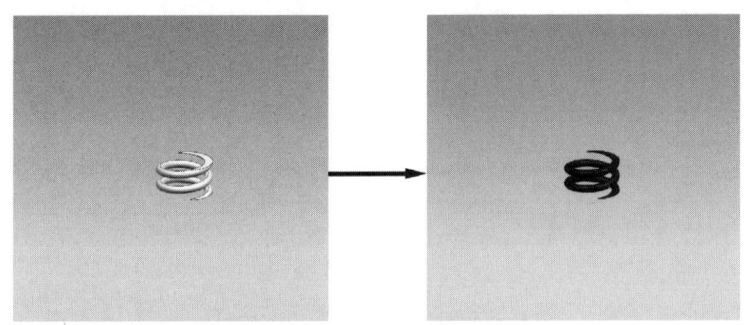

图 3-39　压紧弹簧显示模型

图 3-40　"编辑对象显示"对话框 11

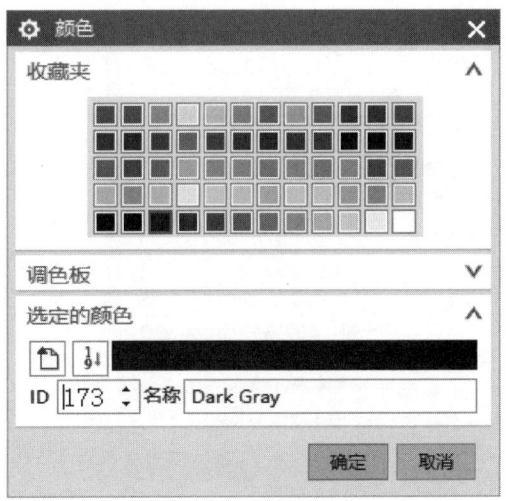

图 3-41　设置压紧弹簧颜色

12. 添加配气盘外观

(1) 在菜单中选择编辑→ 编辑对象显示,弹出"类选择"对话框。

(2) 选择图 3-42 所示的配气盘,单击"确定"按钮,弹出"编辑对象显示"对话框。

(3) 修改配气盘显示属性。在该对话框的"颜色"区域中选择 Medium Khaki,单击"颜色"对话框的"确定"按钮;在"线型"下拉列表中选择"无更改"选项,在"宽度"下拉列表中选择"无更改"选项,如图 3-43、图 3-44 所示。

(4) 单击"确定"按钮,完成配气盘显示的编辑。

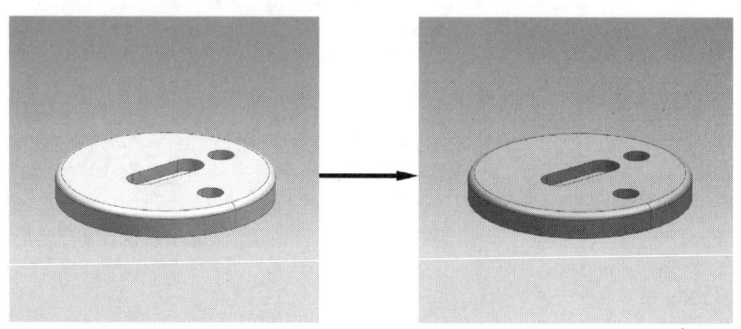

图 3-42 配气盘显示模型

图 3-43 "编辑对象显示"对话框 12

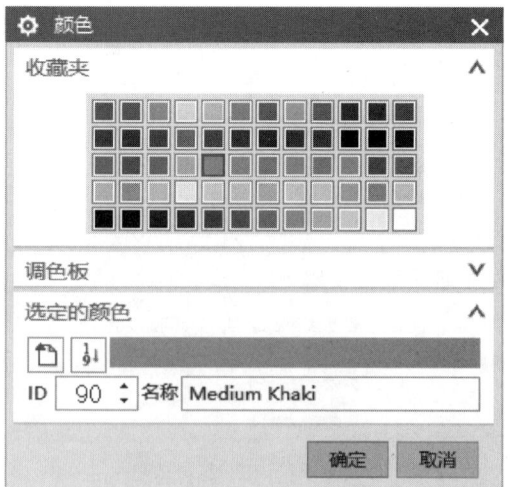

图 3-44 设置配气盘颜色

13. 添加配气盘垫外观

(1) 在菜单中选择编辑→ 编辑对象显示，弹出"类选择"对话框。

(2) 选择图 3-45 所示的配气盘垫，单击"确定"按钮，弹出"编辑对象显示"对话框。

(3) 修改配气盘垫显示属性。在该对话框的"颜色"区域中选择 Strong Olive，单击"颜色"对话框的"确定"按钮；在"线型"下拉列表中选择"无更改"选项，在"宽度"下拉列表中选择"无更改"选项，如图 3-46、图 3-47 所示。

(4) 单击"确定"按钮，完成配气盘垫显示的编辑。

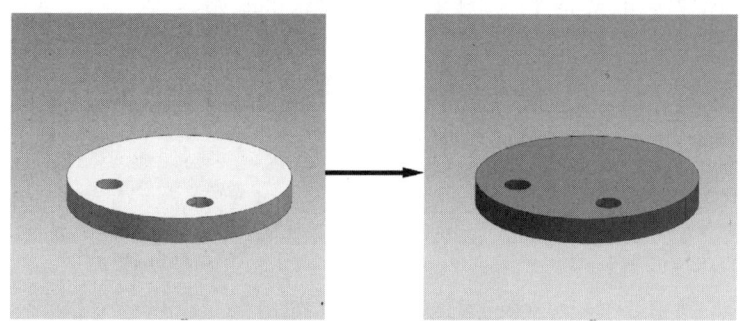

图 3-45　配气盘垫显示模型

图 3-46　"编辑对象显示"对话框 13

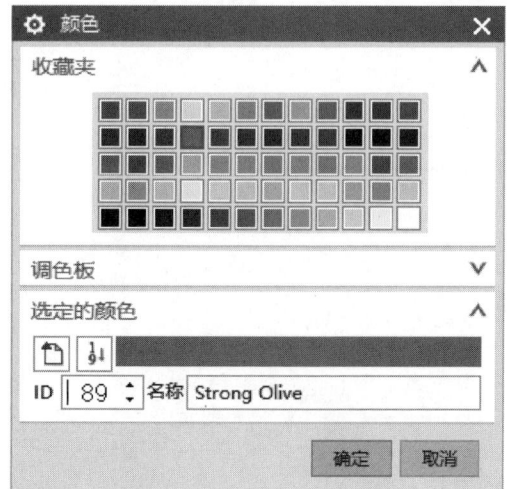

图 3-47　设置配气盘垫颜色

14. 添加 O 型圈 32.5×2 外观

（1）在菜单中选择编辑→编辑对象显示，弹出"类选择"对话框。

（2）选择图 3-48 所示的 O 型圈 32.5×2，单击"确定"按钮，弹出"编辑对象显示"对话框。

（3）修改 O 型圈 32.5×2 显示属性。在该对话框的"颜色"区域中选择 Strong Stone，单击"颜色"对话框的"确定"按钮，在"线型"下拉列表中选择"无更改"选项，在"宽度"下拉列表中选择"无更改"选项，如图 3-49、图 3-50 所示。

（4）单击"确定"按钮，完成 O 型圈 32.5×2 显示的编辑。

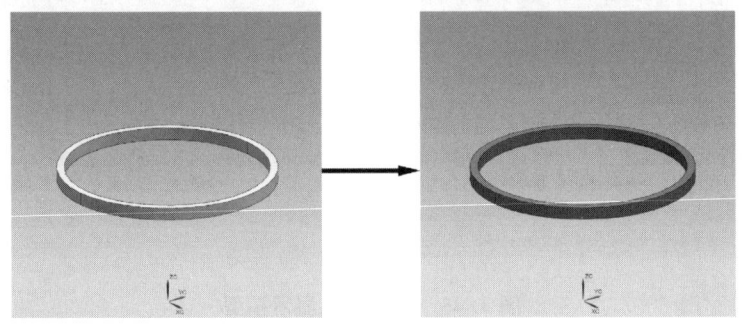

图 3-48 O 型圈 32.5×2 显示模型

图 3-49 "编辑对象显示"对话框 14

图 3-50 设置 O 型圈 32.5×2 颜色

15. 添加阀体外观

（1）在菜单中选择编辑→编辑对象显示，弹出"类选择"对话框。

（2）选择图 3-51 所示的阀体，单击"确定"按钮，弹出"编辑对象显示"对话框。

（3）修改阀体显示属性。在该对话框的"颜色"区域中选择 Medium Ice，单击"颜色"对话框的"确定"按钮；在"线型"下拉列表中选择"无更改"选项，在"宽度"下拉列表中选择"无更改"选项，如图 3-52、图 3-53 所示。

（4）单击"确定"按钮，完成阀体显示的编辑。

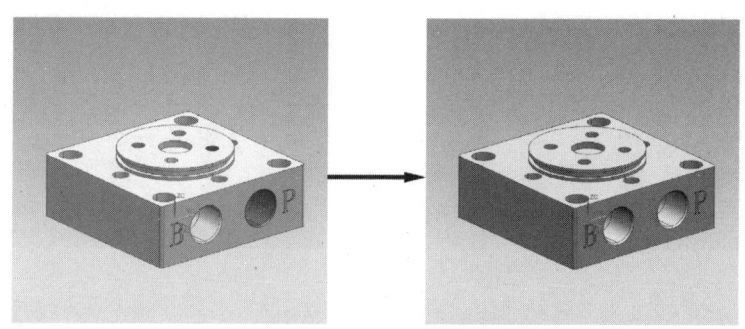

图 3-51　阀体显示模型

图 3-52　"编辑对象显示"对话框 15

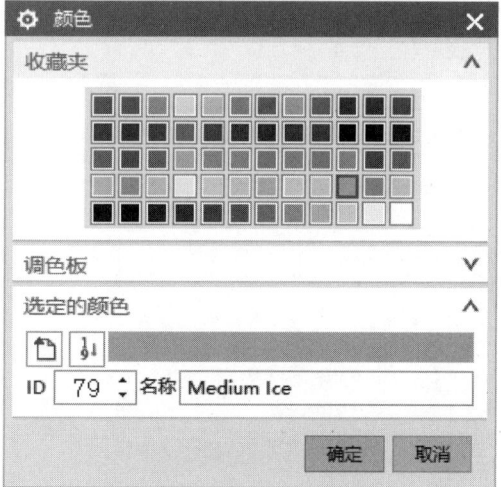

图 3-53　设置阀体颜色

16. 添加螺钉 M4×20 外观

(1) 在菜单中选择编辑→编辑对象显示,弹出"类选择"对话框。

(2) 选择图 3-54 所示的螺钉 M4×20,单击"确定"按钮,弹出"编辑对象显示"对话框。

(3) 修改螺钉 M4×20 显示属性。在该对话框的"颜色"区域中选择 Dark Gray,单击"颜色"对话框的"确定"按钮;在"线型"下拉列表中选择"无更改"选项,在"宽度"下拉列表中选择"无更改"选项,如图 3-55、图 3-56 所示。

(4) 单击"确定"按钮,完成螺钉 M4×20 显示的编辑。

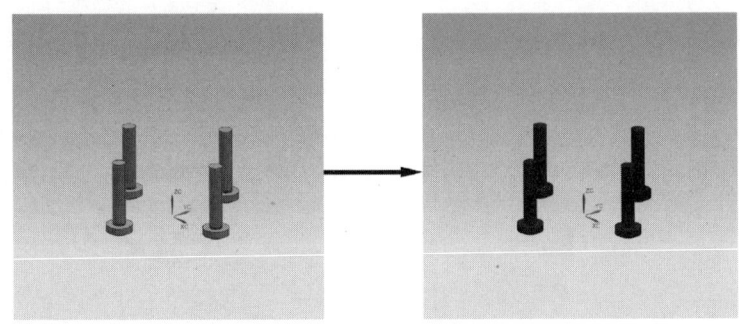

图 3-54　螺钉 M4×20 显示模型

图 3-55　"编辑对象显示"对话框 16

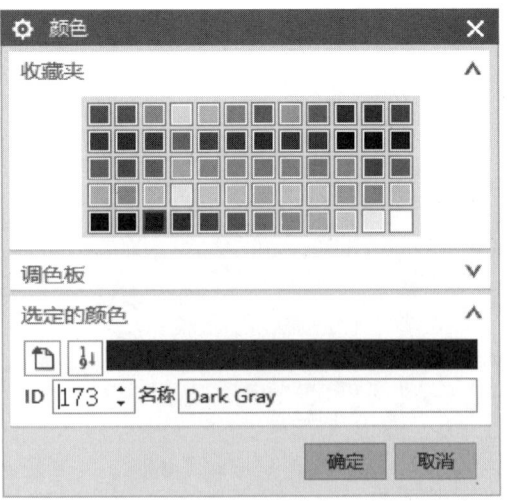

图 3-56　设置螺钉 M4×20 颜色

17. 导出效果图

在菜单中选择文件→导出→PNG,导出效果图(图3-57)。

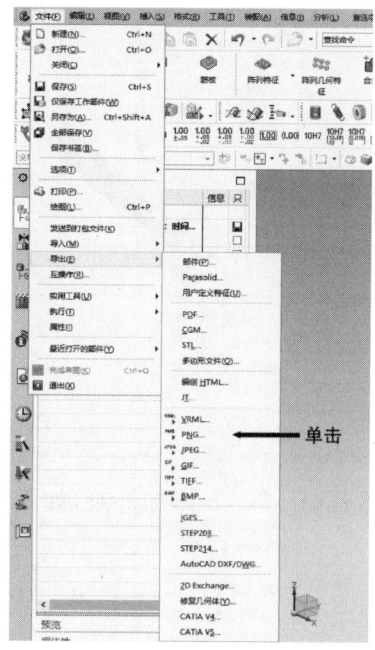
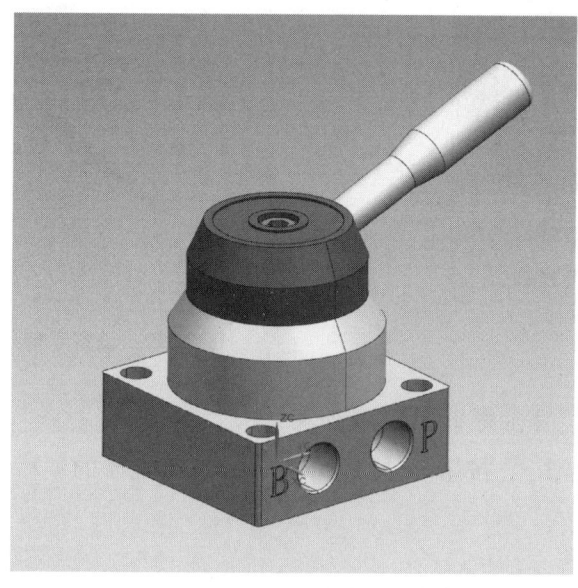

图 3-57 三位四通手动换向阀效果图

四、三位四通手动换向阀艺术外观任务实施过程

1. 打开文件

打开"三位四通手动换向阀装配.prt"文件。

2. 进入艺术外观任务环境

在边框条中,单击菜单→视图→可视化→艺术外观任务,进入艺术外观任务环境,如图3-58所示。

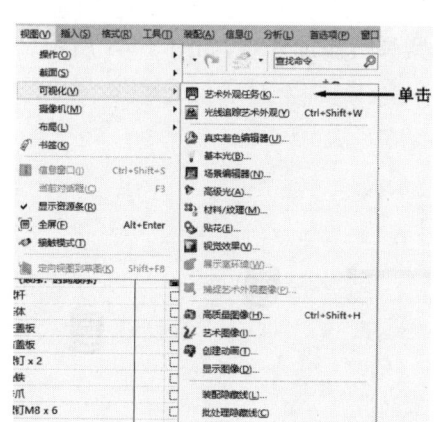

图 3-58 进入艺术外观任务环境示意

3. 添加手柄外观

单击 系统材料 按钮,选择 Translucent Plastic(半透明塑料),给手柄添加外观,如图 3-59 所示。

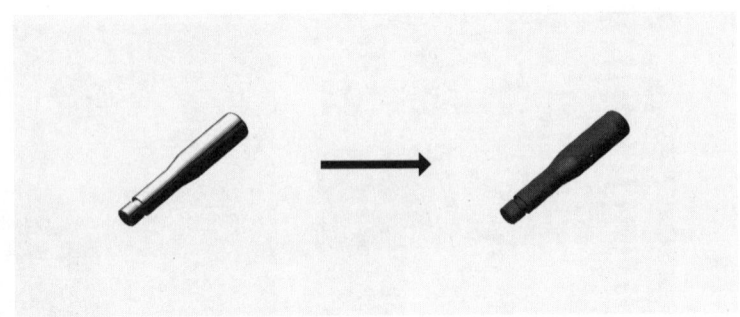

图 3-59 设置手柄外观

4. 添加螺钉 M5×8 外观

单击 系统材料 按钮,选择 Glossy Plastic(有光泽的塑料),给螺钉 M5×8 添加外观,如图 3-60 所示。

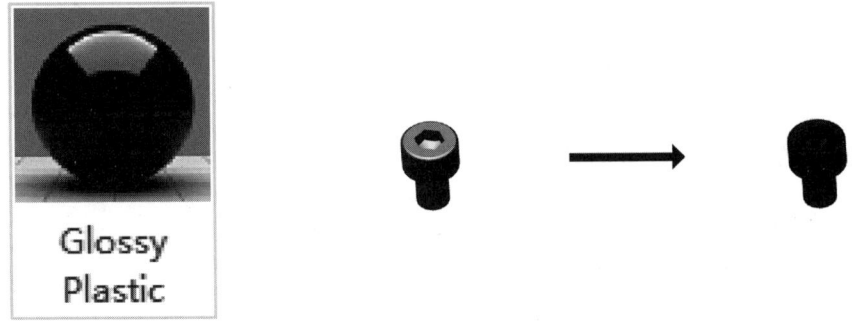

图 3-60 设置螺钉 M5×8 外观

5. 添加钢球压紧弹簧外观

单击 系统材料 按钮,选择 Plastic Grey(灰色塑料),给钢球压紧弹簧添加外观,如图 3-61 所示。

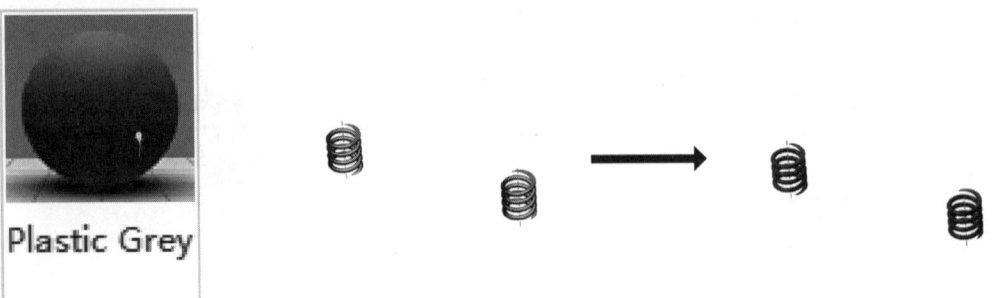

图 3-61 设置钢球压紧弹簧外观

6. 添加钢球外观

单击 系统材料 按钮，选择 Glossy Plastic，给钢球添加外观，如图 3-62 所示。

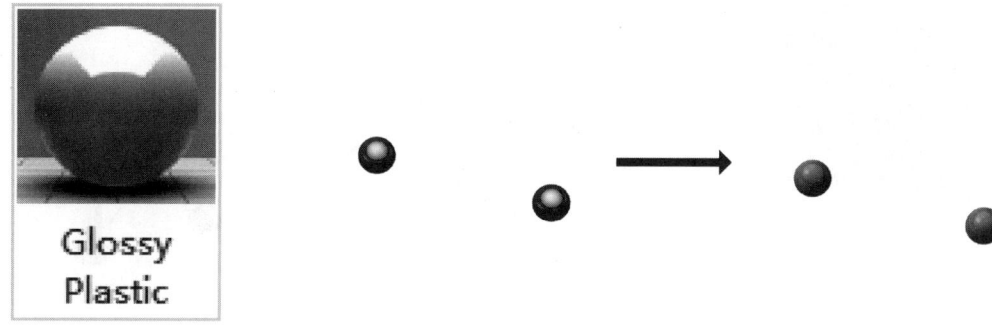

图 3-62　设置钢球外观

7. 添加阀上盖外观

单击 系统材料 按钮，选择 Plastic Grey，给阀上盖添加外观，如图 3-63 所示。

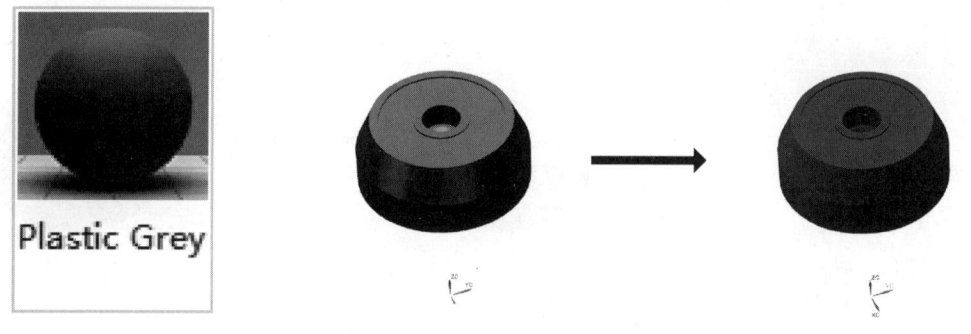

图 3-63　设置阀上盖外观

8. 添加挡芯轴外观

单击 系统材料 按钮，选择 Glossy Plastic，给挡芯轴添加外观，如图 3-64 所示。

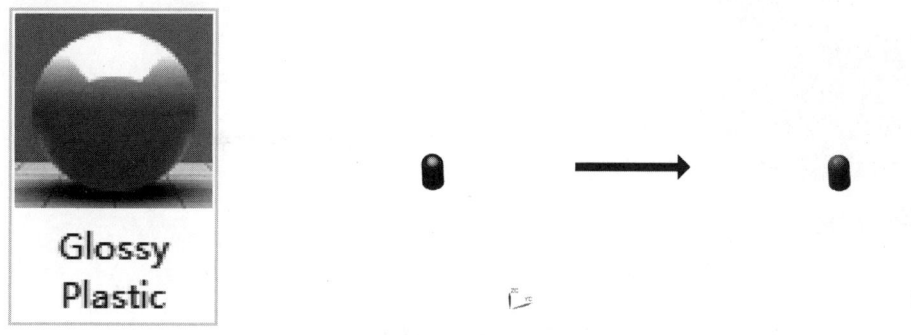

图 3-64　设置挡芯轴外观

9. 添加螺钉 M4×20 外观

单击 系统材料 按钮,选择 Glossy Plastic,给螺钉 M4×20 添加外观,如图 3-65 所示。

图 3-65　设置螺钉 M4×20 外观

10. 添加连接件外观

单击 系统材料 按钮,选择 Glossy Plastic,给连接件添加外观,如图 3-66 所示。

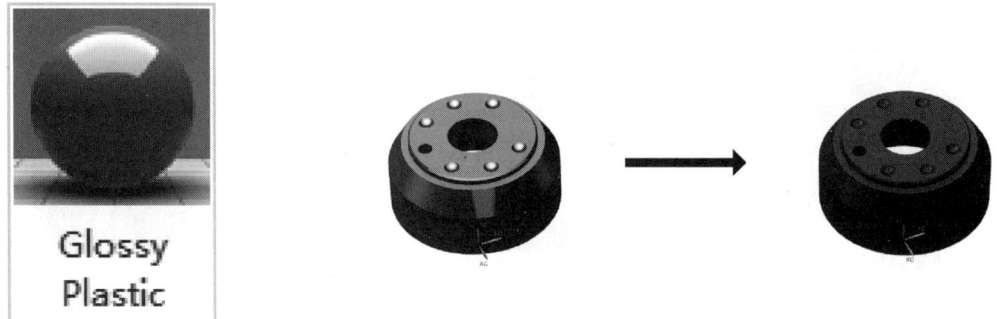

图 3-66　设置连接件外观

11. 添加压紧弹簧外观

单击 系统材料 按钮,选择 Plastic Grey,给压紧弹簧添加外观,如图 3-67 所示。

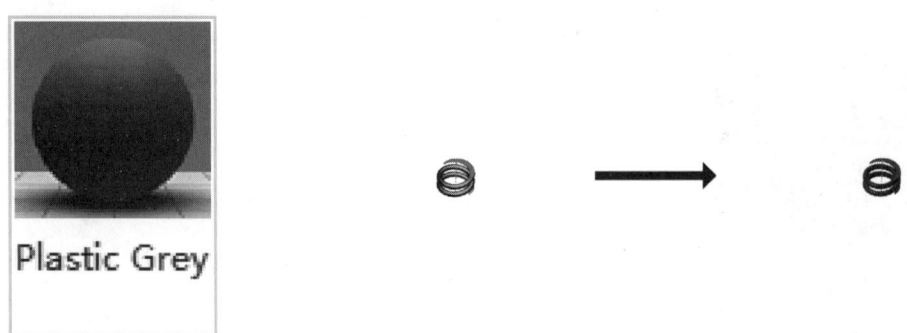

图 3-67　设置压紧弹簧外观

12. 添加 O 型圈 11.2×2 外观

单击 系统材料 按钮,选择 Plastic Yellow(黄色塑料),给 O 型圈 11.2×2 添加外观,如图 3-68 所示。

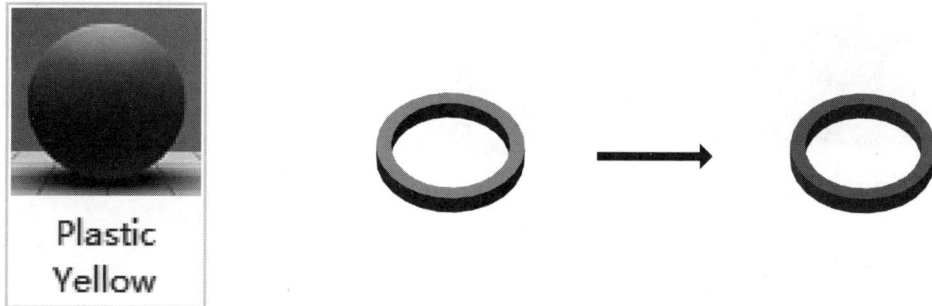

图 3-68 设置 O 型圈 11.2×2 外观

13. 添加内芯外观

单击 系统材料 按钮,选择 Plastic Yellow,给内芯添加外观,如图 3-69 所示。

图 3-69 设置内芯外观

14. 添加配气盘外观

单击 系统材料 按钮,选择 Glossy Plastic,给配气盘添加外观,如图 3-70 所示。

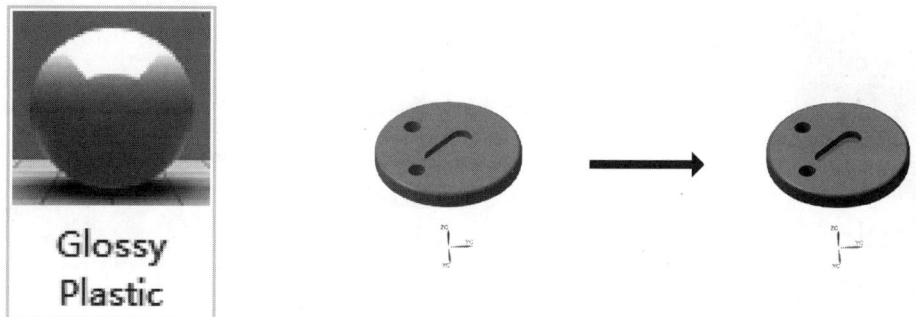

图 3-70 设置配气盘外观

15. 添加配气盘垫外观

单击 系统材料 按钮，选择 Plastic Grey，给配气盘垫添加外观，如图 3-71 所示。

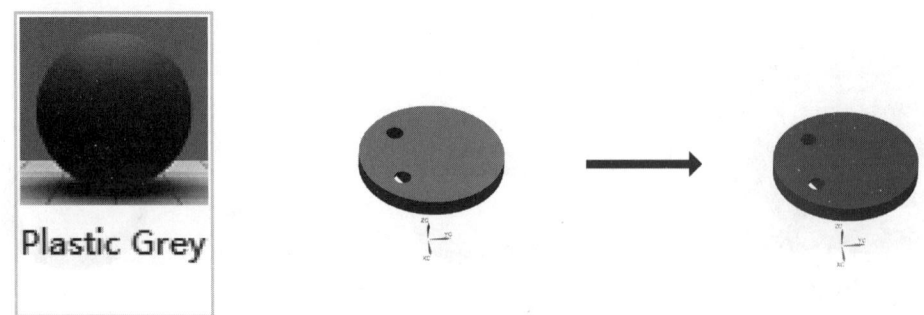

图 3-71 设置配气盘垫外观

16. 添加阀体外观

单击 系统材料 按钮，选择 Glossy Plastic Blue（有光泽的蓝色塑料），给阀体添加外观，如图 3-72 所示。

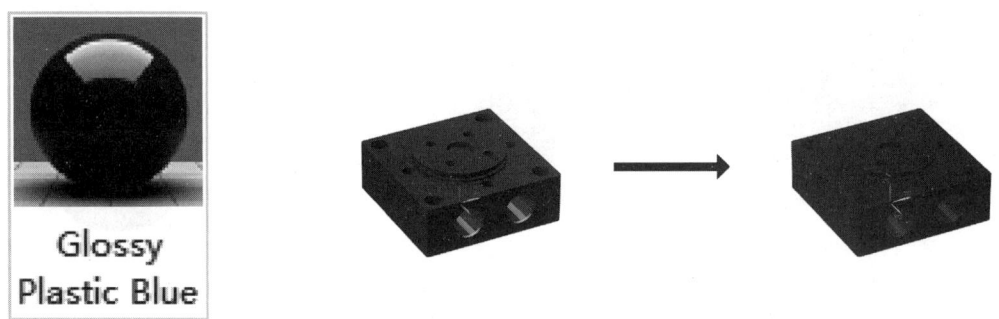

图 3-72 设置阀体外观

17. 添加 O 型圈 32.5×2 外观

单击 系统材料 按钮，选择 Plastic Yellow，给 O 型圈 32.5×2 添加外观，如图 3-73 所示。

图 3-73 设置 O 型圈 32.5×2 外观

18. 导出效果图

单击 按钮,弹出"光线追踪艺术外观"对话框,如图 3-74 所示。单击 按钮,等待 按钮变亮后单击,导出如图 3-75 所示的效果图。

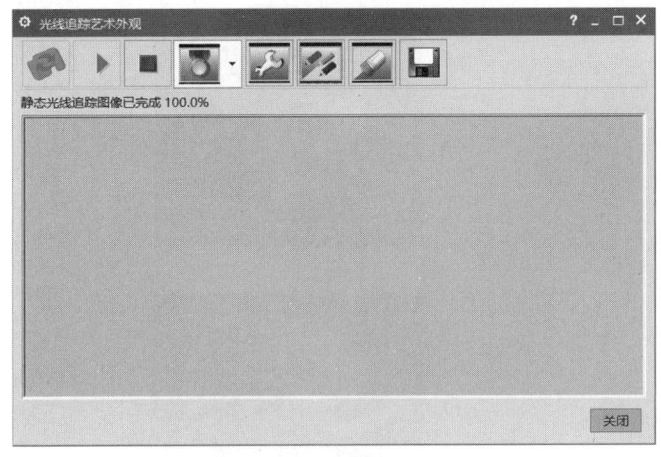

图 3-74 "光线追踪艺术外观"对话框

图 3-75 三位四通手动换向阀艺术外观效果图

任务评价

班级:		姓名:	学号:	成绩:
序号	评价内容	评价标准	评价结果(优/良/合格/不合格)	
1	基础知识的应用	能掌握相关命令的使用方法		
2	效果图的基本流程	能按照图纸合理设计基本流程		
3	安全文明	无安全隐患,无违章操作		

拓展训练

1. 光线追踪艺术外观对零件起到什么作用?(　　)
   A. 对零件进行颜色修改　　　　　　B. 对零件进行真实渲染
   C. 对零件进行模拟光线追踪　　　　D. 对零件进行分析
2. 调整渲染的像素有什么影响?(　　)
   A. 渲染时间越少,渲染质量越好。　B. 渲染时间增加,渲染质量更好。
   C. 渲染时间越多,渲染质量越差。　D. 渲染时间减少,渲染质量更好。
3. 渲染场景编辑器中的场景光源不可以是(　　)。
   A. 场景左上部　　　　　　　　　　B. 场景右上部
   C. 场景顶部　　　　　　　　　　　D. 场景底部

4. 在编辑渲染图时需要打开什么功能？（　　）

　　A. 动画设计　　　　　　　　B. 爆炸图

　　C. 光线追踪艺术外观　　　　D. 高级艺术外观

5. 以下哪一项为开启了真实着色效果后呈现的产品效果图？（　　）

A.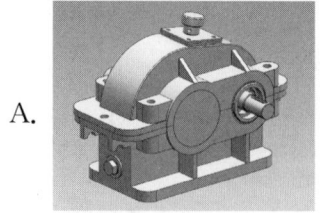

B.

C.

D.

项目四 工程图样制作

◇ 项目情境

利用 NX 的实体建模功能创建的零件和装配模型,可以引用到 NX 的工程图功能中,快速生成二维工程图。由于 NX 的制图功能是基于创建三维实体模型的二维投影所得到的二维工程图,所以工程图与三维实体模型是完全关联的,实体模型的尺寸、形状和位置的任何改变,都会引起二维工程图的实时变化。

◇ 知 识 点

基本视图、局部放大图、剖视图、断开图、局部剖视图、标注。

◇ 技 能 点

- 会根据零件尺寸选用合适的图幅。
- 能按相关国家标准要求,准确绘制零件图样各视图的图线。

◇ 素养目标

培养学生科学、严谨、细致的学习态度。

◇ 知识准备

一、工程制图参数预设置

工程制图通常需要遵循一定的标准。为了使工程图符合相关的标准,有时在创建工程图之前,要对工程图参数进行预设置,从而统一工程图标准,提高设计效率。

在"制图"应用模块中,在功能区的"文件"选项卡中选择实用工具→用户默认设置,打开"用户默认设置"对话框(图 4-1)。在左窗格中选择"制图"节点下的"常规/设置"子节点,接着在"标准"选项卡的"制图标准"下拉列表中选择一个标准,如选择"GB"标准,然后单击"应用"按钮,即可在当前设置级别下将所选标准设置为默认的制图标准。重新启动 NX 10.0 后,该默认制图标准将起作用。

用户可以在出厂设置指定标准的基础上创建符合公司政策或内部标准的定制标准。

在"用户默认设置"对话框的"制图标准"下拉列表中选择所需的出厂设置标准,接着单击"定制标准"按钮,弹出如图 4-2 所示的"定制制图标准-GB"对话框,在左侧的"制图标准"列表中选择一个类别,在右侧选项卡式页面上修改相关选项和参数。完成修改设置后,单击"另存为"按钮,弹出如图 4-3 所示的"另存为制图标准"对话框,在"标准名称"文本框中指定新的标准名称,单击"确定"按钮,则创建并保存了一个定制标准。

图 4-1 "用户默认设置"对话框

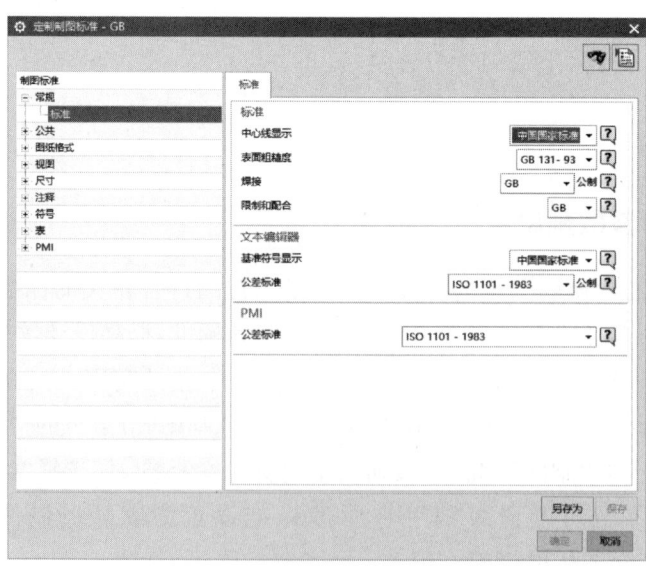

图 4-2 "定制制图标准-GB"对话框

图 4-3 "另存为制图标准"对话框

在"制图"应用模块中,用户还可以通过相关首选项操作对制图、视图剖切等首选项进行设置,但首选项设置只对当前文件有效,之后新建的文件将不继承首选项的设置。

选择公共→直线/箭头,在打开的选项卡中可修改相应属性,如图 4-4 所示。

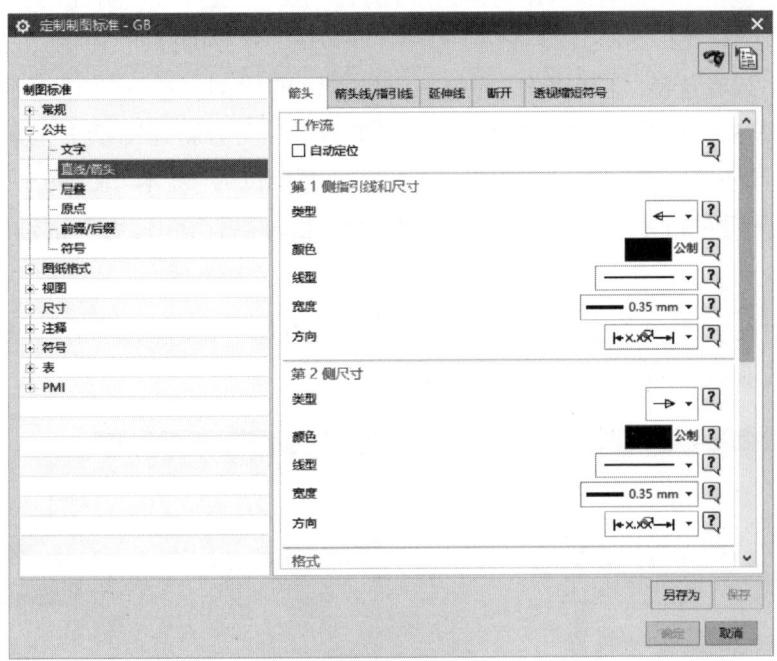

图 4-4 "箭头"选项卡

二、制图标准设置

进入"制图"应用模块后,单击"菜单"按钮并选择工具→制图标准(该选项的功能是将选定的用户默认制图标准定义的设置加载到会话中),弹出图 4-5 所示的"加载制图标准"对话框。确保用户默认设置级别为"用户"或"出厂设置"选项,要加载的标准为"GB"选项,之后单击"确定"按钮。

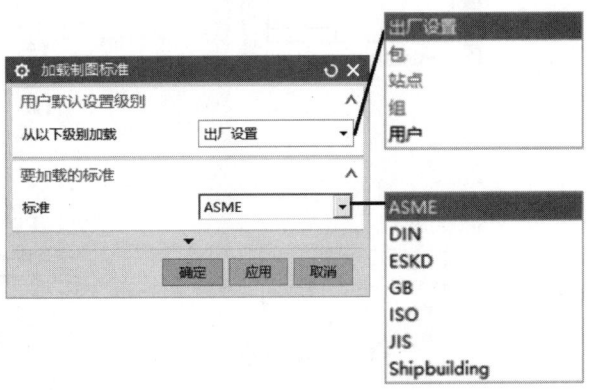

图 4-5 "加载制图标准"对话框

三、新建图纸页

在功能区的"主页"选项卡中单击"新建图纸页"按钮 ,打开图 4-6 所示的"图纸页"对话框。该对话框的"大小"选项区提供三个实用按钮,即"使用模板"单选按钮、"标准尺寸"单选按钮和"定制尺寸"单选按钮。

(1)"使用模板"单选按钮:选择此单选按钮时,可在对话框出现的列表框中选择 NX 提供的一种制图模板,如"A0-无视图""A1-无视图""A2-无视图""A3-无视图"和"A4-无视图"等。选择某制图模板时,可以在"预览"选项区预览该制图模板的大致样式。

(2)"标准尺寸"单选按钮:选择此单选按钮时(图 4-7),可以在"大小"下拉列表中选择标准尺寸样式,包括 A0-841×1189、A0+-841×1635、A0++-841×2387、A1-594×841、A2-420×594、A3-297×420 或 A4-210×297 等尺寸。可以在"比例"下拉列表中选择一种绘图比例,或者选择"定制比例"选项来设置所需的比例。在"名称"选项区的"图纸页名称"文本框中输入新建图纸页的名称,或者接受 NX 自动为新建图纸页指定的默认名称,并可指定页号和版本。在"设置"选项区中,可以设置单位为"毫米"或"英寸",也可以设置投影方式,分为 (第一角投影)和 (第三角投影);其中,第一角投影符合我国的制图标准。

(3)"定制尺寸"单选按钮:选择此单选按钮时,由用户设置图纸高度、长度、比例和图纸页名称、单位和投影方式等。

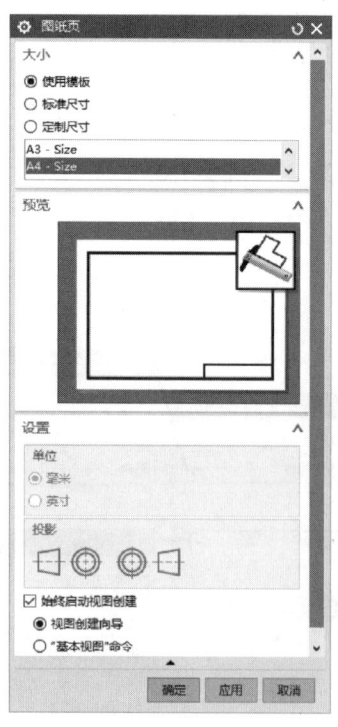

图 4-6 "图纸页"对话框

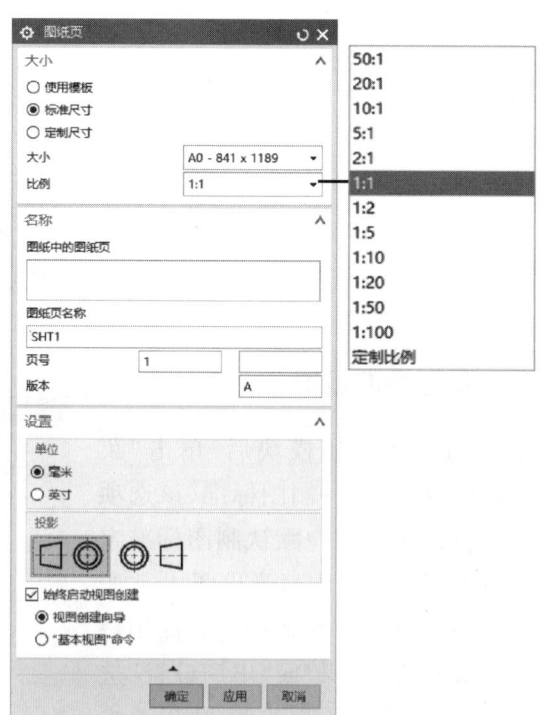

图 4-7 选择"标准尺寸"单选按钮

定义好图纸页参数和选项后,在"图纸页"对话框中单击"应用"按钮或"确定"按钮,即可在图纸页上创建和编辑具体的工程视图。

四、基本视图

基本视图是基于模型的视图,它可以是仰视图、俯视图、前视图、后视图、左视图、右视图、正等测图和正三轴测图等。下面介绍创建基本视图的一般方法和注意事项。

在功能区"主页"选项卡的"视图"面板中单击"基本视图"按钮,打开图4-8所示的"基本视图"对话框。在"基本视图"对话框中可以进行以下设置。

1. 指定要为其创建基本视图的部件

系统默认加载的当前工作部件为要为其创建基本视图的部件。如果需更改要创建基本视图的部件,则用户需要展开图4-9所示的"部件"选项区,从"已加载的部件"列表或"最近访问的部件"列表中选择所需的部件,或者单击"打开"按钮,从弹出的"部件名"对话框中选择。

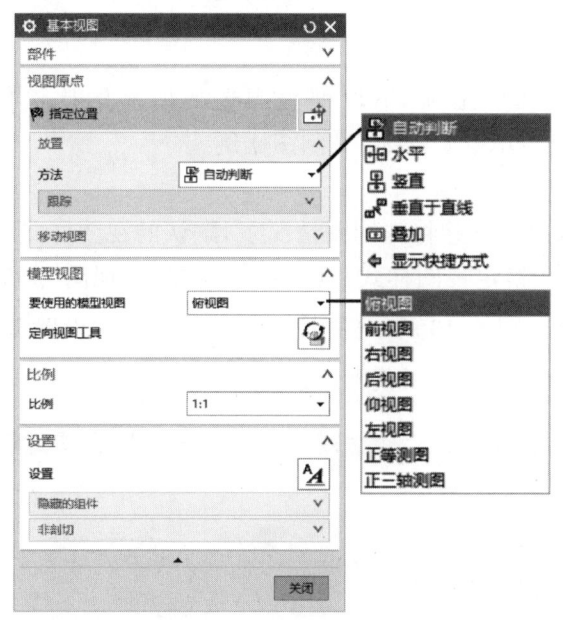

图4-8 "基本视图"对话框　　　　　图4-9 指定所需部件

2. 确定视图

在"基本视图"对话框中展开"模型视图"选项区,在"要使用的模型视图"下拉列表中选择相应的视图选项,即可生成对应的基本视图。"要使用的模型视图"下拉列表中提供"俯视图""前视图""右视图""后视图""仰视图""左视图""正等测图"和"正三轴测图"等选项。

用户可以在"模型视图"选项区中单击"定向视图工具"按钮,打开图4-10所示的

"定向视图工具"对话框。利用该对话框可定义视图法向、X 向等来定向视图。在定向过程中可以在图 4-11 所示的"定向视图"窗口选择参照对象及调整视角等。在"定向视图工具"对话框中执行某个操作后,视图的操作效果会立即动态地显示在"定向视图"窗口中,以方便用户观察视图方向,调整并获得满意的视图方位。完成定向视图操作后,即可单击"定向视图工具"对话框中的"确定"按钮。

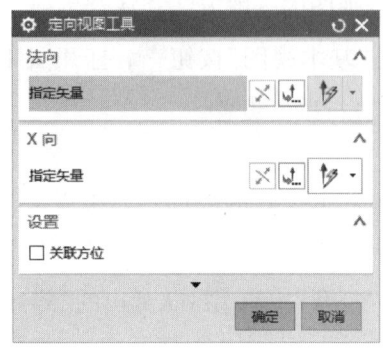

图 4-10 "定向视图工具"对话框

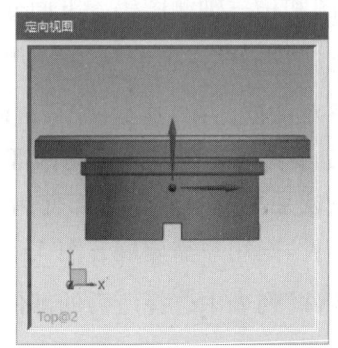

图 4-11 "定向视图"窗口

3. 设置比例

在"基本视图"对话框的"比例"选项区的"比例"下拉列表中选择所需的比例值(图 4-12),也可以从中选择"比率"选项或"表达式"选项来定义制图比例。

4. 设置视图样式

通常使用系统默认的视图样式即可。如果在某些特殊制图情况下,默认的视图样式不能满足用户的设计要求,则可以采用手动方式指定视图样式,其方法是在"基本视图"对话框的"设置"选项区中单击"设置"按钮 ,打开图 4-13 所示的"设置"对话框。在"设置"对话框中,可从左窗格中选择所需的类别或子类别进行相关的参数设置。

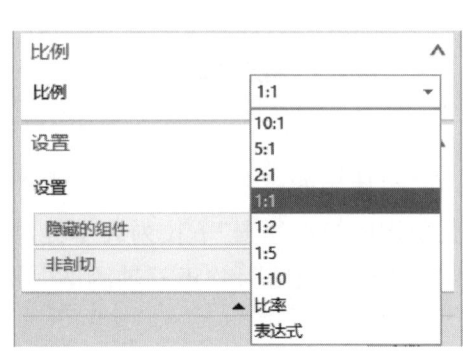

图 4-12 设置制图比例

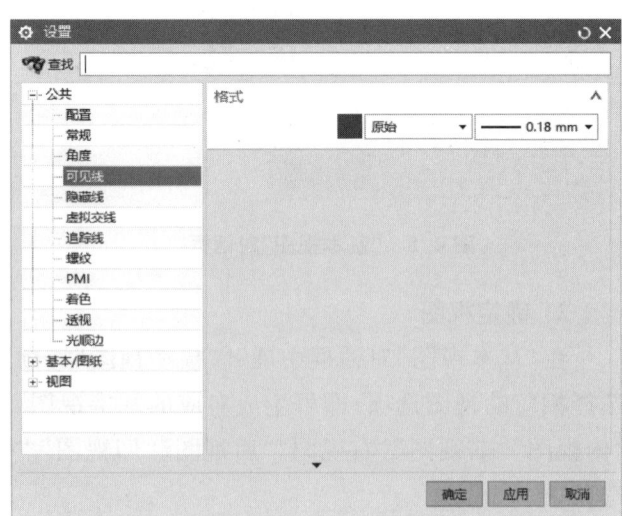

图 4-13 "设置"对话框

5. 指定视图原点

在"基本视图"对话框的"视图原点"选项区可以设置放置方法，还可以启用光标跟踪功能。

设置好相关内容后，使用鼠标指针将定义好的基本视图放置在图纸页面上即可。

五、局部放大图

创建局部放大图是指创建一个包含图样视图放大部分的视图。局部放大图在实际的工程图设计工作中很常用。例如，针对一些模型中的细小特征或结构，需要创建该特征或该结构的局部放大图。

在功能区"主页"选项卡的"视图"面板中单击"局部放大图"按钮，打开"局部放大图"对话框，如图 4-14 所示。

图 4-14 "局部放大图"对话框

利用"局部放大图"对话框可执行以下操作。

1. 指定局部放大图边界的类型选项

在"类型"选项区的"类型"下拉列表中选择一种选项来定义局部放大图的边界形状，可供选择的类型有"圆形""按拐角绘制矩形"和"按中心和拐角绘制矩形"选项。

2. 设置放大比例值

在"比例"选项区的"比例"下拉列表中选择所需的比例值，或者从中选择"比率"选项或"表达式"选项来定义比例。

3. 定义父项上的标签

在"父项上的标签"选项区的"标签"下拉列表中可以选择"无""圆""注释""标签""内

嵌"或"边界"选项来定义父项上的标签。

4. 定义边界和指定放置视图的位置

按照所选的"类型"选项中的"圆形""按拐角绘制矩形"或"按中心和拐角绘制矩形"选项分别在视图中指定点定义放大区域的边界,系统会就近判断父视图。例如,选择为圆形时,则先在视图中单击一点作为放大区域的中心位置,然后指定另一点作为边界圆周上的一点。此时,系统提示"指定放置视图的位置",在图纸页中的合适位置选择一点作为局部放大图的放置位置即可。

六、剖视图

可以从任何父图纸视图创建一个剖视图,包括简单剖/阶梯剖视图、半剖视图、旋转剖视图和点到点剖视图。

在功能区的"主页"选项卡的"视图"面板中单击"剖视图"按钮,打开图 4-15 所示的"剖视图"对话框。截面线(剖切线)的定义有两种形式,一种是"动态"形式,另一种是"选择现有的"形式。前者允许指定动态剖切线,后者则允许选择现有独立剖切线来创建剖视图(图 4-16)。

图 4-15 "剖视图"对话框

图 4-16 "选择现有的"选项

七、断开视图

创建断开视图是将一个视图分解成多个边界并进行压缩,从而隐藏不感兴趣的部分,以此减少该视图的大小。使用 NX 提供的"断开视图"工具,可以创建用于将一个视图分为多个边界的断裂线。在 NX 10.0 中,断开视图的类型分两种,一种为"常规"断开视图,另一种为"单侧"断开视图。

在功能区"主页"选项卡的"视图"面板中单击"断开视图"按钮 ，打开图 4-17 所示的"断开视图"对话框。"主模型视图"选项区用于选择主模型视图。在"类型"选项区的"类型"下拉列表中选择"常规"或"单侧"选项。当选择"常规"选项时,需要分别指定方向、断裂线 1 和断裂线 2;当选择"单侧"选项时,则需要分别指定方向和断裂线(仅需一条断裂线)。在"设置"选项区中,可以设置间隙、样式、幅值、延伸 1、延伸 2、颜色和宽度等参数值。

图 4-17 "断开视图"对话框

八、局部剖视图

局部剖视图是指使用剖切面局部剖开机件而得到的剖视图。

在 NX 10.0 中,可以通过在任何父图纸视图中移除一个部件区域来创建一个局部剖视图。需要注意的是,在 NX 10.0 中创建局部剖视图前,需要先定义和视图相关的局部剖视边界。定义局部剖视边界的典型方法如下。

(1) 在图纸页上选择要进行局部剖视的视图并单击鼠标右键,接着从快捷菜单中选择"展开(扩展)"选项,进入视图成员模型工作状态,NX 扩大选定的视图使其充满整个图形窗口。

(2) 使用相关的曲线功能(如单击"菜单"按钮,并选择插入→曲线→艺术样条,可以通过"定制"命令将"曲线"级联菜单定制到菜单中的插入级联菜单中),在要建立局部剖切的部位,绘制局部剖切的边界线。

(3) 完成边界线创建后,在图形窗口的空余区域单击鼠标右键,再次从快捷菜单中选择"展开(扩展)"选项,返回制图环境,完成与选择视图相关联的边界线操作。

九、尺寸标注的命令介绍

在"制图"应用模块中,用于尺寸标注的选项位于功能区的"主页"选项卡的"尺寸"面板(图 4-18),主要包括"快速"按钮 、"线性"按钮 、"径向"按钮 、"角度"按钮 、"倒斜角尺寸"按钮、"厚度"按钮、"弧长尺寸"按钮和"坐标"按钮等。

图 4-18 "尺寸"面板

1. "快速"按钮

"快速"按钮可根据选定对象和光标的位置自动判断尺寸类型来创建一个尺寸,或者按照设定的其他测量方法(如水平、竖直、点到点、垂直、圆柱坐标系、斜角、径向或直径)来创建相应类型的尺寸。

2. "线性"按钮

"线性"按钮用于在两个对象或点位置之间创建线性尺寸。使用该按钮还可以创建线性尺寸集,线性尺寸集有无、链和基线等方法。

基线尺寸和链尺寸的创建步骤相似。以创建链尺寸为例,在"尺寸"面板中单击"线性"按钮,弹出"线性尺寸"对话框,从"测量"选项区的"方法"下拉列表中选择"水平"选项,在"尺寸集"选项区的"方法"下拉列表中选择"链"选项,在"原点"选项区中取消勾选"自动放置"复选框,如图 4-19 所示。

3. "径向"按钮

"径向"按钮用于创建圆形对象的半径或直径尺寸。单击该按钮,弹出图 4-20 所示的"半径尺寸"对话框,从"测量"选项区的"方法"下拉列表中选择"自动判断""径向""直径"或"孔标注"选项,接着选择对象并指定尺寸放置位置。如果测量方法为径向,那么还可以根据实际情况决定是否创建带折线的半径。

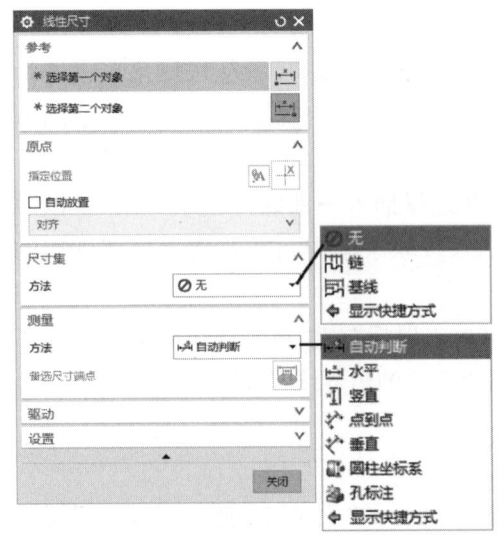

图 4-19 "线性尺寸"对话框

图 4-20 "半径尺寸"对话框

4. "角度"按钮

"角度"按钮用于在两条不平行的直线之间创建角度尺寸。单击该按钮，弹出如图 4-21 所示的"角度尺寸"对话框，接着在"参考"选项组中指定选择模式并根据该选择模式进行相应的选择操作，以及自动放置或手动放置的角度、尺寸等。

5. "倒斜角尺寸"按钮

"倒斜角尺寸"按钮用于在倒斜角曲线上创建倒斜角尺寸。单击该按钮，弹出如图 4-22 所示的"倒斜角尺寸"对话框，接着选择要标注倒斜角尺寸的倒斜角，并选择自动放置

图 4-21 "角度尺寸"对话框

或手动放置该倒斜角尺寸即可。在创建倒斜角尺寸之前，可以在"设置"选项组中单击"设置"按钮，打开"设置"对话框，从中设置倒斜角格式和前缀，如图 4-23 所示。

图 4-22 "倒斜角尺寸"对话框

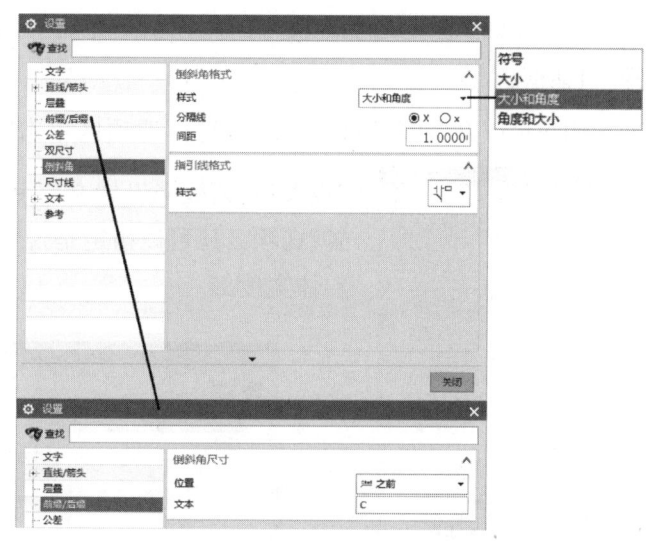

图 4-23 设置倒斜角格式和前缀

6. "厚度"按钮

"厚度"按钮用于创建一个厚度尺寸，以测量两条曲线之间的距离。单击该按钮，弹出如图 4-24 所示的"厚度尺寸"对话框，接着选择要标注厚度尺寸的第一个对象和第二个对象，并放置该尺寸。

7. "弧长尺寸"按钮

"弧长尺寸"按钮用于创建一个弧长尺寸来测量圆弧周长。单击该按钮，弹出如图 4-25 所示的"弧长尺寸"对话框，接着选择要标注弧长尺寸的对象，并手动或自动放置该尺寸。

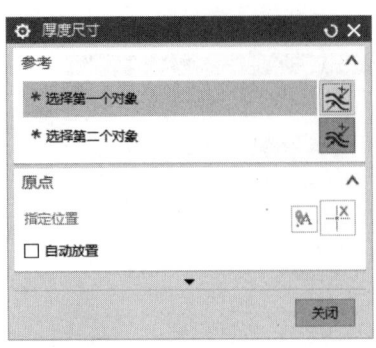

图 4-24 "厚度尺寸"对话框

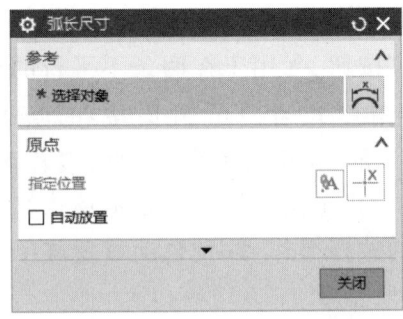

图 4-25 "弧长尺寸"对话框

8. "坐标"按钮

"坐标"按钮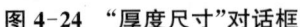用于创建一个坐标尺寸,测量从公共点沿一条坐标基线到某一对象上位置的距离。坐标尺寸分为"单个尺寸"和"多个尺寸"两个类型。前者用于在单个点处创建坐标尺寸,后者用于一次在多个点处创建自动坐标尺寸。

十、文本注释

在功能区"主页"选项卡的"注释"面板中单击"注释"按钮,打开图 4-26 所示的"注释"对话框。

用户可以在"注释"对话框的"设置"选项区单击"设置"按钮,打开图 4-27 所示的"设置"对话框来设置文字和层叠的样式。在"注释"对话框的"设置"选项区还可以指定是否竖直文本,以及设置文本的斜体角度和粗体宽度等。

图 4-26 "注释"对话框

图 4-27 "设置"对话框

十一、标注几何公差和基准特征符号

1. 创建基准特征符号

在功能区的"主页"选项卡的"注释"面板中单击"基准特征符号"按钮,打开"基准特征符号"对话框,如图 4-28 所示。

2. 注写几何公差

在功能区的"主页"选项卡的"注释"面板中单击"特征控制框"按钮,打开图 4-29 所示的"特征控制框"对话框。

图 4-28 "基准特征符号"对话框

图 4-29 "特征控制框"对话框

十二、标注表面粗糙度

可以创建一个表面粗糙度符号来指定表面参数,如粗糙度、处理或涂层、模式、加工余量和波纹。

在功能区的"主页"选项卡的"注释"面板中单击"表面粗糙度符号"按钮,打开图 4-30 所示的"表面粗糙度"对话框。

图 4-30 "表面粗糙度"对话框

十三、导入 CAD 图框

1. 在 CAD 中单独保存图框

将标准图框 CAD 文件保存为 .dwg 或 .dxf 文件。

2. 打开 NX,新建模型

新建模型,如图 4-31 所示。

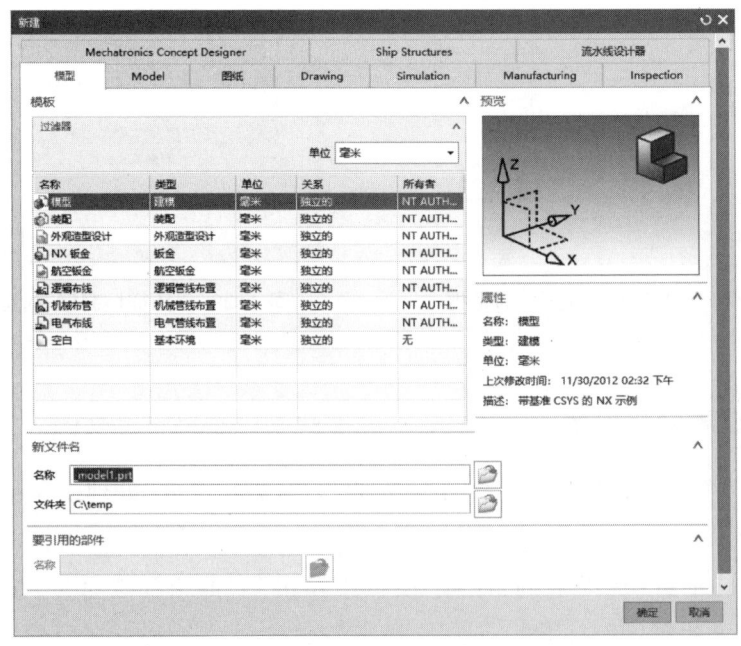

图 4-31 新建模型

3. 导入 CAD 文件

选取之前保存的.dwg 或.dxf 文件并导入，如图 4-32 所示。

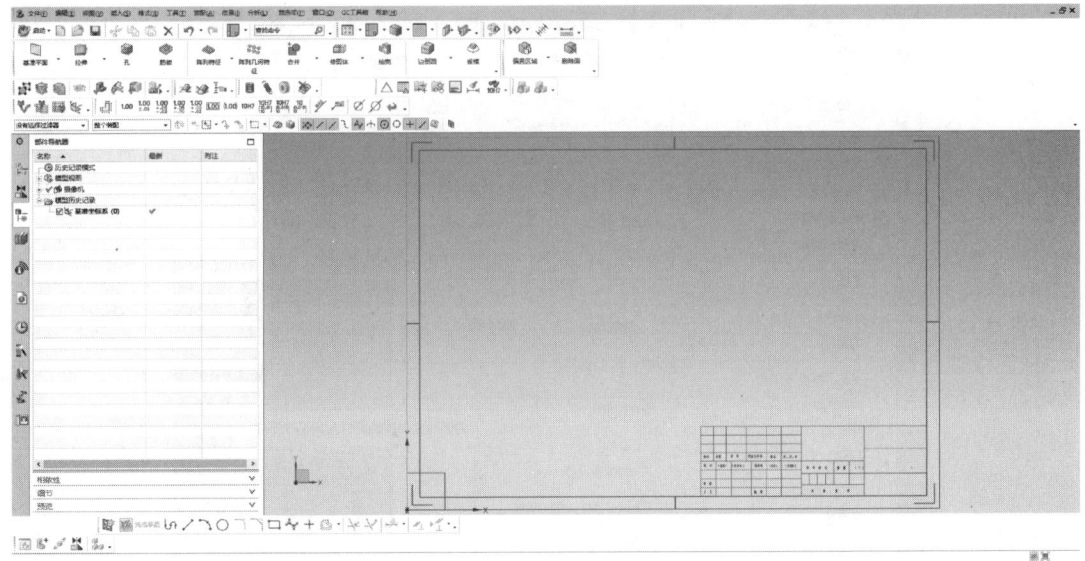

图 4-32　导入 CAD 文件示意

4. 另存为文件

另存为"图框.prt"文件，如图 4-33 所示。

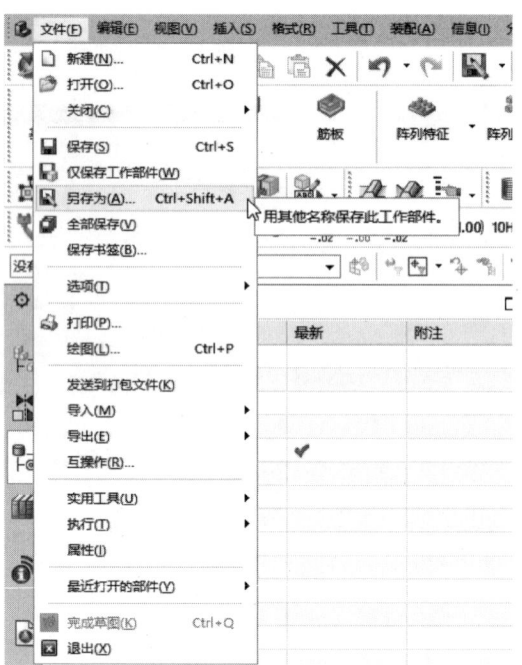

图 4-33 另存为文件

5. 在制图状态下,导入.prt 文件

在制图环境下,单击文件→导入→部件,导入"图框.prt"文件,如图 4-34 所示。

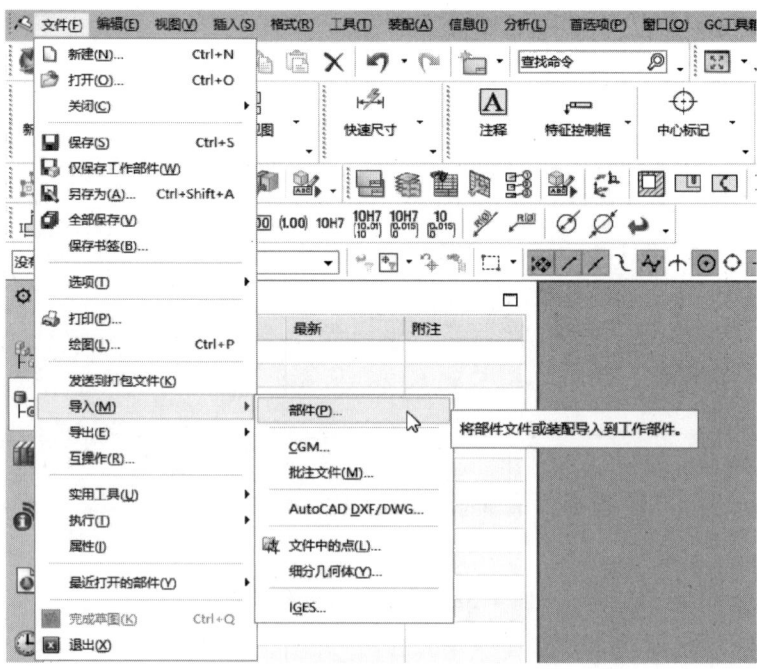

图 4-34 导入"图框.prt"文件

学习任务 1
盖 板 零 件

任务导入

通过工程图样制作学习,学会图 4-35 所示盖板工程图样制作的操作方法。

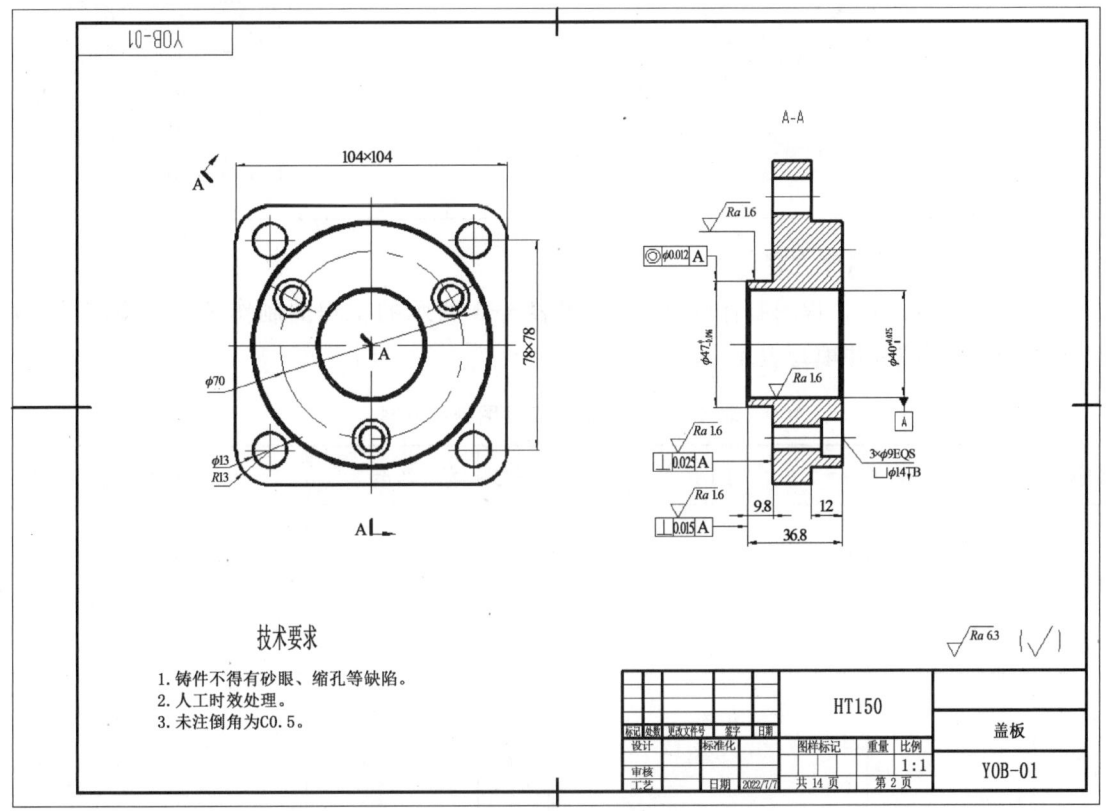

图 4-35　盖板工程图样(单位:mm)

任务流程

1. 参考工程图制作方案

设计工程图制作的参考方案,内容见表 4-1。

表 4-1 盖板工程图制作参考方案

序号	步骤	图示	序号	步骤	图示
1	导入图框	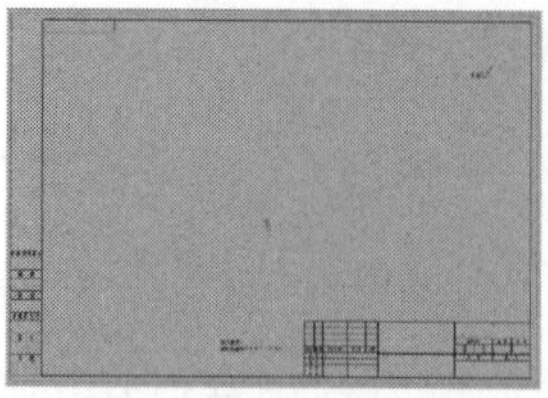	2	生成所需视图	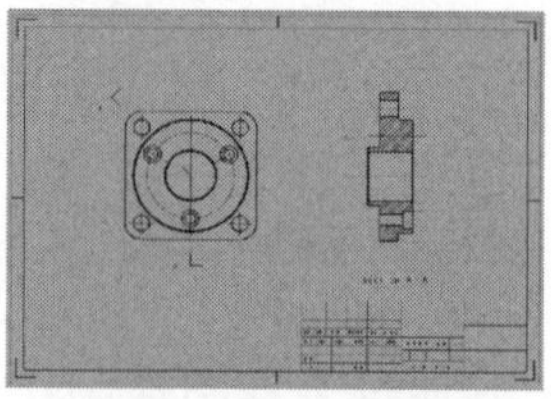
3	添加尺寸标注	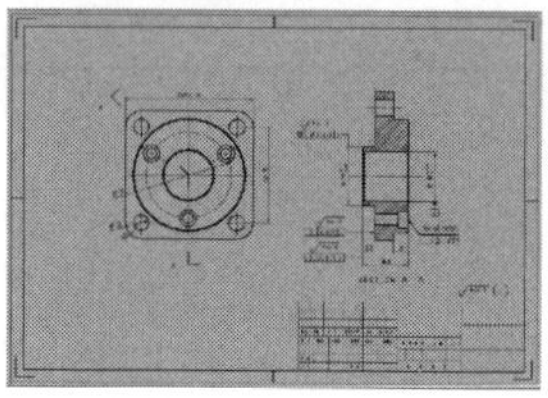	4	添加注释	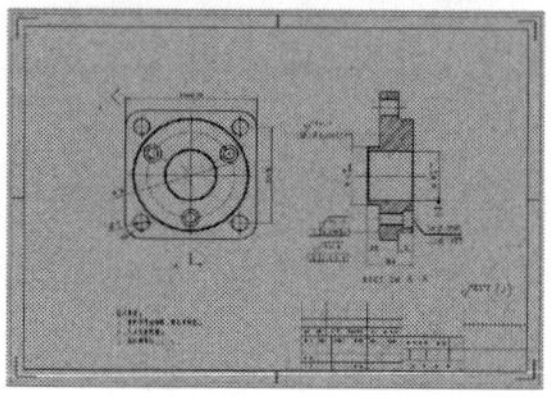

2. 学生工程图制作方案

学生根据自己对工程图制作的理解,参照表 4-1 所示的工程图制作参考方案,独立设计工程图制作方案,并填写表 4-2。

表 4-2 学生盖板工程图制作方案

序号	步骤	图示	序号	步骤	图示
1			4		
2			5		
3			6		
考评结论					

任务实施

一、预习效果检查

1. 判断题

(1) 关闭二维工程图显示 3D 图形是从工程制图环境转换到建模环境。（ ）

(2) 在制图模块中，可以一次显示一个视图的名称和比例，也可以一次显示多个视图的名称和比例。（ ）

2. 填空题

(1) 在制图模块中，输入基本视图和_____就可以完成三视图的添加。

(2) 在制图中，如果选择"第三象限角投影"，那么左视图应放置在主视图的_____。

3. 选择题

(1) 创建二维工程图用（ ）。
   A. 零件模块 B. 零件装配模块
   C. 曲面模块 D. 工程图模块

(2) 以下哪一项不属于长度标注？（ ）
   A. 半径标注 B. 线段长度标注
   C. 两点距离标注 D. 点与线之间距离的标注

二、盖板工程图样分析

1. 参考图样分析

盖板工程图样见图 4-35，采用了旋转剖。

2. 学生图样分析

参考以上提示，独立完成盖板工程图样分析，并填写表 4-3。

表 4-3 盖板工程图样分析

序号	项目	分析结果
1	盖板工程图样采用视图	
2	教师评价	

三、盖板工程图样实施过程

1. 导入图框

在"制图"环境下，新建 A3 图纸页，导入图框，如图 4-36 所示。

2. 生成所需视图

在功能区单击"基本视图"按钮，弹出"基本视图"对话框（图 4-37），添加所需视图，如图 4-38 所示。

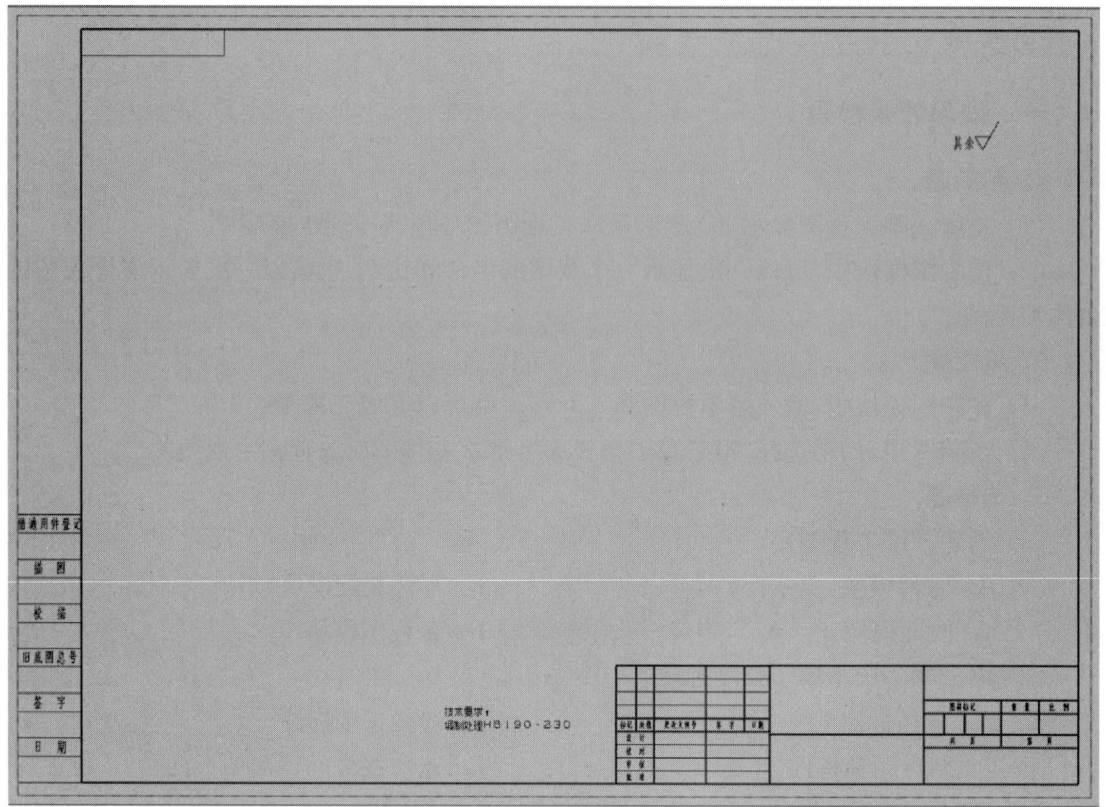

图 4-36　图框

图 4-37　"基本视图"对话框

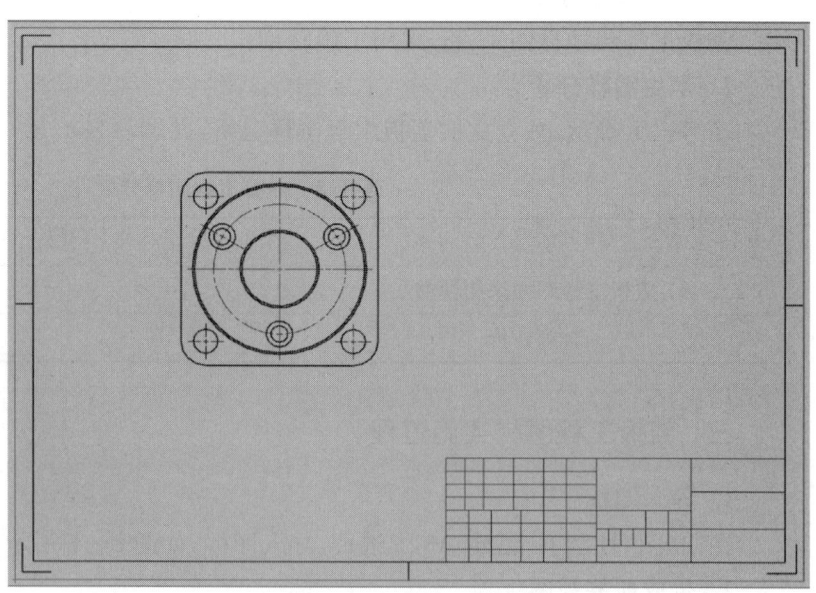

图 4-38　添加基本视图

在功能区单击"剖视图"按钮,弹出"剖视图"对话框(图4-39),添加剖视图,如图4-40所示。

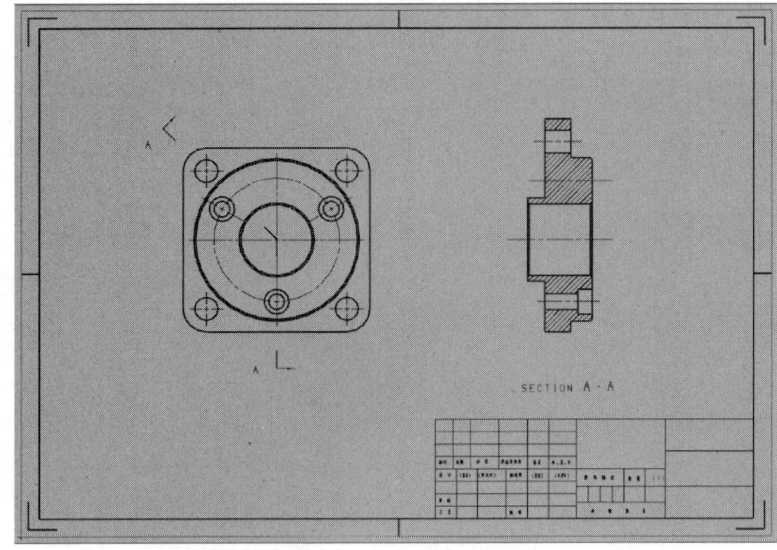

图4-39 "剖视图"对话框　　　　　　图4-40 添加剖视图

3. 添加尺寸标注

在功能区单击"线性"按钮,弹出"线性尺寸"对话框(图4-41),对零件进行标注。在功能区单击"径向"按钮,弹出"半径尺寸"对话框(图4-42),对零件进行标注。尺寸标注完成如图4-43所示。

图4-41 "线性尺寸"对话框　　　　　　图4-42 "半径尺寸"对话框

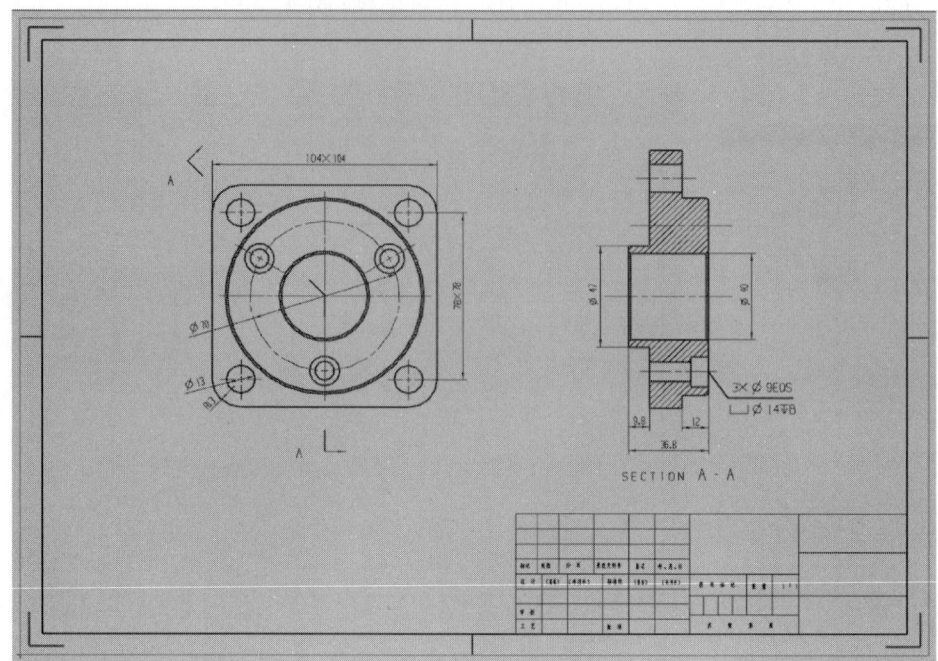

图 4-43 添加尺寸标注示意

鼠标双击 ϕ47 尺寸，弹出如图 4-44 所示对话框。单击下拉按钮，选择，并设置 0，-0.06 公差。ϕ40 尺寸公差标注方法同 ϕ47 尺寸方法，标注完成的视图如图 4-45 所示。

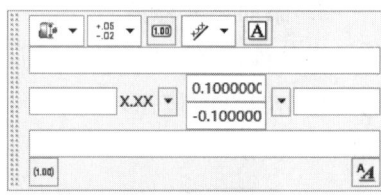

图 4-44 对话框

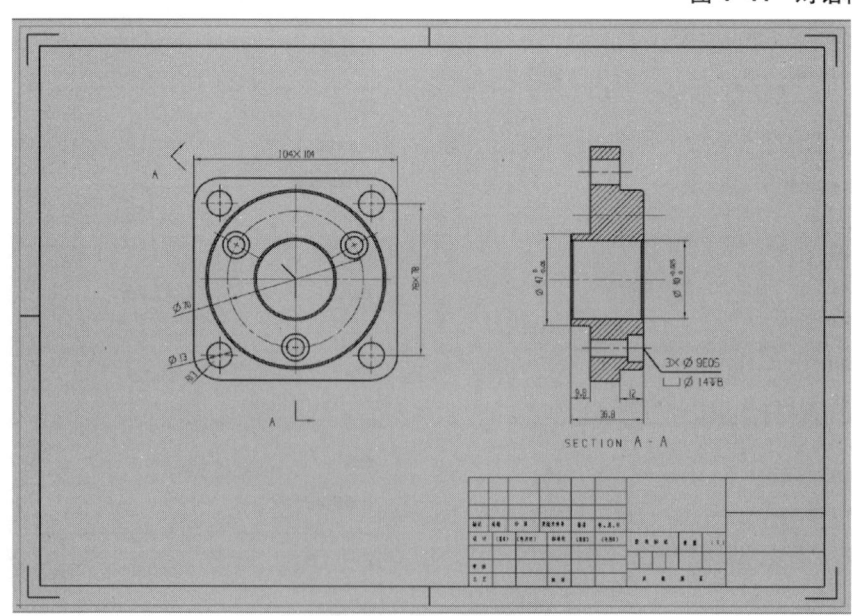

图 4-45 标注完成的视图示意

从功能区的"主页"选项卡的"注释"面板中单击"特征控制框"按钮，打开"特征控制框"对话框，如图 4-46 所示。在对话框中输入同轴度 φ0.02，基准 A，标注在旋转剖视图上，如图 4-47 所示。

图 4-46 "特征控制框"对话框

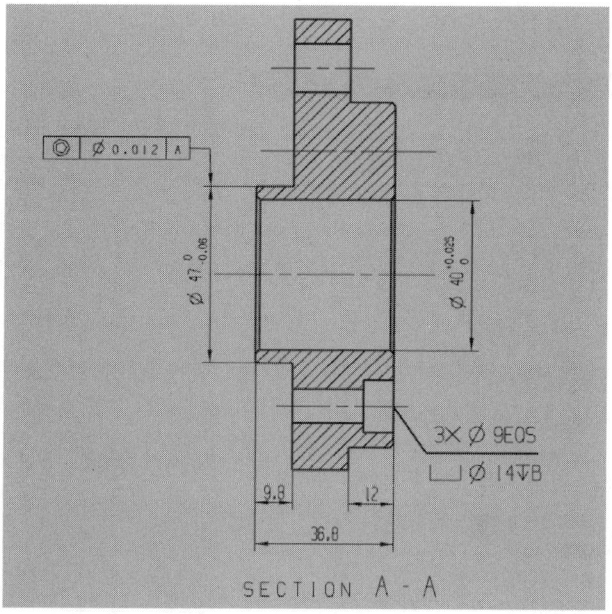

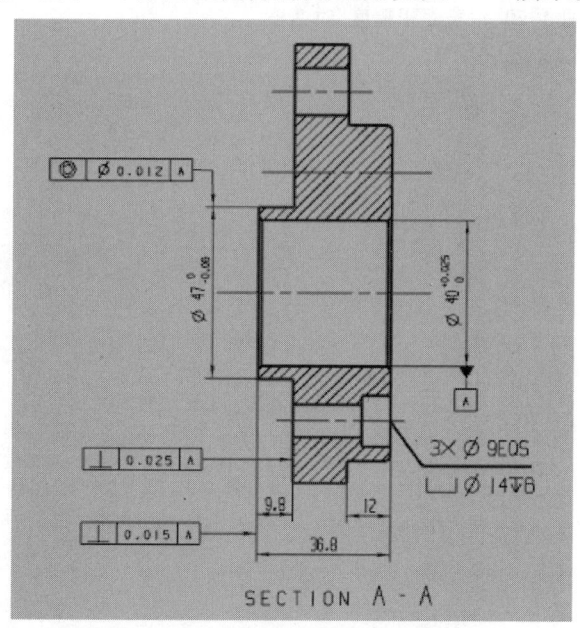

图 4-47 添加垂直度公差

从功能区的"主页"选项卡的"注释"面板中单击"基准特征符号"按钮，打开图 4-48 所示的"基准特征符号"对话框。在对话框中输入基准 A，标注在旋转剖视图上，如图 4-49 所示。

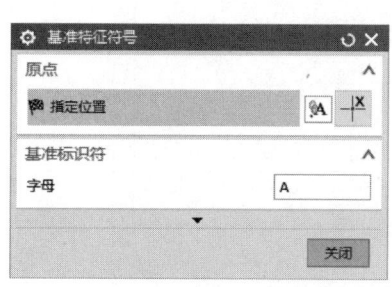

图 4-48 "基准特征符号"对话框

图 4-49 添加基准符号

在功能区的"主页"选项卡的"注释"面板中单击"表面粗糙度符号"按钮 √,打开图 4-50 所示的"表面粗糙度"对话框。在对话框中选择修饰符和除料选项,数值为 $Ra1.6$,标注在旋转剖视图上,如图 4-51 所示。

所有尺寸标注完毕,如图 4-52 所示。

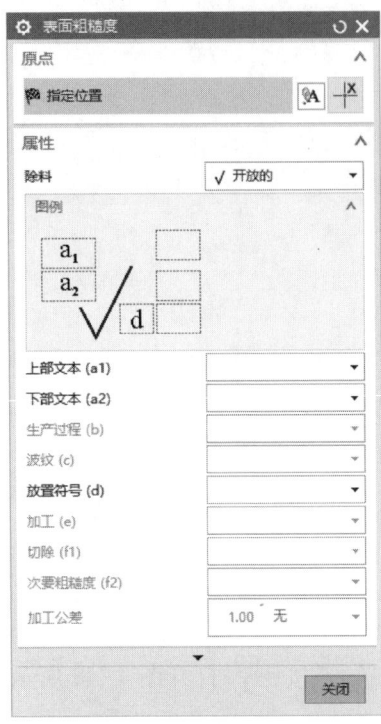

图 4-50 "表面粗糙度"对话框　　图 4-51 添加表面粗糙度

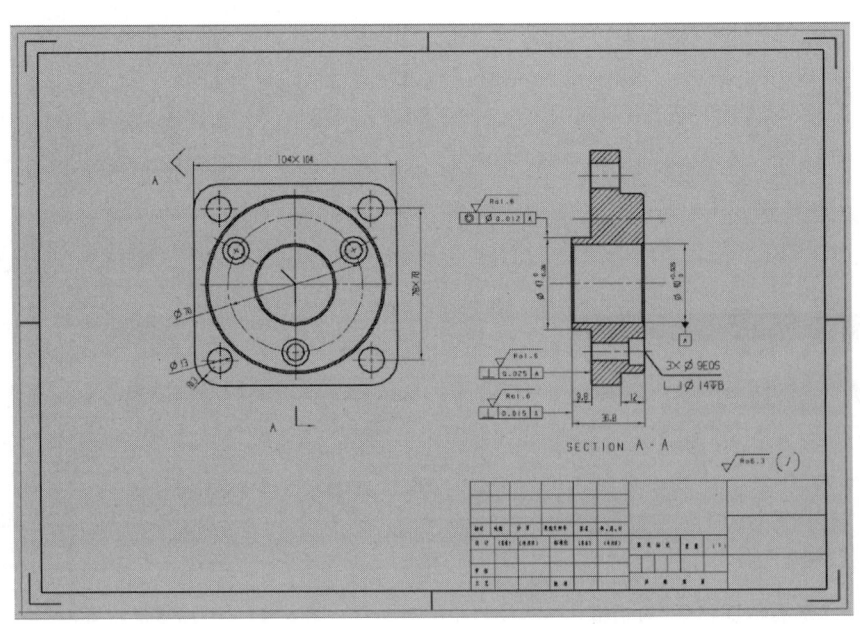

图 4-52 标注完成的图纸示意

4. 添加注释

在功能区"主页"选项卡的"注释"面板中单击"注释"按钮，打开图 4-53 所示的"注释"对话框。在对话框中输入技术要求，放在图纸对应处，如图 4-54 所示。

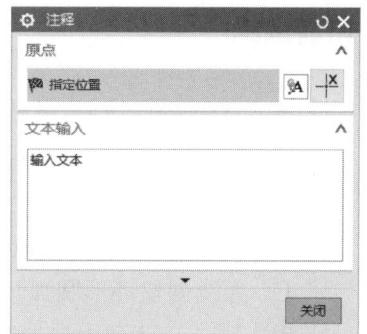

图 4-53 "注释"对话框

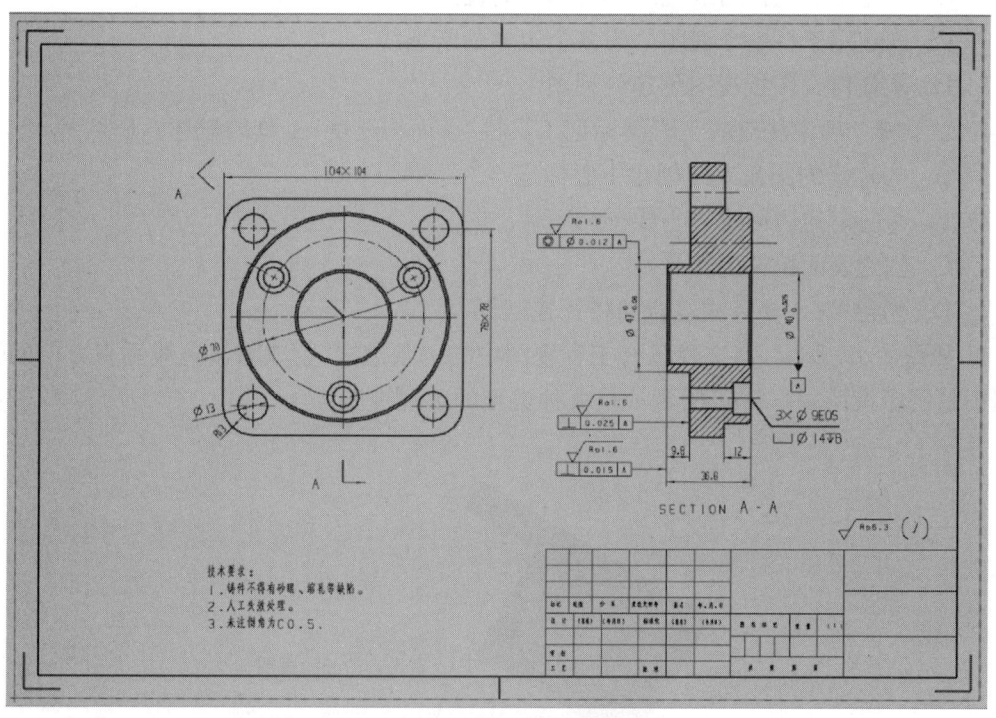

图 4-54 添加注释示意

任务评价

班级：		姓名：	学号：	成绩：
序号	评价内容		评价标准	评价结果（优/良/合格/不合格）
1	基础知识的应用		能掌握相关功能的使用方法	
2	制作工程图的基本流程		能按照图纸合理设计基本流程	
3	安全文明		无安全隐患，无违章操作	

拓展训练

1. 进入工程图环境后，可通过以下哪个工具创建第一个视图？（　　）
    A. 基本视图　　　B. 斜视图　　　C. 剖视图　　　D. 投影视图

2. 以下哪一项说法对应标注工具栏"弧长"工具的概述？（　　）
    A. 为选定的圆弧或圆创建圆弧尺寸　　　B. 为选定的曲线创建圆弧尺寸
    C. 为线创建环形圆弧尺寸　　　D. 为选定的圆弧或圆创建直径尺寸

3. 以下哪一项说法对应"剖切视图"工具？（　　）
    A. 在图纸页上创建基于模型的视图
    B. 创建一个包含图纸视图放大部分的视图
    C. 创建用于将一个视图分为多个边界的断裂线
    D. 从任何父图纸视图创建剖视图

4. 以下哪一项说法对应工程图标记工具栏"表面粗糙度"工具的概述？（　　）
    A. 为选定的圆弧或圆创建中心标记
    B. 为选定的边创建中心线
    C. 创建表面粗糙度符号
    D. 创建单行、多行或复合的特征控制框

5. 如图 4-55 所示，当选择已有工程视图中的一条边线，生成与该边线垂直方向的视图 B（图中的阴影视图）时，请问视图 B 是哪种类型的工程视图？（　　）

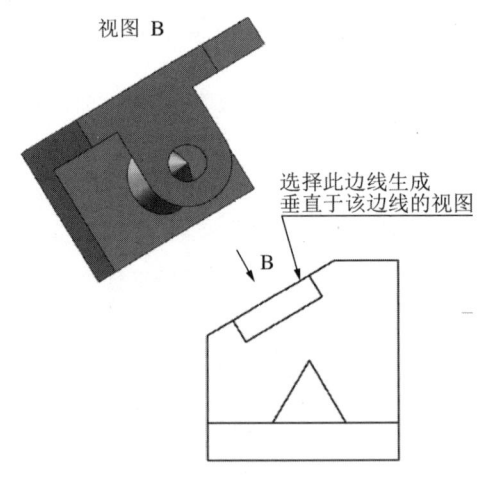

图 4-55　工程视图

　　A. 剖视图　　　　　　　　　　B. 基本视图
　　C. 投影视图　　　　　　　　　D. 局部剖视图

项目四 工程图样制作

学习任务 2
顶 盖 零 件

任务导入

通过工程图样制作学习,学会图 4-56 所示的顶盖零件图样制作的操作方法。

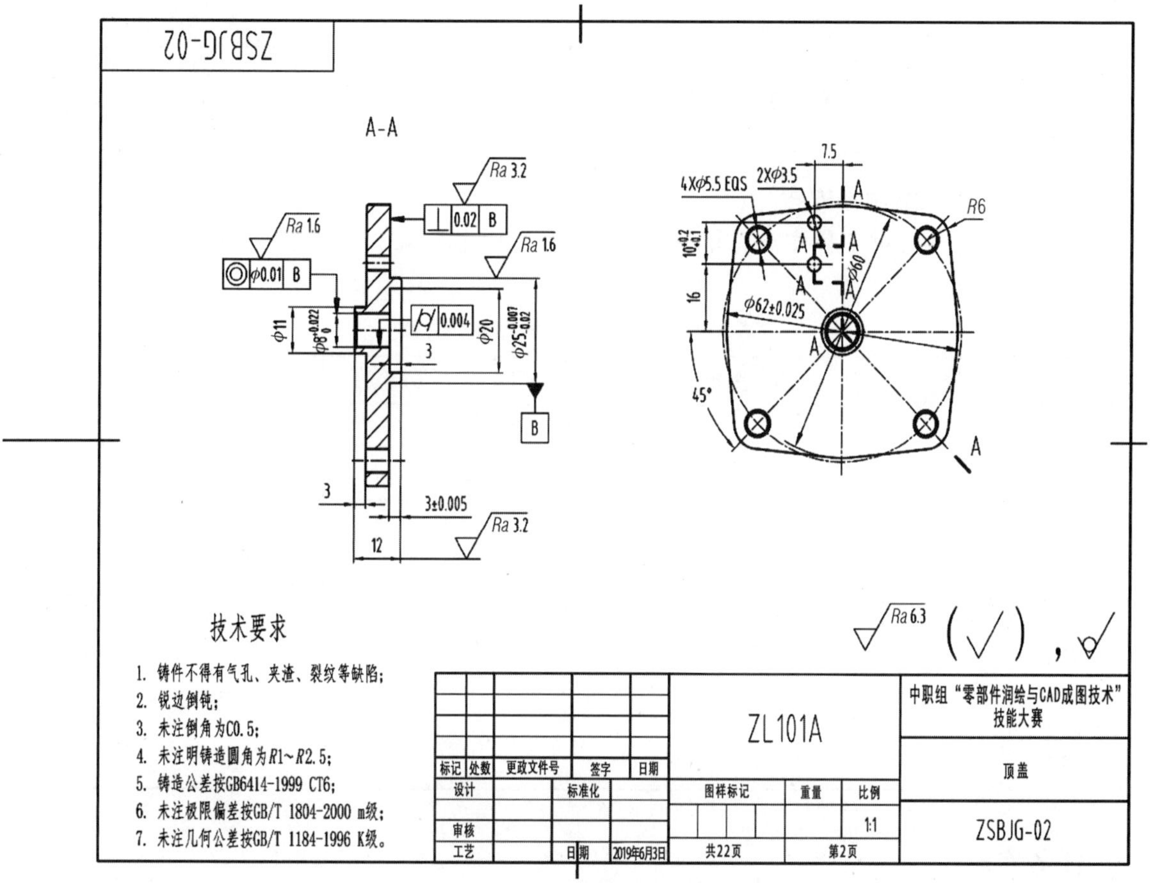

图 4-56 顶盖零件工程图样

任务流程

1. 参考工程图制作方案

设计工程图制作的参考方案,内容见表 4-4。

表 4-4 顶盖工程图制作参考方案

序号	步骤	图示	序号	步骤	图示
1	导入图框	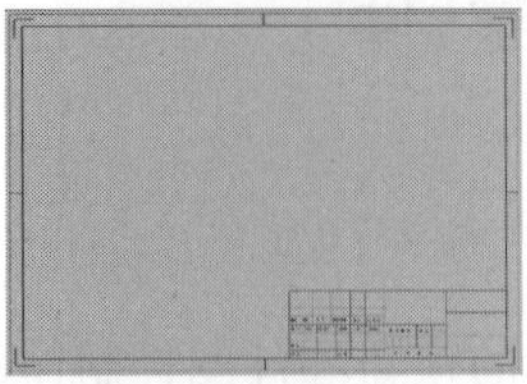	3	添加尺寸标注	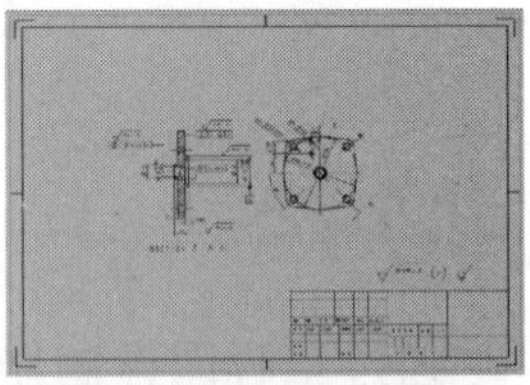
2	生成所需视图	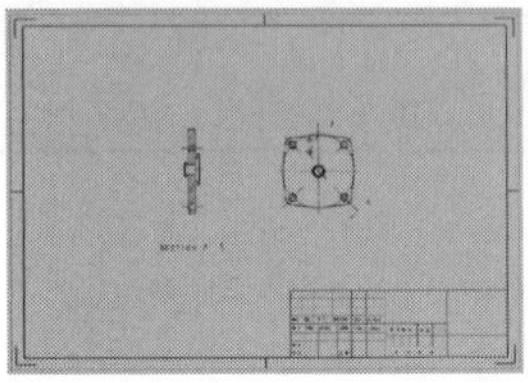	4	添加注释	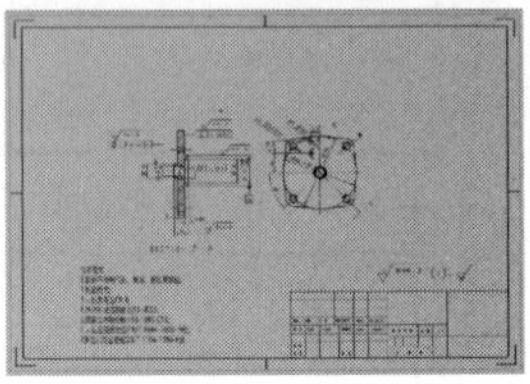

2. 学生工程图制作方案

学生根据自己对工程图制作的理解,参照工程图制作参考方案,独立设计工程图制作方案,并填写表 4-5。

表 4-5 学生顶盖工程图制作方案

序号	步骤	图示	序号	步骤	图示
1			4		
2			5		
3			6		
考评结论					

任务实施

一、预习效果检查

1. 判断题

(1) 在一个公制文件下工作时,所有的尺寸标注均为公制,这意味着必须在创建尺寸标注之前就要全局设置好标注尺寸的单位。( )

(2) 在创建尺寸标注时,可以同时创建公差标注。( )

2. 填空题

(1) 工程制图中,中国国家标准(GB)规定的投影法则是第_____角投影法。

(2) 在制图中,使用_____尺寸标注,就可以完成大部分尺寸标注。

3. 选择题

(1) 编辑一个全剖视图,应用哪一种操作可以使全剖视图修改为阶梯剖视图?(　　　)

  A. 删除段   B. 添加段   C. 移动段   D. 重新定义铰链线

(2) 下列哪个操作不产生新的视图?(　　　)

  A. 剖视图   B. 旋转剖视图   C. 半剖视图   D. 局部剖视图

二、顶盖工程图样分析

1. 参考图样分析

顶盖工程图样见图 4-56,采用了阶梯剖。

2. 学生图样分析

参考以上提示,独立完成顶盖工程图样分析,并填写表 4-6。

表 4-6 顶盖工程图样分析

序号	项目	分析结果
1	顶盖工程图样采用视图	
2	教师评价	

三、顶盖工程图样实施过程

(1) 导入图框。在"制图"环境下,新建 A3 图纸页,导入图框,如图 4-57 所示。

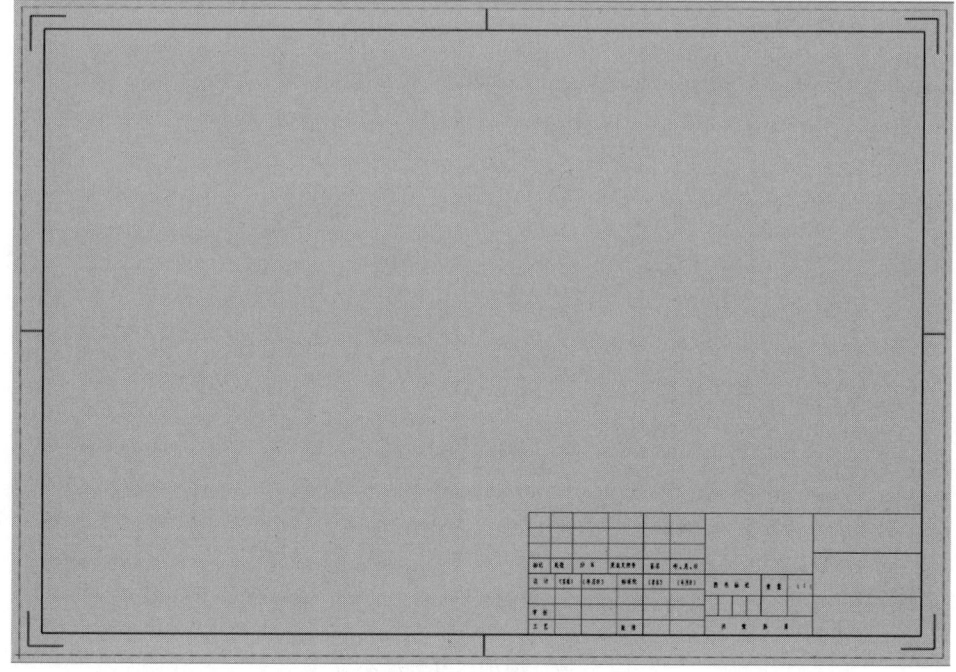

图 4-57　图框示意

(2)生成所需视图(图4-58)。

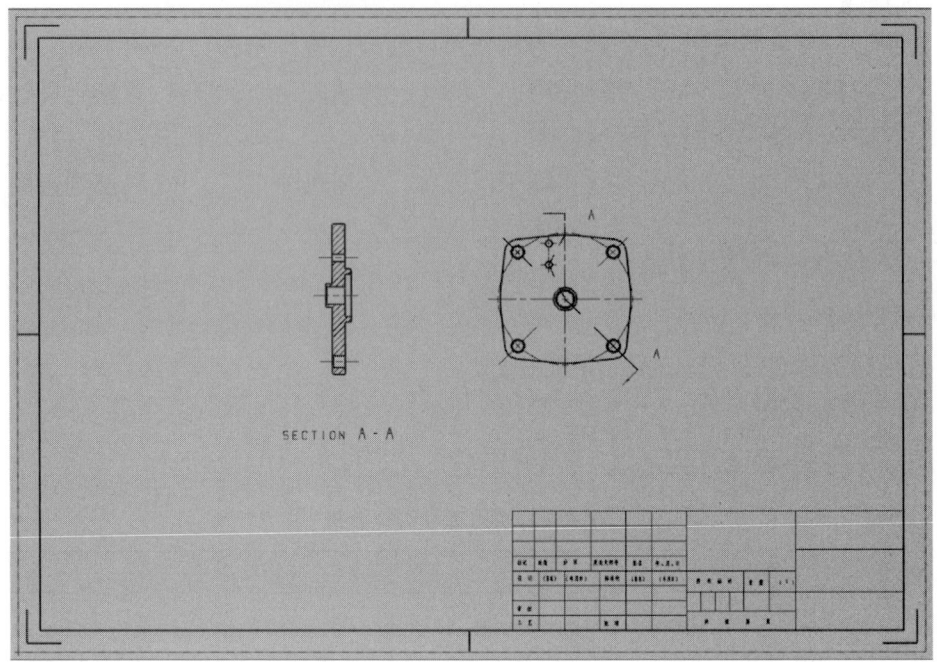

图4-58 生成所需视图示意

(3)添加尺寸标注(图4-59)。

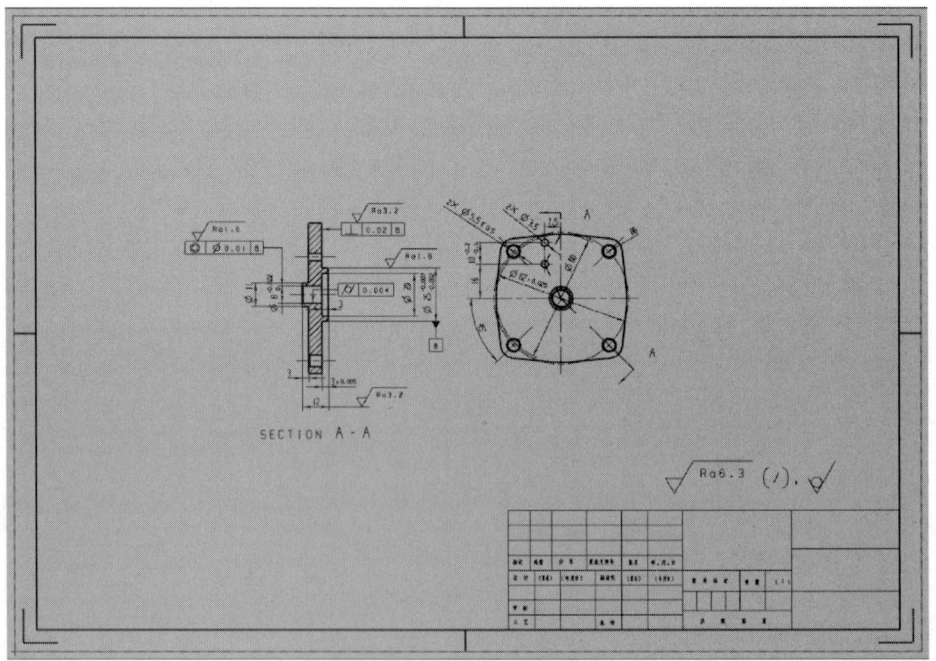

图4-59 添加尺寸标注示意

（4）添加注释（图4-60）。

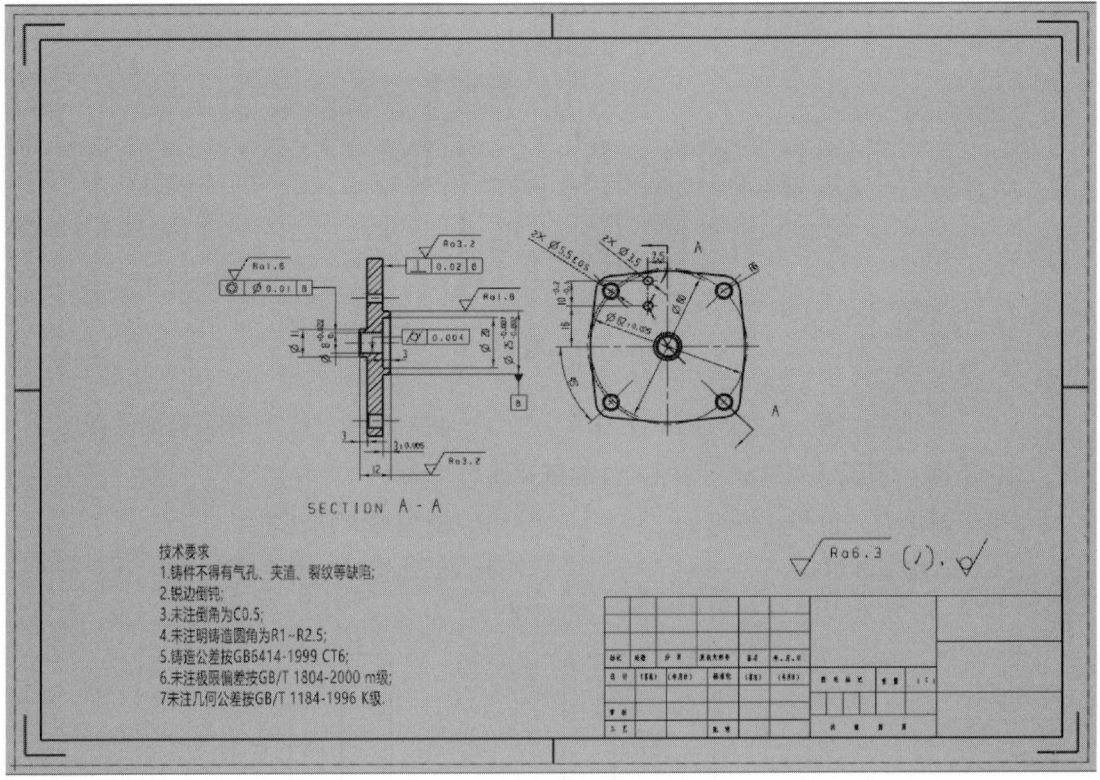

图4-60 添加注释示意

任务评价

班级：		姓名：	学号：	成绩：
序号	评价内容	评价标准	评价结果(优/良/合格/不合格)	
1	基础知识的应用	能掌握相关命令的使用方法		
2	制作工程图的基本流程	能按照图纸合理设计基本流程		
3	安全文明	无安全隐患，无违章操作		

拓展训练

1. 在工程图环境里，下面哪一项是剖视图的图标？（　　）

　　A.　　　　　B.　　　　　C.　　　　　D.

2. 图 4-61 所示视图中,用椭圆框出来的部位由以下哪种工具创建?( )

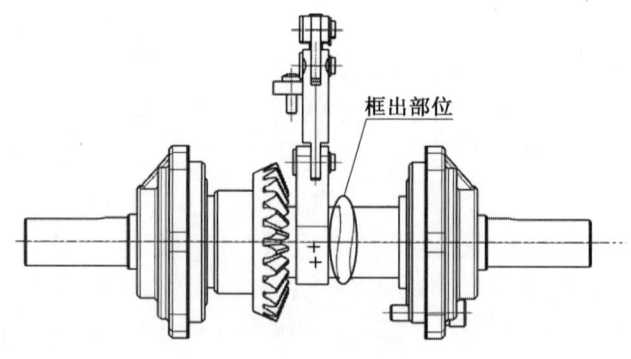

图 4-61 题 2 视图

    A. 局部放大图   B. 断开视图   C. 基本视图   D. 局部剖视图

3. 以下哪一项说法对应 √ 图标工具的概述?( )

    A. 创建表面粗糙度符号   B. 创建基准特征符号
    C. 创建基准目标   D. 创建符号注释

4. 图 4-62 所示视图 B 由以下哪种工具创建?( )

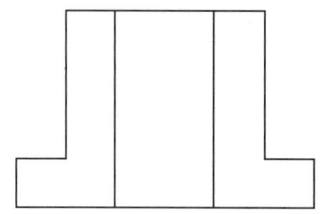 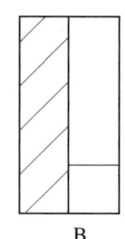

图 4-62 题 4 视图

    A. 基本视图   B. 投影视图   C. 剖视图   D. 斜视图

5. 以下哪个视角对应前视图?( )

    A. 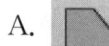   B.   C.    D.

学习任务 3

填料压盖零件

任务导入

通过工程图样制作学习,学会图 4-63 所示填料压盖零件图样制作的操作方法。

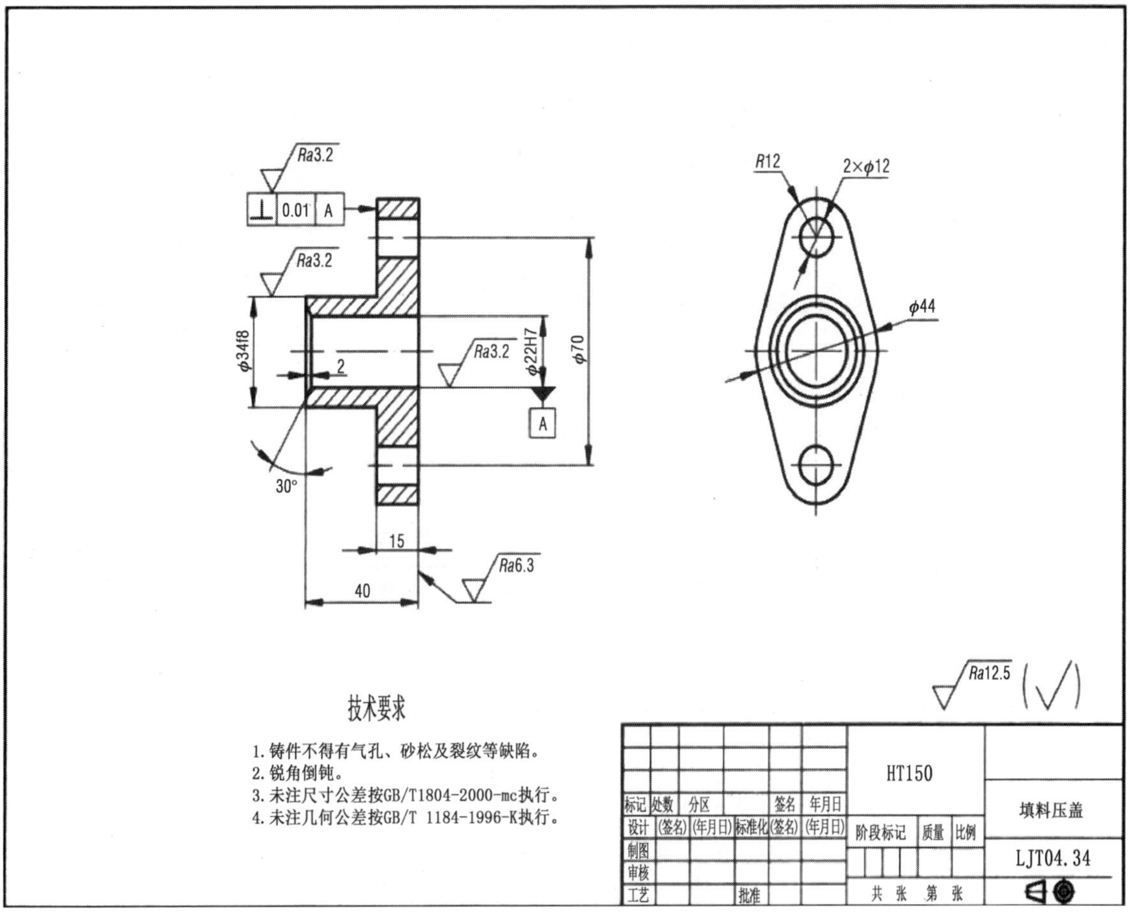

项目四 工程图样制作

图 4-63 填料压盖工程图样

任务流程

1. 参考工程图制作方案

设计工程图制作的参考方案,内容见表 4-7。

表 4-7 填料压盖工程图制作参考方案

序号	步骤	图示	序号	步骤	图示
1	导入图框	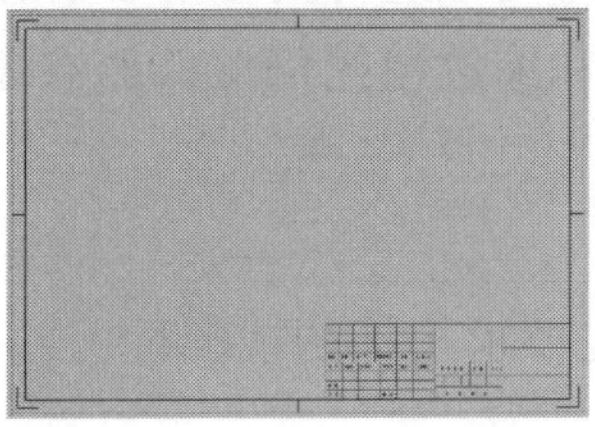	2	生成所需视图	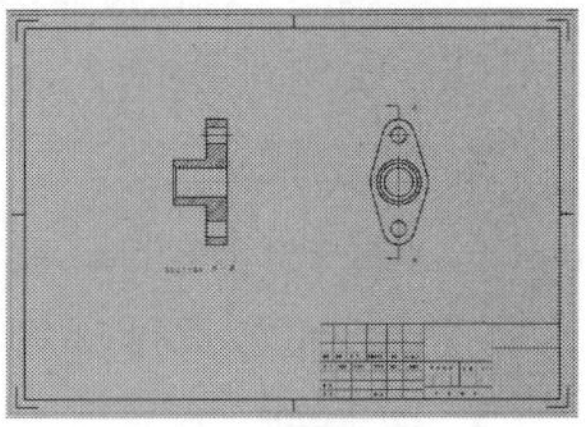

(续表)

序号	步骤	图示	序号	步骤	图示
3	添加尺寸标注	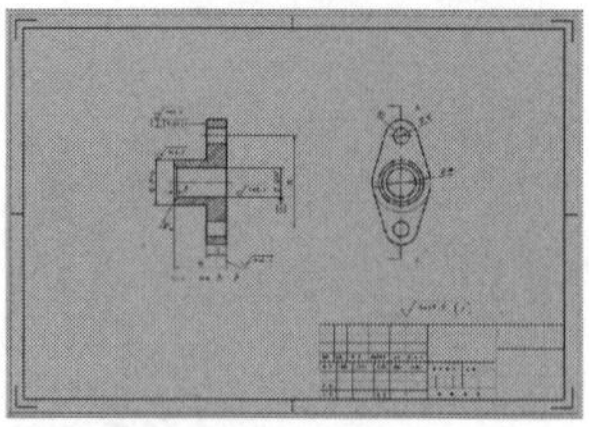	4	添加注释	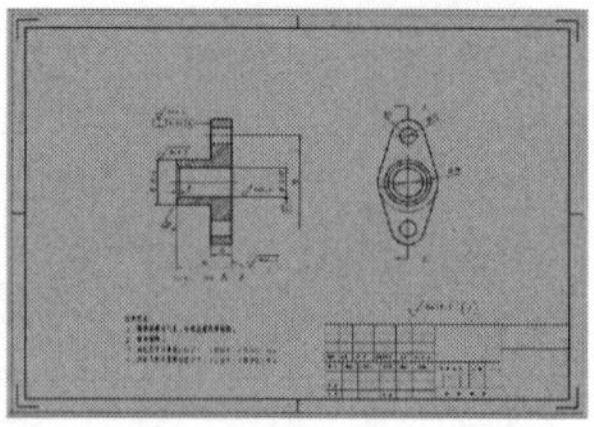

2. 学生工程图制作方案

学生根据自己对工程图制作的理解，参照工程图制作参考方案，独立设计工程图制作方案，并填写表 4-8。

表 4-8　学生填料压盖工程图制作方案

序号	步骤	图示	序号	步骤	图示
1			4		
2			5		
3			6		
考评结论					

任务实施

一、预习效果检查

1. 判断题

（1）在编辑工程图时，投影角参数只能在没有产生投影视图的情况下被修改，如果已经生成了投影视图，只有将所有的投影视图删除后，才可以进行投影角参数的修改。（　　）

（2）无论工程图大小如何变化，详细视图和缩放视图仍保持原有比例。（　　）

2. 填空题

（1）尺寸标注的三要素是＿＿＿＿、＿＿＿＿、＿＿＿＿。

（2）添加各部件剖视图时所依据的或首先要求选择的视图称为＿＿＿＿。

3. 选择题

（1）【多选】当在制图模块中创建了一个投影视图，发觉不需要时，如何删除它？（　　）

A. 点击标准工具条上的取消图标
B. 在投影视图边框上右键单击选择删除
C. 在右键单击的弹出菜单中选择删除
D. 选择投影视图边框,然后单击标准工具条上的删除图标

(2)【多选】对于制图模块的注释,有(　　)等几种文字类型。
A. 尺寸　　　　　　　　　　B. 附加文本
C. 公差　　　　　　　　　　D. 一般

二、填料压盖工程图样分析

1. 参考图样分析

填料压盖工程图样见图 4-63,采用了全剖。

2. 学生图样分析

参考以上提示,独立完成填料压盖工程图样分析,并填写表 4-9。

表 4-9　填料压盖工程图样分析

序号	项目	分析结果
1	填料压盖工程图样采用视图	
2	教师评价	

三、填料压盖工程图样实施过程

(1)导入图框。在"制图"环境下,新建 A3 图纸页,导入图框,如图 4-64 所示。

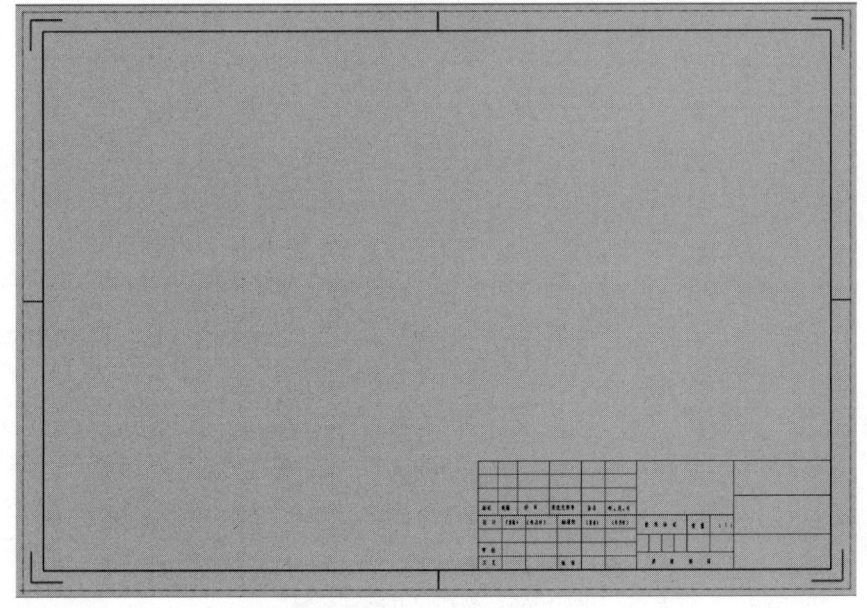

图 4-64　图框示意

(2) 生成所需视图(图 4-65)。

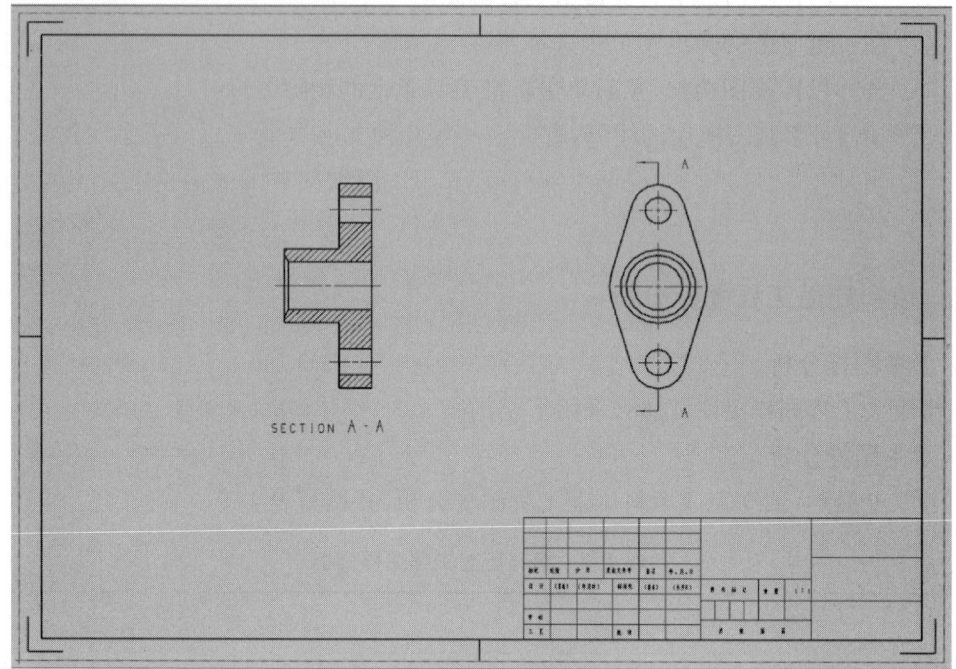

图 4-65　生成所需视图示意

(3) 添加尺寸标注(图 4-66)。

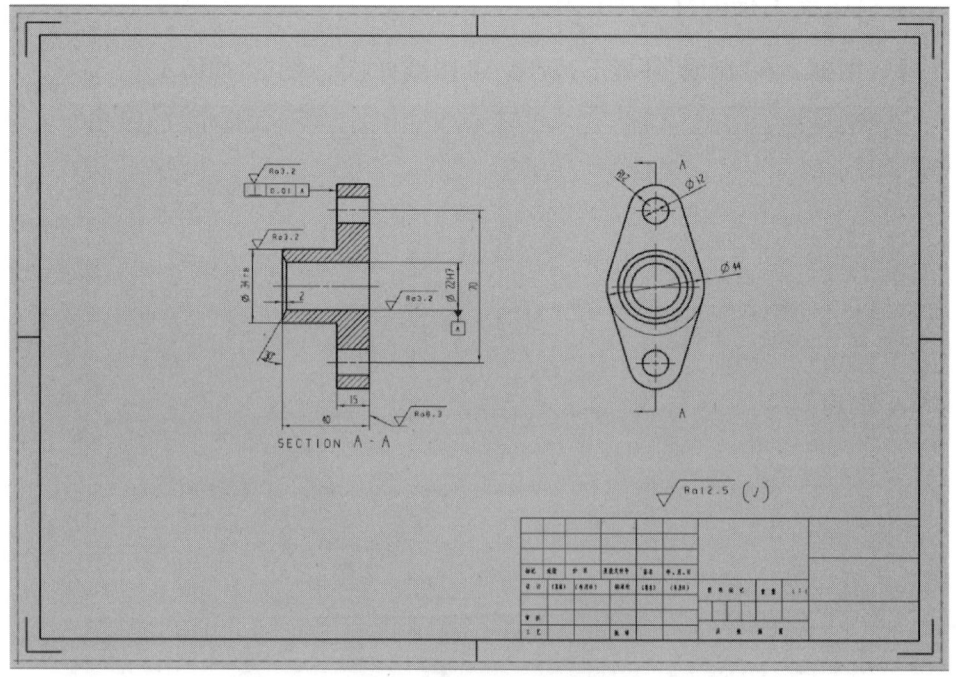

图 4-66　添加尺寸标注示意

(4)添加注释(图4-67)。

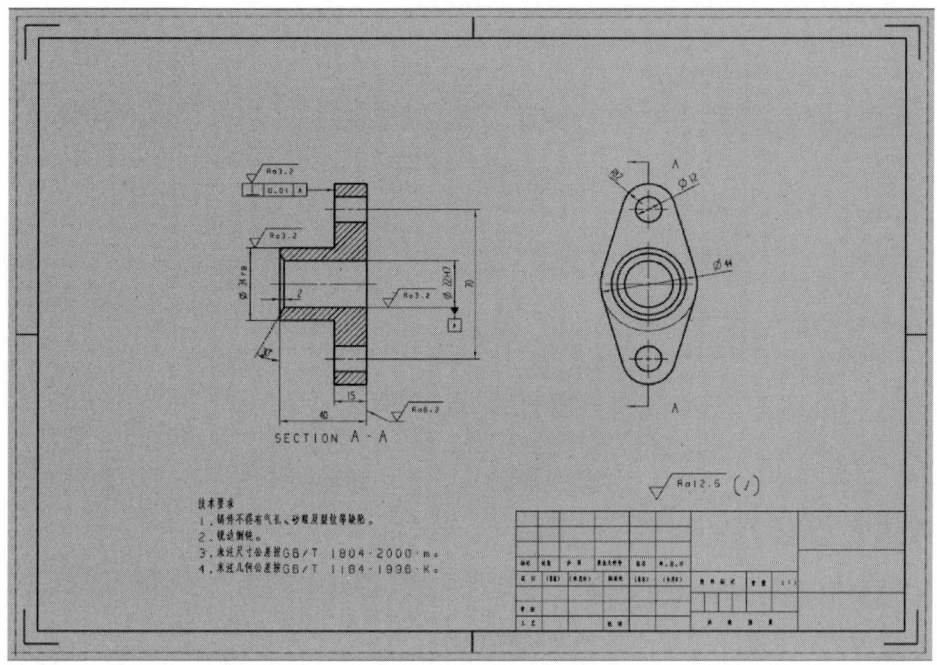

图 4-67　添加注释示意

任务评价

班级：		姓名：		学号：		成绩：
序号	评价内容		评价标准		评价结果(优/良/合格/不合格)	
1	基础知识的应用		能掌握相关命令的使用方法			
2	制作工程图的基本流程		能按照图纸合理设计基本流程			
3	安全文明		无安全隐患，无违章操作			

拓展训练

1. 图4-68所示视图A由以下哪种工具创建？(　　)

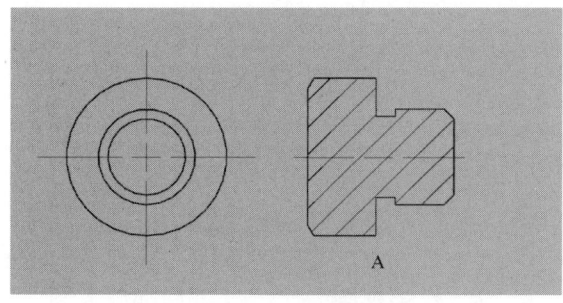

图 4-68　题1视图

A. 基本视图　　　B. 投影视图　　　C. 剖视图　　　D. 斜视图

2. 图 4-69 所示左侧视图由以下哪种工具创建？（　　）

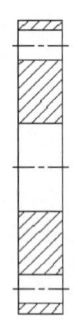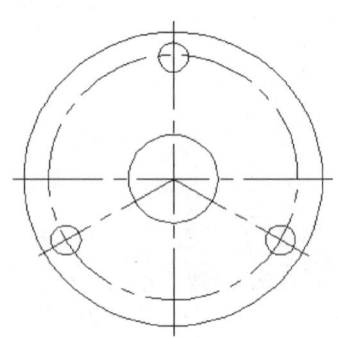

图 4-69　题 2 视图

A. 基本视图　　　B. 对齐剖视图　　C. 旋转剖视图　　D. 斜视图

3. 以下哪个图片对应隐藏部件？（　　）

A. 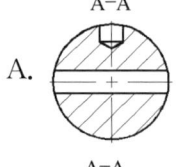　　B. 　　C. 　　D.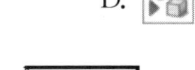

4. 图 4-70 所示哪一项属于 A-A 剖视图？（　　）

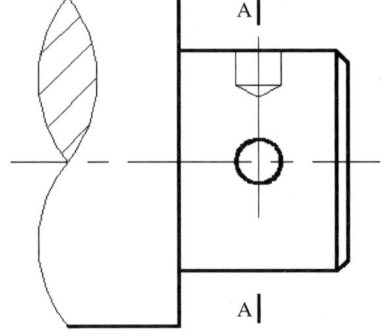

图 4-70　题 4 视图

5. 图 4-71 所示 I 视图由以下哪种工具创建？（　　）

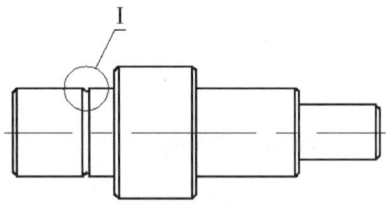
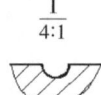

图 4-71　题 5 视图

A. 剖视图　　　　B. 投影视图　　　C. 局部放大图　　D. 斜视图

项目五 增材制造

◇ 项目情境

3D（三维立体）打印技术是将材料一层一层堆积而成，因此也称为增材制造工艺。其利用普通打印机的原理，将打印机和计算机连接起来，把原料装入机身，通过计算机的控制，用注射器将原料一层一层累积起来，最后将计算机上的蓝图打印成实物。其通过读取文件中的横截面信息，用液体状、粉状或片状的材料将这些截面逐层打印出来，再将各层截面以各种方式粘合起来从而制造出一个实体。

◇ 知识点

- 3D打印的基本技术。
- 3D打印的流程。
- UP Studio软件的应用。
- 3D打印机的使用。

◇ 技能点

- 能使用UP Studio软件进行打印前的准备工作。
- 能熟练使用3D打印机。

◇ 素养目标

让学生动手操作3D打印机，培养学生的动手能力，同时培养学生认真、严谨、科学的学习态度。

◇ 知识准备

一、3D打印技术

3D打印技术按照成型工艺划分，主要有熔融沉积技术、激光选区烧结技术、激光选区熔化技术、光固化成型技术等。

1. 熔融沉积技术

熔融沉积（Fused Deposition Modeling，FDM）技术使用的打印材料为工程塑料 ABS、PLA（Polylactic Asid，聚乳酸）等。这种技术通过将丝状材料，如热性塑料、蜡等从加热的喷头挤出，按照零件每层的预定轨迹，以固定的速率进行熔体沉积，如图 5-1 所示。该技术主要应用于工业产品设计开发、创新创意产品生产等领域。

2. 激光选区烧结技术

激光选区烧结（Selective Laser Sintering，SLS）技术使用的是尼龙、金属等粉末状材料，通过烧结将粉末变成紧密结合的整体，如图 5-2 所示。该技术主要应用于航空航天领域的工程塑料零部件、汽车家电等领域的铸造用砂芯以及医用手术导板与骨科植入物。

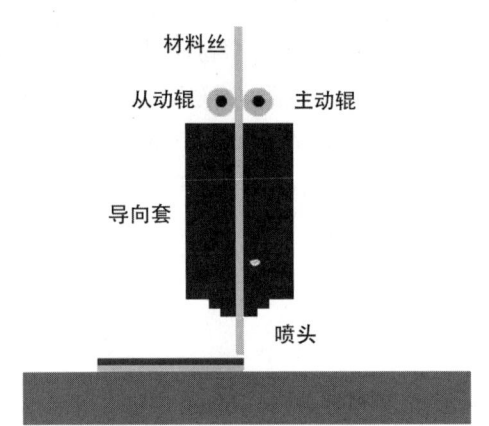

图 5-1　FDM 技术示意

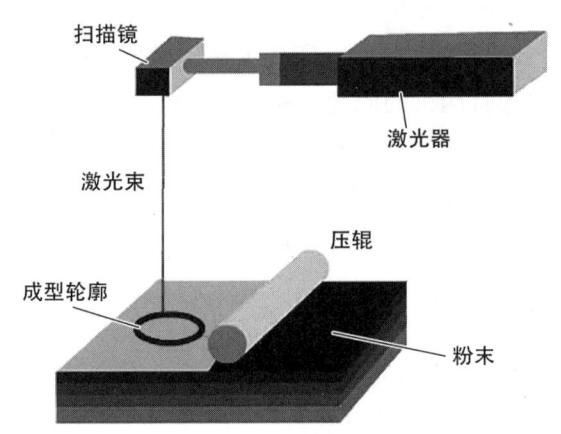

图 5-2　SLS 技术示意

3. 激光选区熔化技术

激光选区熔化（Selective Laser Melting，SLM）技术与 SLS 技术相似，但 SLM 技术成型件在力学性能和精度上更胜一筹。它使用的材料为钛合金、钴铬合金等，利用高能激光束将金属粉末熔化，形成多用途三维零件，如图 5-3 所示。该技术主要应用于复杂小型金属精密零件、金属牙冠、医用植入物等方面。

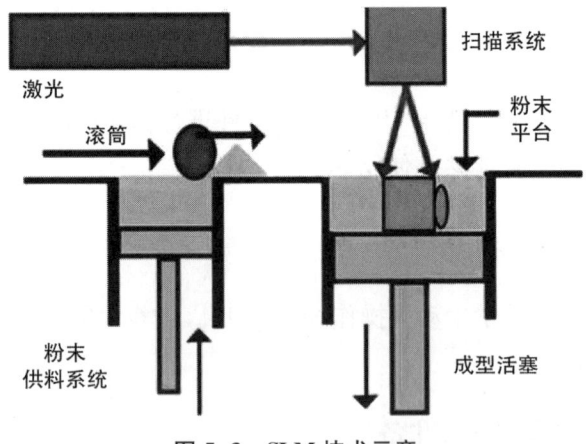

图 5-3　SLM 技术示意

4. 光固化成型技术

目前，光固化成型技术有 DLP（Digital Light Processing，数字光处理打印）技术、SLA（Stereo Lithography Appearance，立体平版印刷打印）技术、LCD（Liquid Crystal Display，选择性区域透光原理打印）技术三种，使用的材料是光敏树脂。该技术主要应用于工业产品设计开发、创新创意产品生产、医疗、精密铸造用蜡模等方面。

（1）DLP 技术使用高分辨率的投影仪固化液态的光敏聚合物，逐层进行光固化，如图 5-4 所示。

（2）SLA 技术用特定波长与强度的激光聚焦到光固化材料表面，使之按由点到线、由线到面的顺序凝固，完成一个层面的绘图作业；升降台在垂直方向移动一个层面的高度，再固化另一个层面，这样层层叠加构成一个三维实体，如图 5-5 所示。

（3）LCD 技术使光源透过聚光镜并分布均匀，利用 LCD 液晶屏成像原理，由计算机程序提供图像信号，在 LCD 液晶屏上出现选择性的透明区域，对产品的每一层进行固化，如图 5-6 所示。

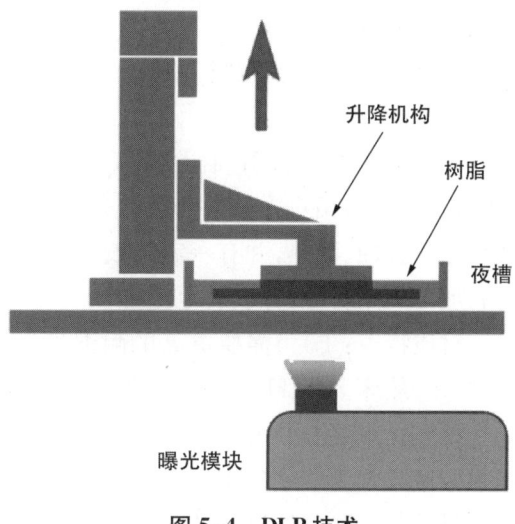

图 5-4　DLP 技术

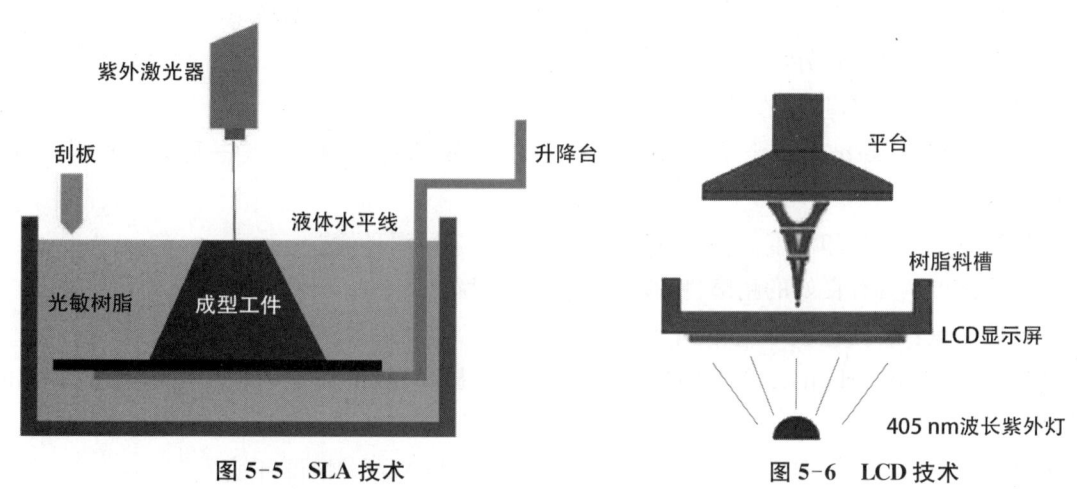

图 5-5　SLA 技术　　　　　　图 5-6　LCD 技术

二、3D 打印常用材料

1. PLA 材质

PLA 是一种新型的生物基可再生生物降解材料，由可再生的植物资源（如谷类皮壳、稻草、麦秆）所提取出的淀粉原料制成。淀粉原料经糖化得到葡萄糖，再由葡萄糖及一定的菌种发酵制成高纯度的乳酸，再通过化学合成方法合成一定分子量的聚乳酸。其具有良好的生物可降解性，使用后能被自然界中的微生物在特定条件下完全降解，最终生成二氧化碳和水，不会对环境造成污染。

材质特点：①聚合物容易打印，能提供良好的外观；②打印温度 190～220℃；③无热床。

材质优点：①可降解生物材料，无臭；②可用砂纸进行后处理，可上丙烯颜料；③具有良好的抗紫外线能力。

材质缺点：易受潮，脆。

2. ABS 材质

ABS 材质是一种石油衍生物，是丙烯腈(A)、丁二烯(B)、苯乙烯(S)三种单体的三元共聚物，三种单体相对含量可任意变化制成各种树脂。ABS 兼有三种组元的共同性能，A 使其耐化学腐蚀、耐热，并有一定的表面硬度；B 使其具有高弹性和韧性；S 使其具有热塑性塑料的加工成型特性，并改善电性能。

材质特点：①当需要更高的耐温性和韧性时，通常采用 ABS 打印；②打印温度 220~260℃；③热床 80~110℃；④恒温环境。

材质优点：①可用丙酮蒸气抛光处理；②可用砂纸进行后处理；③可上丙烯颜料；④可用丙酮做成强力胶水使用；⑤具有良好的耐磨性。

材质缺点：①对紫外线敏感；②在打印期间会散发出非常强烈的气味，有毒。

3. 其他材质

（1）尼龙：具有良好的机械性能，抗冲击性较高，层间不易黏合。

材质特点：①打印温度 230~260℃；②热床 80~110℃；③恒温环境。

材质优点：具有良好的耐化学性。

材质缺点：易受潮，潜在的高烟气排放。

（2）TPU(Thermoplastic Polyurethane，热塑性聚氨酯弹性体)：是一种柔性材料，抗冲击性非常好。

材质特点：①打印温度 210~230℃；②无热床；③恒温环境。

材质优点：具有良好的耐磨性、良好的抗油脂性能。

材质缺点：后处理较难，层间不易黏合。

（3）PC(Polycarbonate，聚碳酸酯)：作为能代替 ABS 的材料，耐热度和抗压性都非常好。

材质特点：①打印温度 230~260℃；②热床 80~110℃；③恒温环境。

材质优点：易于后处理，可消毒。

材质缺点：对紫外线敏感。

（4）PET(Polyethylene Terephthalate，聚对苯二甲酸乙二醇酯)：是一种较软的聚合物，具有很好的圆润性。

材质特点：①打印温度 230~250℃；②无热床。

材质优点：①不易受潮，不易腐蚀，可回收；②具有良好的耐磨性，可用砂纸进行后处理。

三、切片

切片是指将一个实体分成厚度相等的很多层。切片是 3D 打印的基础，分好的层将是 3D 打印进行的路径。

3D 打印并不能 100% 还原一个 3D 实体，表面由于分层，用放大镜会看到如图 5-7(b) 所示的台阶效果。

(a) 放大前　　　　　　　　(b) 放大后

图 5-7　切片特性

1. 层片厚度

层片厚度一定要比喷嘴的直径小，其会影响模型打印时间与打印层数。层片厚度越大，打印出来的每一层越厚，模型表面精度越低，打印时间越短；层片厚度越小，模型打印的层数越多，耗时越久，打印出的模型表面的质量也就越好，切记要依据模型的大小合理设置层片厚度。层片厚度下拉列表如图 5-8 所示，可根据情况设置相应的厚度。

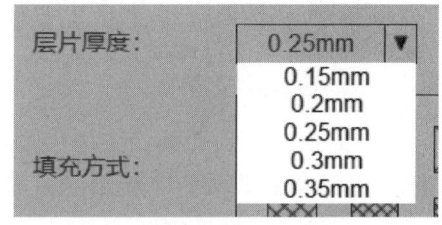

图 5-8　"层片厚度"下拉列表

2. 填充率

填充率是 3D 打印特有的参数，是传统的机加工和铸造都无法做到的，3D 打印的模型可以通过调整填充率得到想要的填充密度，从而在保证体积的同时，减轻重量。填充率过低，会影响封顶。填充形状一般为网格状，如果有抗压的需求可以考虑圆形填充。图 5-9 所示为"填充方式"选项区，几种填充方式按钮说明如下。

图 5-9　"填充方式"选项区

: shell。

: surface。

: 13%。

: 15%。

: 20%。

: 65%。

■：80%。

■：99%。

抽壳打印是填充方式中一个比较特殊的设置。它是将一个实体内部抽空,以环形的方式只打印模型的外壳。模型要求必须是全封闭的,不能有填充与支撑。因此,一些有悬空结构或整体结构过于复杂的模型不能采用抽壳打印。采用抽壳的方式适用于打印花瓶、杯子等模型。

3. 底座

图 5-10 所示的复选框不勾选,则代表有底座;勾选,则无底座。底座主要有以下三个作用。

(1) 辅助打印,保证打印质量

当打印玻璃板因外力作用有损坏时,可以有效地辅助打印,保证打印质量。

图 5-10 底座

(2) 防翘边

底面积过大的平板状结构模型,因底面与底板接触面积过大,容易出现模型收缩翘边的情况,所以在切片这类模型的时候一定要加防翘边底座。

(3) 增加模型稳定性

结构类似于细长的柱形模型,因为底面和底板的接触面积过小,非常容易造成打印过程中脱离底板的情况,给它加上普通底座,就可以有效地增大模型与底板的接触面积,保证模型打印的成功率。

4. 支撑

支撑是成功生产 3D 打印部件的最重要部分之一。支撑有助于确保零件在 3D 打印过程中的可打印性。支撑可以防止零件变形,将零件固定到打印床上,并确保零件连接到打印零件的主体。

"支撑"选项区参数如图 5-11 所示,含义如下。

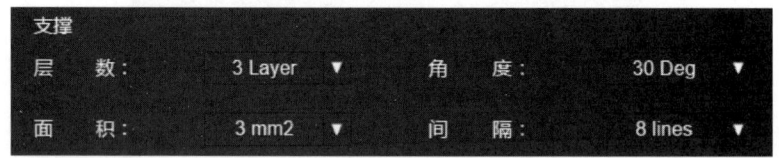

图 5-11 "支撑"选项区参数设置

(1) 层数:支撑层数是指支撑结构在垂直方向上的层数。
(2) 角度:悬垂角度是指悬挂物体与垂直线之间的夹角。
(3) 面积:支撑最小面积是指支撑结构的最小面积要求。
(4) 间隔:支撑间隙是模型与支撑之间的距离。

当打印件有悬空或桥接结构时,如果不使用支撑,打印过程中会造成零件变形,甚至导致零件坍塌,而支撑可以防止打印过程中已成形部分倒塌,大大提升打印成功率。然而,并不是所有的悬挂结构都需要额外的支撑。因为,当悬挂结构的垂直角度小于45°时,悬挂结构不需要支撑。当这种结构的垂直角度小于45°时,3D打印机在相邻层上的水平偏移很小,使得上层叠加在一个偏移很小的层上,那么每一层都可以为下一个级别提供支撑。因此,45°角是一个临界角,任何小于45°的角度都不需要支撑。当然,这也需要根据打印机的性能和材料的性质确定。如果打印机的性能不好,也可能需要小于45°角的支撑。

四、模型摆放原则

模型的不同放置方式跟耗材用量和时间是有关系的。合理地放置模型,不仅可以节约时间和材料,还可以提高模型的打印质量。图5-12所示为错误模型摆放方式,图5-13所示为正确模型摆放方式。模型摆放原则有以下三点。

(1) 模型体积大的一端尽量朝下,避免头重脚轻。

(2) 选择平面作为底面,与平台接触的底面,面积尽可能大。

(3) 尽量避免放置模型有过多悬空部分。

图5-12 模型摆放错误方式

图5-13 模型摆放正确方式

五、3D打印流程

3D打印流程一般包括产品的前处理、打印、后处理三个阶段,如图5-14所示。

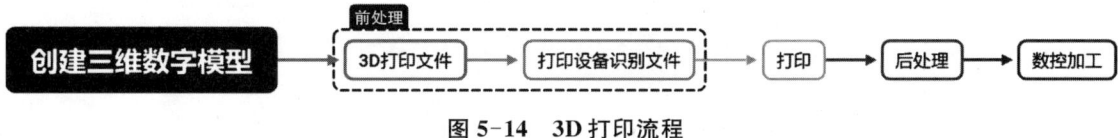

图5-14 3D打印流程

1. 前处理

首先,需要将创建的三维数字模型转换文件格式(目前比较通用的3D打印文件格式为STL格式);之后,将STL格式的文件用相应的切片软件进行打印方向、添加支撑、打印比例、填充率等参数的设置,最后保存为3D打印设备可以识别的文件。

2. 打印

由3D打印设备进行打印,现在比较常见的为FDM型3D打印机,通过打印机的逐层打印、分层堆积,完成零部件的制造。

3. 后处理

打印结束后,需要对其进行后处理,后处理一般包括如下几个步骤。

(1) 拾取模型:将模型从打印机平台上取下,一般用的工具有漆刀、平铲等。

(2) 处理支撑:如果在打印模型时采用了边缘型或基座型的方式与平台粘连,或者打印的模型有支撑,就需要对其进行清除。在去除模型的支撑时,若选用工具不当,则支撑物会有残留,并且有可能损坏模型。因此,在去除支撑时一定要小心,避免损坏模型而前功尽弃。去除支撑常用的工具有斜口钳、尖嘴钳等。

(3) 表面处理:FDM型3D打印机打印的模型会有纹理,在对模型表面质量要求较高的情况下,需要对模型表面进行进一步的处理,可以采用机械方法,也可以采用化学方法。

① 机械方法:可用锉刀打磨模型表面,更方便的打磨工具是电动砂轮。若要求的表面精度比较高,则可考虑在数控机床上进行铣削加工。

② 化学方法:丙酮可溶解ABS和PLA材料,因此,使用适量的丙酮可溶解模型表面的细小瑕疵,使用时一定要注意丙酮的用量,过度使用会导致模型尺寸变化较大。

六、UP Studio 软件的应用

1. 软件界面介绍

UP Studio 集模型显示、模型编辑、模型生成、模型获取、模型打印于一体,软件界面如图5-15所示。

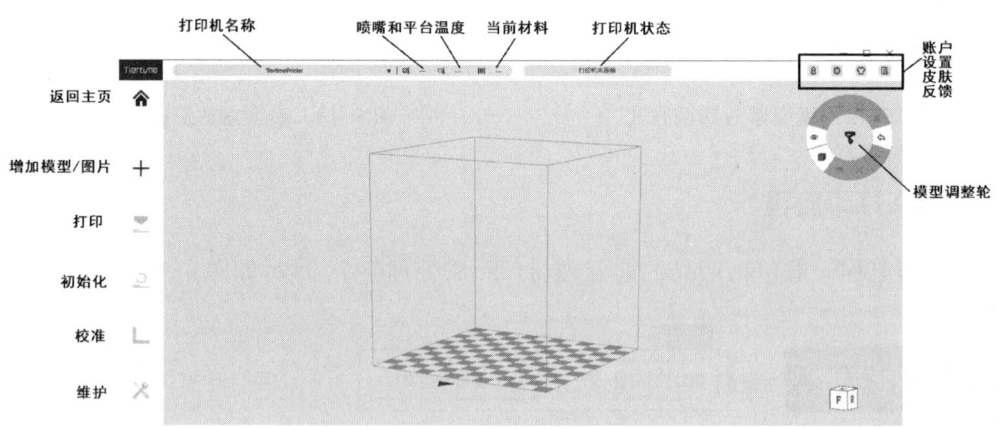

图5-15 UP Studio 界面功能介绍

2. 软件使用方法

(1) 载入模型

如图5-16所示,选择菜单→添加→添加模型,在文件夹中选择模型。模型显示在基板

后,用模型调整轮(图5-17)调整模型的位置、大小、方向。

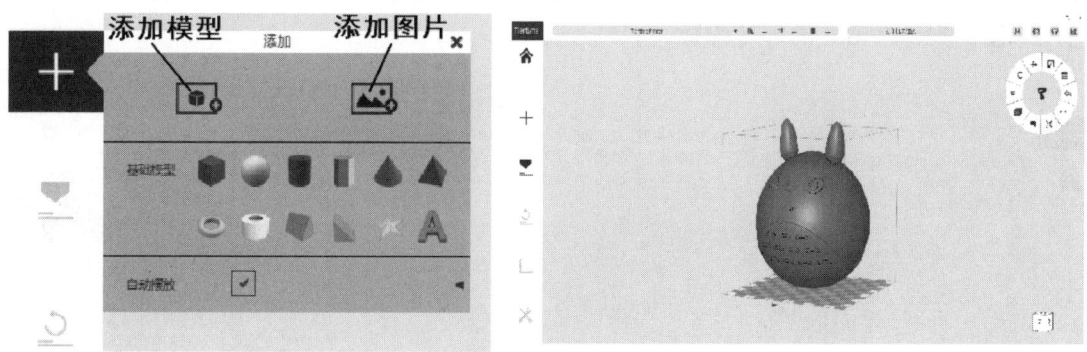

图5-16 添加模型

(2) 缩放模型

如图5-18所示,选择模型调整轮上的"缩放"按钮,可以调整模型的大小。最外圈是缩放比例,单击后可以按模型当前大小进行等比例缩放。

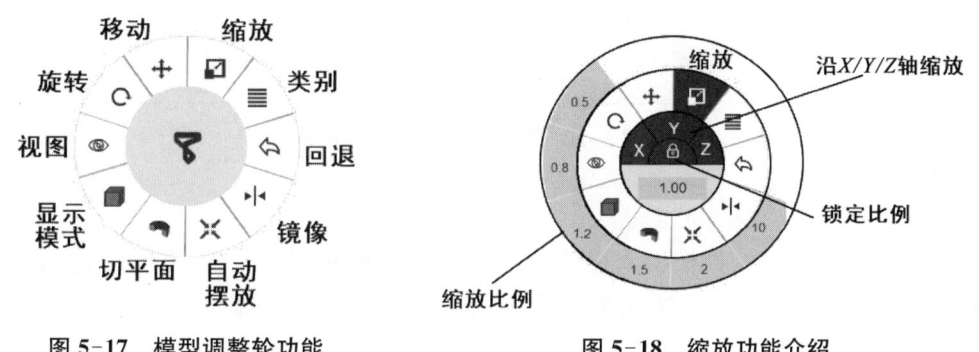

图5-17 模型调整轮功能　　　　图5-18 缩放功能介绍

单击中间按键可以解除锁定比例,再选择一个方向进行单方向的缩放,如图5-19所示为Z轴方向缩放0.5倍。

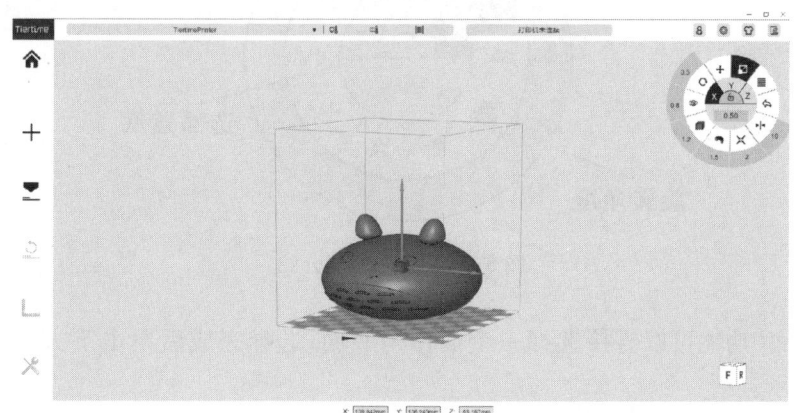

图5-19　Z轴方向缩放0.5倍

除了直接在模型调整轮上选择缩放倍数外,软件界面的下方还显示了当前模型的尺寸,可以直接修改其中的数值进行等比缩放或单方向缩放。图 5-20 所示是将模型 Z 轴方向尺寸设置为 100 mm 的等比缩放。

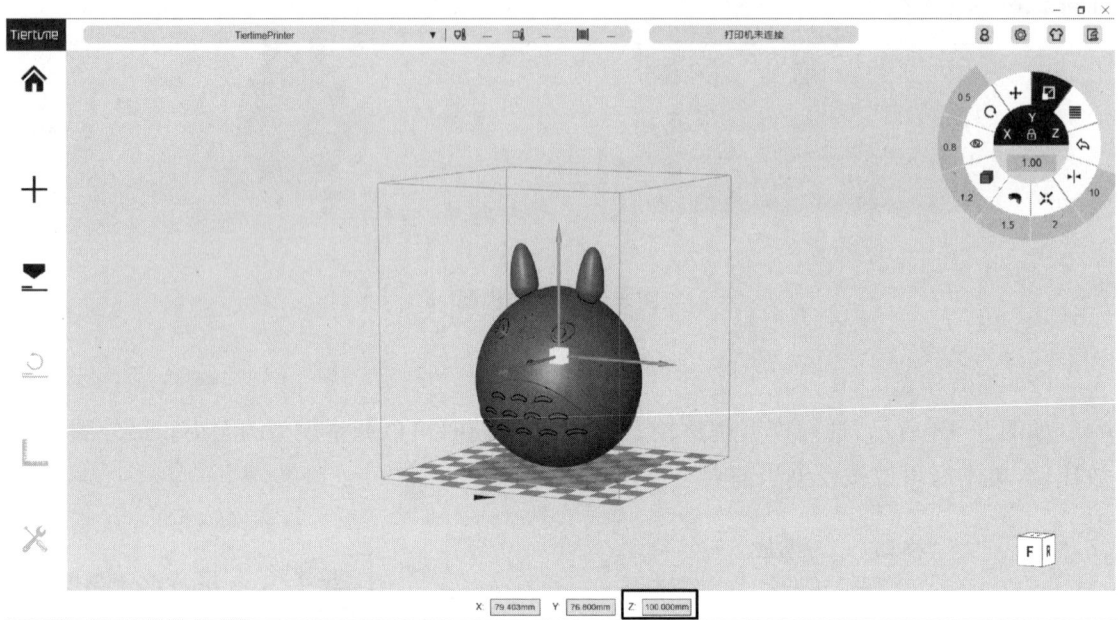

图 5-20　Z 轴方向缩放至 100 mm

（3）旋转模型

如图 5-21 所示,选择模型调整轮上的"旋转"按钮,可以调整模型的方向。最外圈的是旋转角度,先选择一个轴,再选择角度可以按模型当前位置进行旋转。

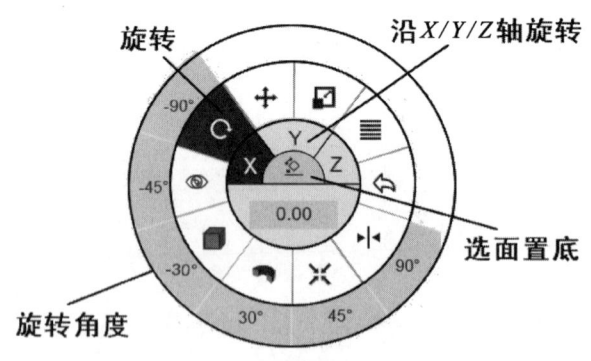

图 5-21　旋转功能介绍

"选面置底"功能可以直接选择一个面作为底面,选择完成后单击下方的"确认"按钮,如图 5-22 所示。

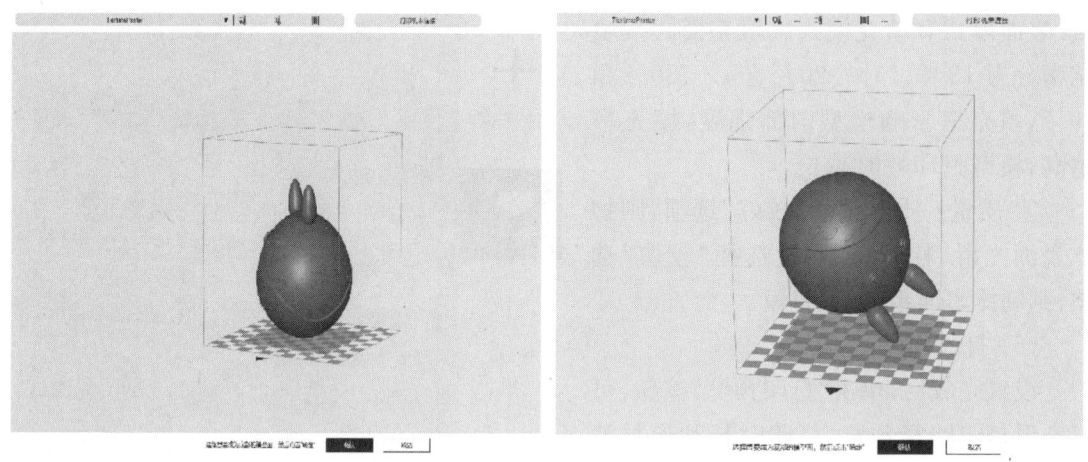

图 5-22 选面置底功能介绍

（4）模型属性

在完成模型的大小、方向调整后，鼠标右键单击软件界面选择"属性"选项，可以检查模型大小，如图 5-23 所示。

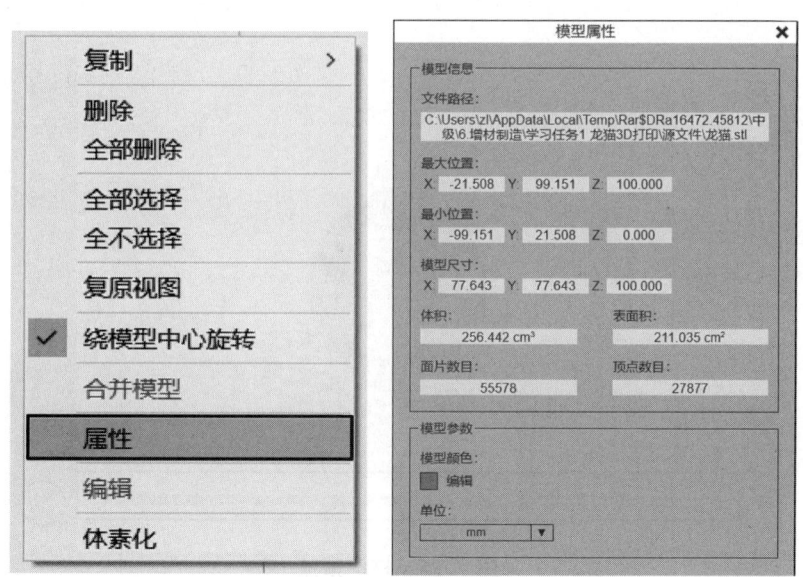

图 5-23 模型属性

（5）设置切片参数

如图 5-24 所示，选择菜单→打印，设置切片参数。

① 层片厚度：层片厚度有 0.15 mm、0.2 mm、0.25 mm、0.3 mm 和 0.35 mm 五种，层片厚度越小，打印物体的表面越光滑，但耗时会越长。

② 填充方式：填充方式分为外壳模式、表面模式和填充模式。填充模式按填充率分为13%、15%、20%、65%、80%和99%，填充率影响模型内部强度，填充率越高，模型打印耗时越长。

③ 质量：质量选择"较好"选项，则物体表面光滑，耗时长；质量选择"较快"选项，则物体表面粗糙，耗时短。

（6）打印模型

设置完成后，单击"打印预览"按钮，可以查看打印路径预览、打印时长和丝材消耗情况，如图5-25所示。打印路径预览功能可以移动下方的进度条，设定在特定层暂停打印，查看该层的打印情况，如图5-26所示。确认无误后可单击"打印"按钮。

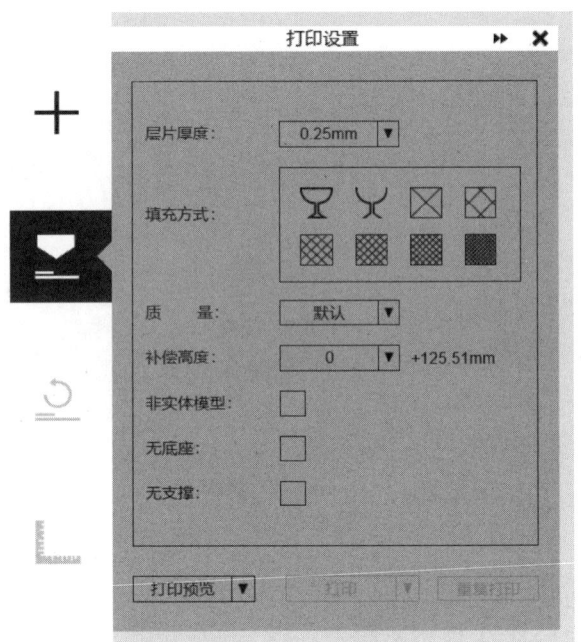

图 5-24 打印设置

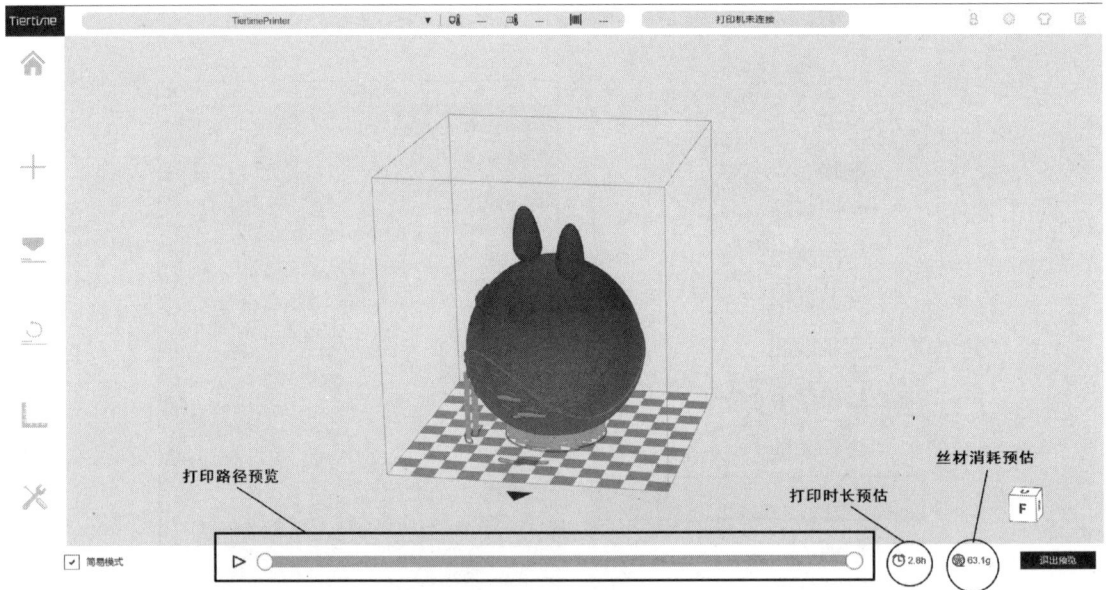

图 5-25 打印预览

七、3D打印机的使用

1. 打印机初始化

打印机每次打开时都需要初始化。在初始化期间，打印头和打印平台缓慢移动，并会触碰 X、Y、Z 轴的限位开关。这一步很重要，因为打印机需要找到每个轴的起点。只有在初始化之后，软件的其他选项才会亮起，供选择使用。

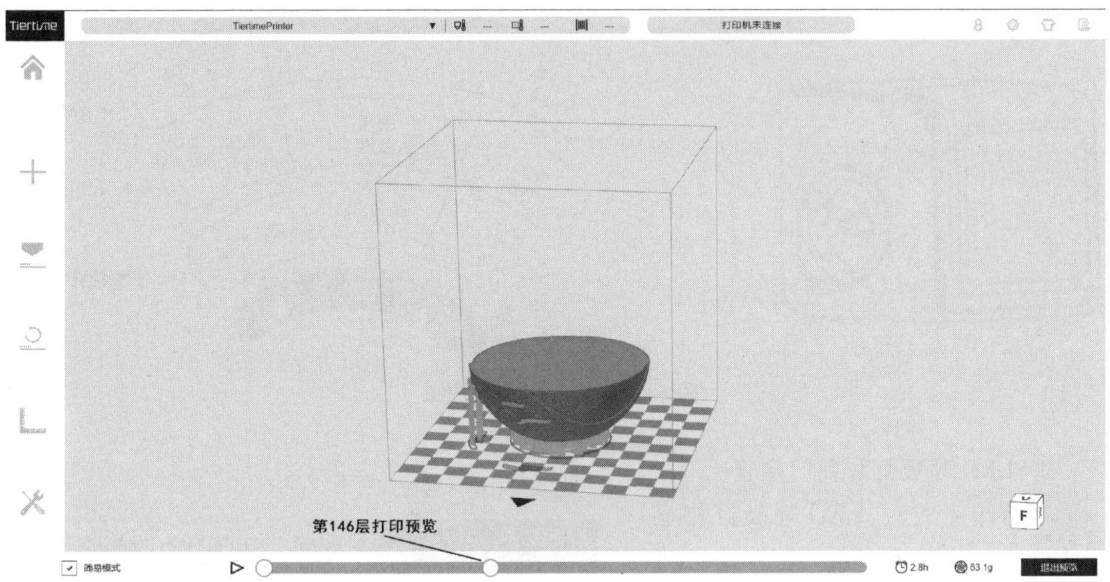

图 5-26　打印路径预览

（1）打印机初始化的两种方式

① 通过单击菜单中的"初始化"选项，可以对打印机进行初始化。

② 如图 5-27 所示，当打印机空闲时，长按打印机上的初始化按钮可触发初始化。

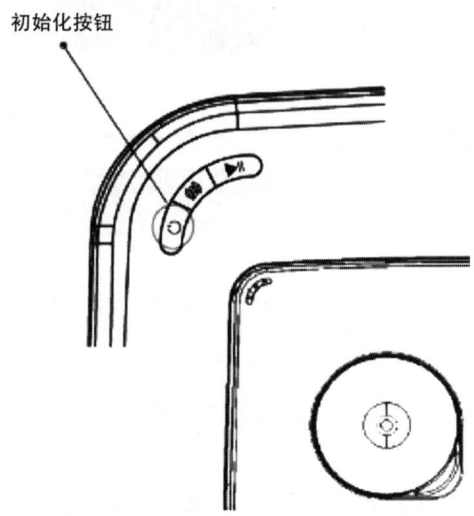

图 5-27　打印机初始化按钮

（2）初始化按钮的其他功能。

① 停止当前的打印工作：在打印期间，长按该按钮。

② 重新打印上一项工作：双击该按钮。

打印机控制按钮如图 5-28 所示。

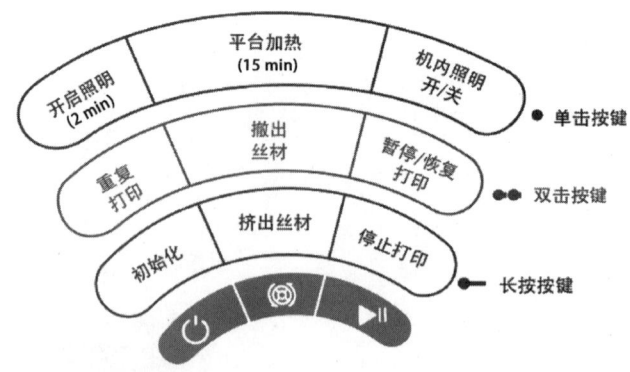

图 5-28　打印机控制按钮

2. LED 呼吸灯和前门检查

当打印完成时，LED 呼吸灯将显示为红色。在这种情况下，打印机将不会响应任何命令。这是为了预防误操作，导致打印头撞击打印物体。

为恢复至正常状况，必须在完成打印之后打开前门。

LED 呼吸灯介绍如图 5-29 所示。

八、打印机的维护

1. 清洁打印头

在 3D 打印过程中，耗材中的部分元素、灰尘颗粒都可能在打印头周围聚积。随着时间的推移，这些聚积物将导致打印质量问题，如丝材积瘤等，每次打印前需要观察打印头是否堵塞。

图 5-29　LED 呼吸灯介绍

清洁打印头时，一般用镊子剔除喷头周围杂质即可。若喷头堵塞，则需要取下打印头清理，其步骤如下。

（1）将打印机底板降到最低，并选择材料装卸中的装载，等待加热到设定值蜂鸣器响。用手略微施加压力挤出丝来。

（2）如有 0.3 mm 麻花钻头或是 0.3 mm 直径的针，可以在打印头温度达到时疏通打印头。

2. 张紧皮带

在使用过程中，如果发现皮带弯曲下垂或者两侧扁平，则是皮带疏松了。皮带疏松的现象包括掉步、反弹、产生回差，或者打印不到物体内、外壳的表面。

3. 光轴和丝杆维护

在使用过程中,X、Y 两个轴都是依靠精密导轨和 Z 轴丝杆来确保平稳精密的直线运动。加润滑油后,能减少摩擦力,减少机械运动部件的磨损,因此必须定期保养。经常使用需每月保养 1 次,不常使用则半年保养 1 次。

维护方法:将润滑油均匀地涂覆在丝杆或导轨上,开动设备,对各轴全行程走动数次,使润滑油均匀分布在各轴表面。

学习任务 1
轻量化齿轮 3D 打印

任务导入

要打印 3D 作品,就要学会使用相关的软件,本任务通过如图 5-30 所示轻量化齿轮的 3D 打印过程来学习 3D 打印软件 UP Studio 的使用方法,使学生能独立完成 3D 打印作业。

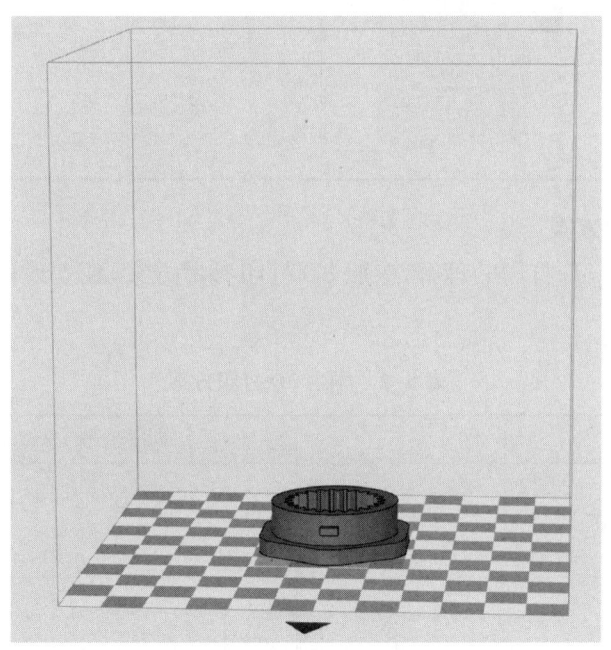

图 5-30 轻量化齿轮模型

任务流程

1. 3D 打印方案

3D 打印的参考方案见表 5-1。

表 5-1 3D 打印参考方案

序号	步骤	图示	序号	步骤	图示
1	载入模型		4	打印	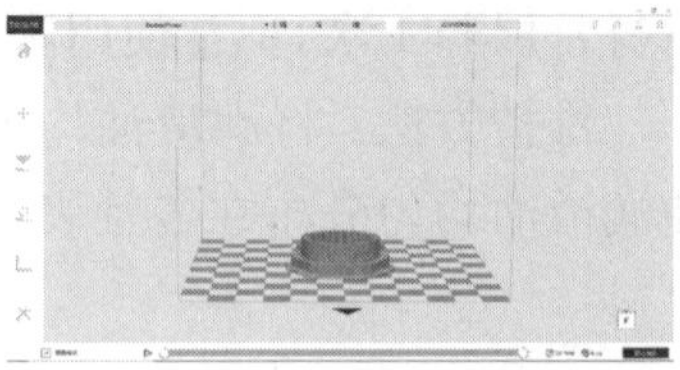
2	调整模型		5	后处理	
3	打印设置	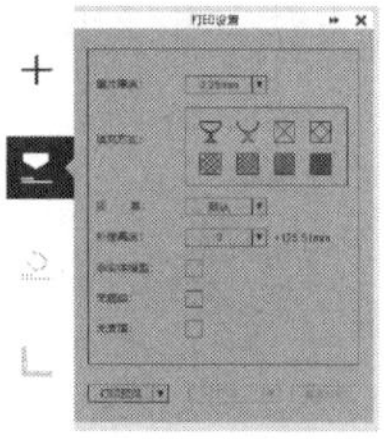			

2. 学生 3D 打印方案

学生根据自己对 3D 打印的理解,参照 3D 打印参考方案,独立设计 3D 打印方案,并填写表 5-2。

表 5-2 学生 3D 打印方案

序号	步骤	图示	序号	步骤	图示
1			4		
2			5		
3					
考评结论					

任务实施

一、预习效果检查

1. 判断题

（1）3D打印技术可以打印部分陶瓷。 （ ）

（2）传统方式无法加工的奇异结构，3D打印技术也无法加工。 （ ）

2. 填空题

（1）SLA对应的中文专业术语为＿＿＿＿＿＿。

（2）FDM系统主要由三个部分组成：硬件系统、软件系统和＿＿＿＿。

3. 选择题

（1）SLA使用的原材料是（　　）。

  A. 光敏树脂　　B. 粉末材料　　C. 高分子材料　　D. 金属材料

（2）3D打印技术是基于哪一种成型思想？（　　）

  A. 受迫成型　　B. 去除成型　　C. 生长成型　　D. 离散/堆积成型

二、3D打印结构分析

1. 参考图样分析

打印图5-30的模型。先将STL格式文件导入UP Studio软件，再调整模型位置和打印设置，后进行打印。

2. 学生图样分析

参考以上提示，独立完成轻量化齿轮3D打印流程分析，并填写表5-3。

表5-3　轻量化齿轮3D打印流程分析

序号	项目	分析结果
1	轻量化齿轮3D打印流程分析	
2	教师评价	

三、3D打印实施过程

1. 载入模型

如图5-31所示，选择菜单→添加→添加模型，在文件夹中选择模型，单击"打开"按钮，添加模型，如图5-32所示。

2. 调整模型

如图5-33、图5-34所示，在模型调整轮中调整模型方向、大小。

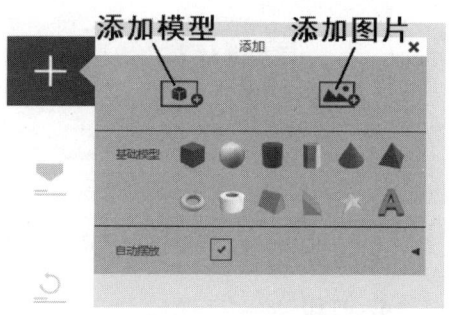

图5-31　添加模型

3. 打印设置

如图 5-35 所示，选择菜单→打印，层片厚度选择 0.25 mm，填充方式选择 15%，质量选择默认，补偿高度选择 0 mm。

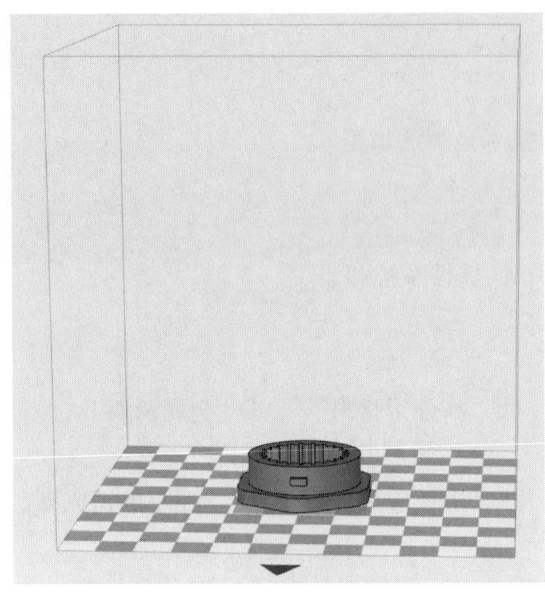

图 5-32 载入轻量化齿轮模型

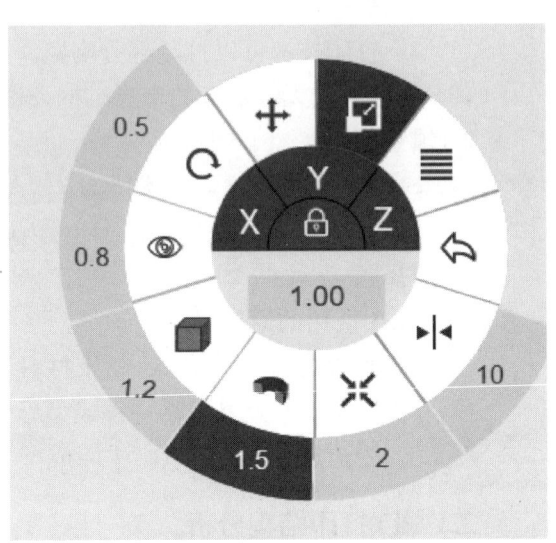

图 5-33 模型缩放调整

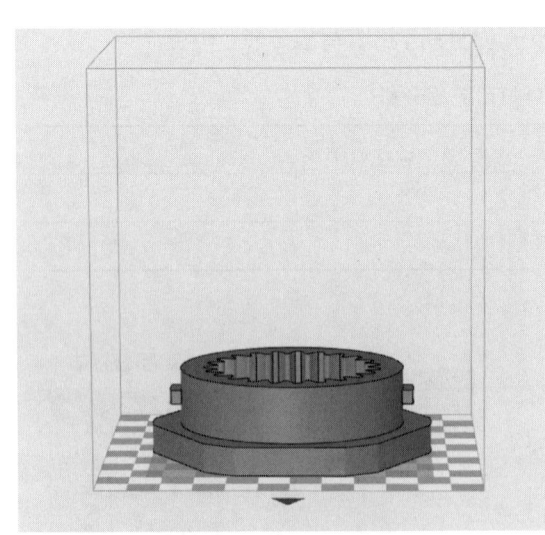

图 5-34 调整模型示意

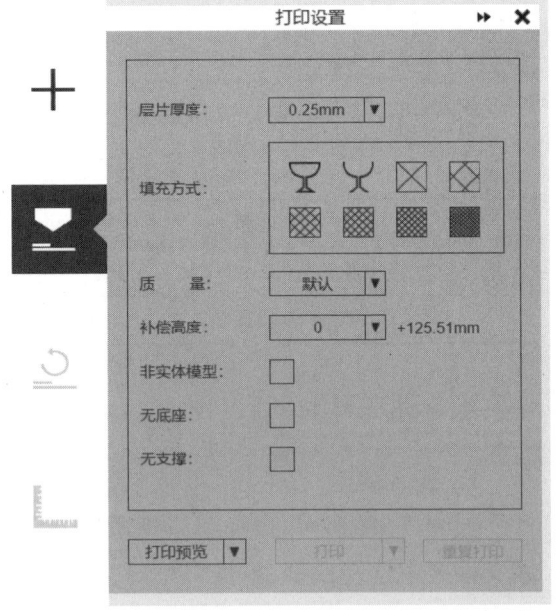

图 5-35 打印设置

4. 打印

设置完成后，选择打印预览（图 5-36），检查打印路径、打印时长和丝材消耗情况，无误后开始打印。

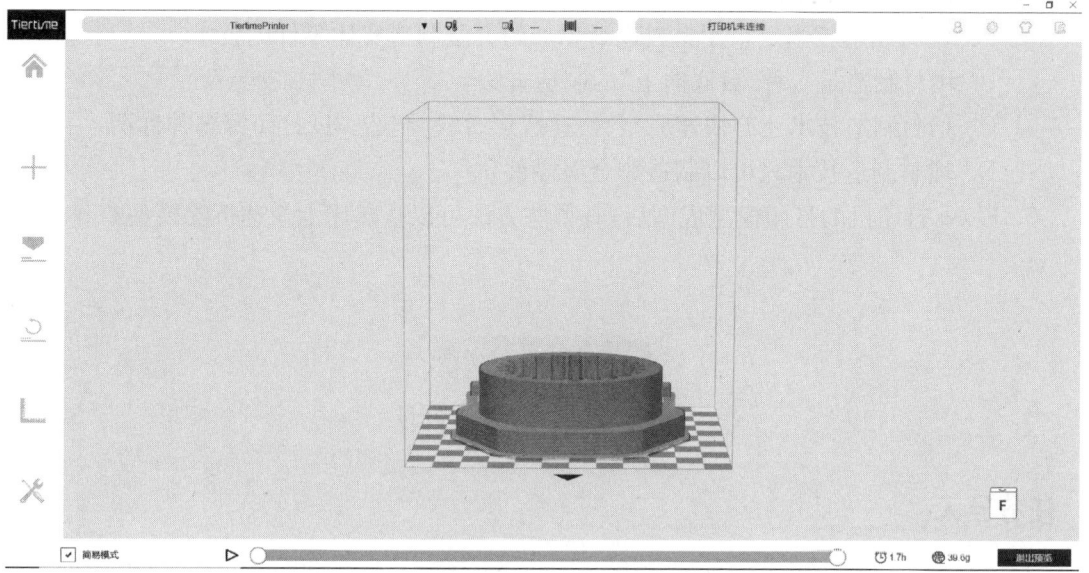

图 5-36　打印预览

5. 后处理

打印完成后,用平铲将模型取下,再用尖嘴钳等工具将支撑和底座去除,用锉刀将表面锉光滑。

任务评价

班级:		姓名:	学号:	成绩:
序号	评价内容	评价标准	评价结果(优/良/合格/不合格)	
1	基础知识的应用	能掌握相关命令的使用方法		
2	UP Studio 的应用	能熟练使用 UP Studio 软件		
3	安全文明	无安全隐患,无违章操作		

拓展训练

1. 下列哪种产品仅使用 3D 打印技术无法制作完成?（　　）
   A. 首饰　　　　B. 手机　　　　C. 服装　　　　D. 义齿
2. FDM 设备制件容易使底部产生翘曲形变的原因是（　　）。
   A. 设备没有成型空间的温度保护系统　　B. 打印速度过快
   C. 分层厚度不合理　　　　　　　　　　D. 底板没有加热
3. 下列不属于快速成型技术特点的是（　　）。
   A. 加工复杂零件　　　　　　　　　　　B. 周期短,成本低

C. 实现一体化制造　　　　　　　　　D. 限于塑料材料

4. 下列对增材制造概述错误的是(　　)。

　A. 增材制造技术是采用材料逐渐累加的方法制造实体零件的技术

　B. 增材制造是一种"自底向上"的制造方法

　C. 增材制造技术还有快速原型、快速成形、快速制造、3D 打印等多种称谓

　D. 增材制造技术只可以制造非金属零件

5. FDM 打印机的打印模型成型后,有哪些方法可以从热床上快速拆除模型?

学习任务 2

支架零件 3D 打印

任务导入

要打印 3D 作品,就要学会使用相关的软件,本任务通过图 5-37 所示支架零件的 3D 打印过程来学习 3D 打印软件 UP Studio 的使用方法,使学生能独立完成 3D 打印作业。

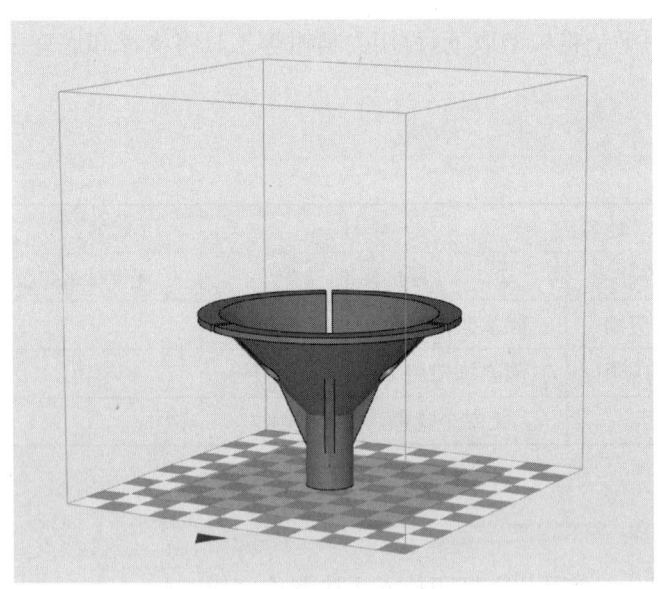

图 5-37　支架零件模型

任务流程

1. 3D 打印方案

3D 打印的参考方案见表 5-4。

表 5-4　3D 打印参考方案

序号	步骤	图示	序号	步骤	图示
1	载入模型	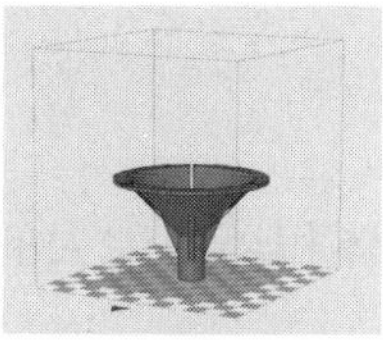	4	打印	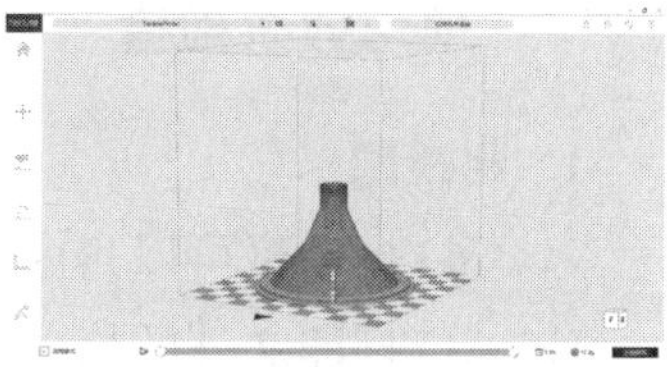
2	调整模型	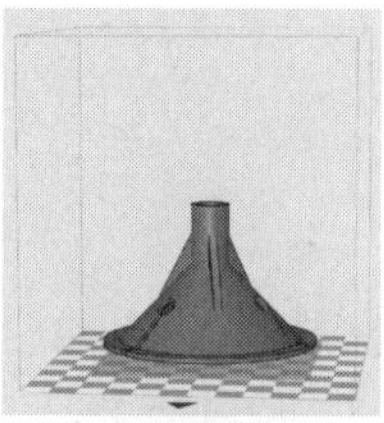	5	后处理	
3	打印设置	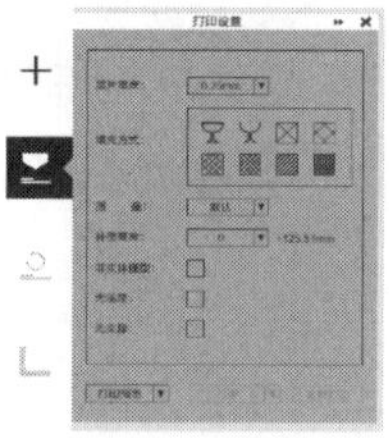			

2. 学生 3D 打印方案

学生根据自己对 3D 打印的理解,参照 3D 打印参考方案,独立设计 3D 打印方案,并填写表 5-5。

表 5-5　学生 3D 打印方案

序号	步骤	图示	序号	步骤	图示
1			4		
2			5		
3					
考评结论					

任务实施

一、预习效果检查

1. 判断题

（1）3D打印机可以自由移动,并制造出比自身体积还要庞大的物品。　　　　　（　）

（2）3D打印文件的格式是STL。　　　　　（　）

2. 填空题

（1）3D打印最早出现的是_____技术。

（2）LOM技术最早应用于_____领域。

3. 选择题

（1）FDM系统主要由三个部分组成：硬件系统、软件系统和(　　)。

　　A. 操作系统　　　B. 人机交互界面　　C. 测试系统　　　D. 供料系统

（2）SLA技术对应的中文专业术语为(　　)。

　　A. 光固化成型技术　　　　　　B. 叠层实体制造成型

　　C. 激光选区烧结技术　　　　　D. 熔融沉积技术

二、3D打印结构分析

1. 参考图样分析

打印如图5-38所示模型,先将STL文件导入UP Studio软件,再调整模型位置和打印设置,最后进行打印。

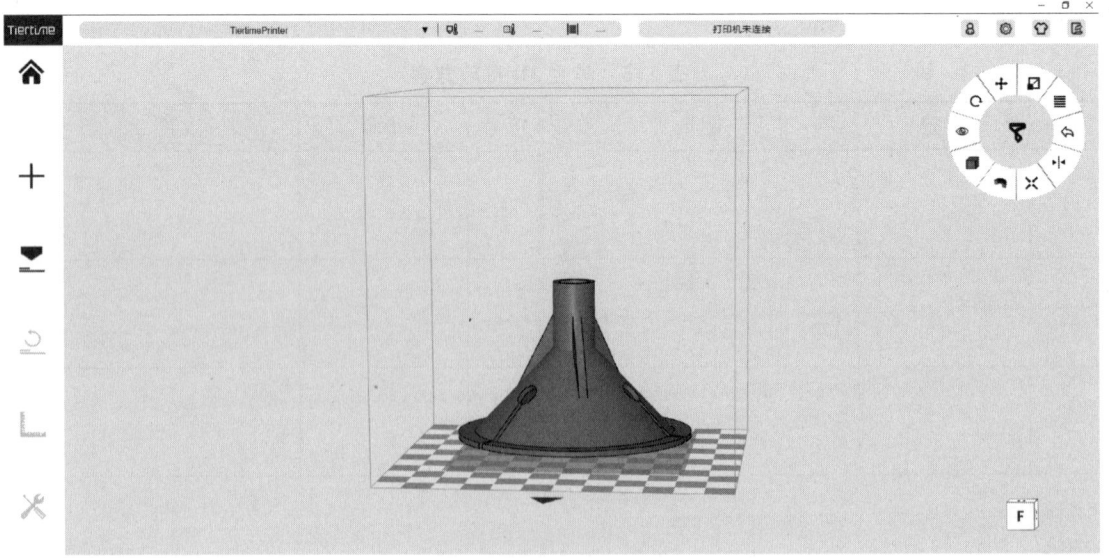

图5-38　支架零件模型

2. 学生图样分析

参考以上提示，独立完成支架零件 3D 打印流程分析，并填写表 5-6。

表 5-6 支架零件 3D 打印流程分析

序号	项目	分析结果
1	支架零件 3D 打印流程分析	
2	教师评价	

三、3D 打印实施过程

1. 载入模型

如图 5-39 所示，选择菜单→添加→添加模型，在文件夹中选择模型，单击"打开"按钮，添加模型，如图 5-40 所示。

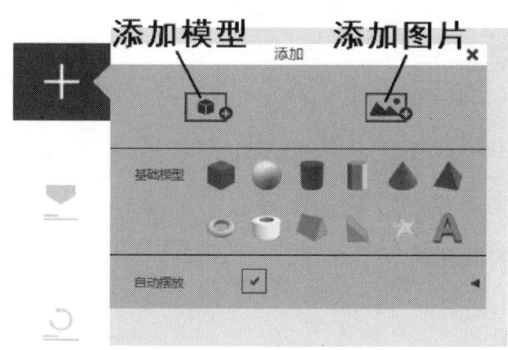

图 5-39 添加模型

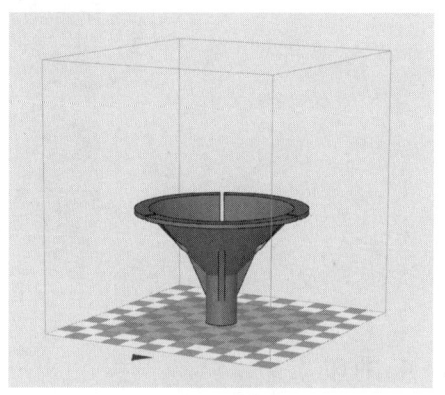

图 5-40 载入支架零件模型

2. 调整模型

在模型调整轮中调整模型大小，如图 5-41、图 5-42 所示。

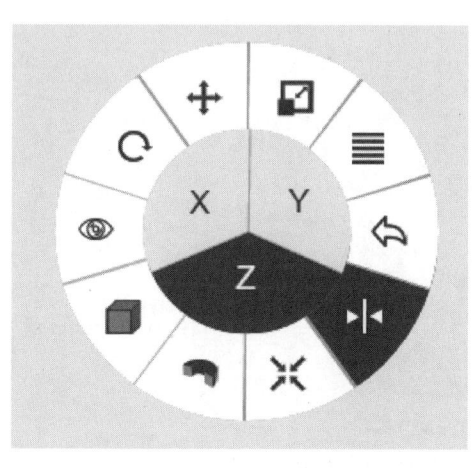

图 5-41 模型缩放调整

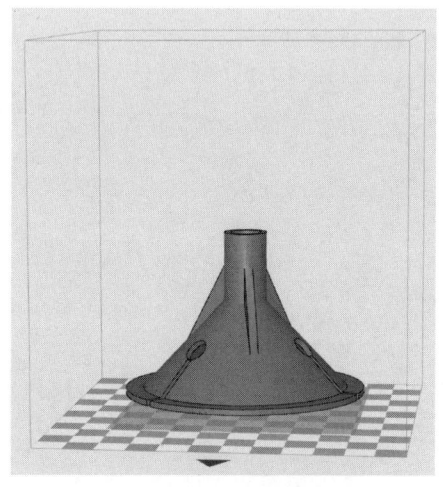

图 5-42 调整支架零件模型示意

3. 打印设置

如图 5-43 所示，选择菜单→打印，层片厚度选择 0.25 mm，填充方式选择 15%，质量选择默认，补偿高度选择 0 mm。

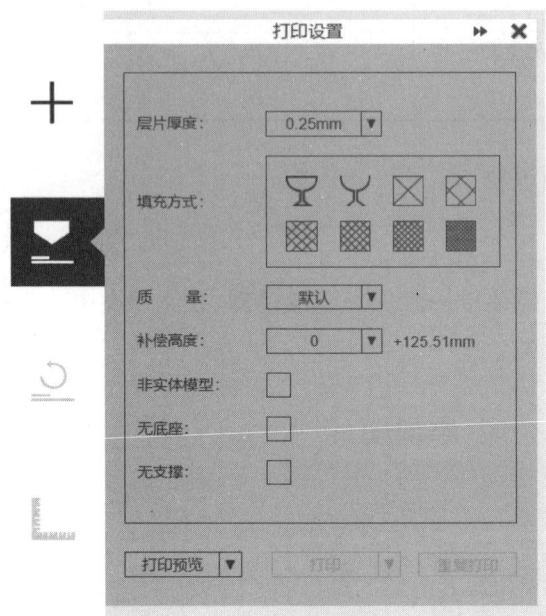

图 5-43　打印设置

4. 打印

设置完成后，选择打印预览（图 5-44），检查打印路径、打印时长和丝材消耗情况，无误后开始打印。

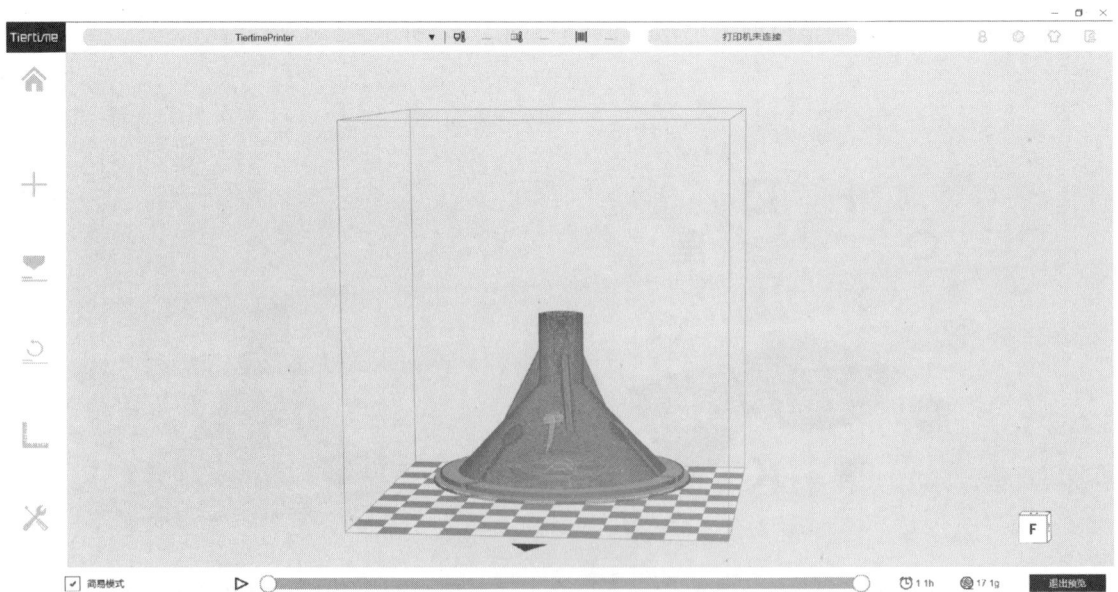

图 5-44　打印预览

5. 后处理

打印完成后，用平铲将模型取下，再用尖嘴钳等工具将支撑和底座去除，用锉刀将表面锉光滑。

任务评价

班级：		姓名：	学号：	成绩：
序号	评价内容	评价标准	评价结果（优/良/合格/不合格）	
1	基础知识的应用	能掌握相关命令的使用方法		
2	UP Studio 的应用	能熟练使用 UP Studio 软件		
3	安全文明	无安全隐患，无违章操作		

拓展训练

1. 3D 打印技术不仅可以打印（　　）一类的高强度材料，还可以打印陶瓷和玻璃，甚至可以打印混凝土制品、食品和生物细胞。

  A. 钛合金   B. 铝合金

  C. 镁合金   D. 铜合金

2. 3D 打印的工业机械模型可降低（　　），赢得竞争时间。

  A. 能耗   B. 成本

  C. 速率   D. 精度

3. 不属于快速成型技术特点的是（　　）。

  A. 可加工复杂零件   B. 周期短，成本低

  C. 实现一体化制造   D. 限于塑料材料

4. 以下哪个选项对应的打印时间最短？（　　）

  A. 填充密度 20%   B. 填充密度 1%

  C. 填充密度 30%   D. 填充密度 100%

5. 简要阐述 DLP 打印机的工作原理。

附录一 机械数字化设计与制造职业技能等级证书

考核题库样例（初级理论）

（2022.01 版）

北京机械工业自动化研究所有限公司

2022 年 4 月

初 级 理 论

本题库样例与《机械数字化设计与制造技术职业技能等级证书考核大纲》中"初级理论知识考核内容"对应,试卷共有 30 道题目,由考试系统从题库中按以下要求抽取。

题号	模块	内容	分值	考查方式
1	职业素养	职业知识	3.0	《机械工程师职业道德规范》内容
2	职业素养	职业知识	2.0	职业道德的基本规范
3	职业素养	职业知识	2.0	职业纪律性的特征描述
4	职业素养	职业知识	3.0	综合素养的定义
5	数字样机	零件建模	3.0	识图——根据给出的图纸选择正确的投影视图
6	数字样机	零件建模	3.0	根据图纸/模型分析主体形体、截面轮廓
7	数字样机	零件建模	3.0	根据图纸/模型分析建模规划、顺序
8	数字样机	零件建模	4.0	草图——草图环境中的创建方式判断
9	数字样机	零件建模	3.0	草图——草图环境中的创建工具作用判断
10	数字样机	零件建模	3.0	草图——草图环境中的约束工具作用判断
11	数字样机	零件建模	4.0	建模——常用工具通用性操作判断(仅文字描述)
12	数字样机	零件建模	3.0	建模——常用工具类型判断
13	数字样机	零件建模	4.0	材质/外观工具通用性操作判断
14	数字样机	部件装配	2.0	识图——根据产品装配图选择正确的产品图
15	数字样机	部件装配	2.0	判断产品装配图纸中所使用的工具描述
16	数字样机	部件装配	3.0	判断产品装配约束中所使用的工具描述
17	数字样机	部件装配	3.0	判断产品零部件运动关系所使用的工具描述
18	数字样机	表达视图	2.0	产品爆炸图视图
19	数字样机	表达视图	3.0	表达视图中调整零件相对位置方式
20	数字样机	自顶向下	5.0	自顶向下的概念与应用场合概述
21	设计表达	效果图	5.0	效果图输出操作定义概述
22	设计表达	工程图	3.0	制图常识概述判断

（续表）

题号	模块	内容	分值	考查方式
23	设计表达	工程图	3.0	投影视图概述判断
24	设计表达	工程图	3.0	零件视图的表达工具选择
25	设计表达	工程图	3.0	部件视图的表达工具选择
26	设计表达	工程图	3.0	工程图的标注方式概述
27	数字制造	增材制造	5.0	增材制造技术基本概念
28	数字制造	增材制造	5.0	增材制造技术工艺分类及基本原理，选择与图示原理相同的3D打印工艺
29	数字制造	增材制造	5.0	切片参数设置判断
30	数字制造	增材制造	5.0	支撑的作用，判断模型是否需要支撑

机械数字化设计与制造职业技能考试题库样例（初级理论）

1 作为一名机械工程师，必须遵守《机械工程师职业道德规范》。以下与职业道德规范描述不符合的一项是（　　）。
  A. 不损害公众利益，尤其是不损害公众的环境、福利、健康和安全
  B. 重视自身职业的重要性，工作中寻求与可持续发展原则相适应的解决方案和办法。正式规劝组织或用户终止影响和可能影响公众健康和安全的情况发生
  C. 反对公平竞争或者金钱至上的行为
  D. 不得以担保为理由提供或接受秘密酬金

模块	职业素养
分值	3.0

2 以下不属于职业道德基本规范的是（　　）。
  A. 认真学习　　　　　B. 诚实守信
  C. 廉洁奉公　　　　　D. 爱岗敬业

模块	职业素养
分值	2.0

3 以下不符合职业道德基本规范的是（　　）。
  A. 品行纪律，即职工廉洁奉公、不爱护财产、不厉行节约、不关心集体
  B. 品行纪律，即职工廉洁奉公、爱护财产、厉行节约、关心集体
  C. 岗位纪律，即职工完成劳动任务、履行岗位职责、遵守操作规程、遵守职业道德
  D. 安全卫生纪律，即职工劳动安全卫生，环境保护

模块	职业素养
分值	2.0

4 以下不属于劳动者综合素养的是（　　）。
  A. 工作职务　　　　　B. 学识能力
  C. 思想品德　　　　　D. 心理素质

模块	职业素养
分值	3.0

5 三维模型如下图所示，该模型对应的俯视图为（　　）。

模块	数字样机
分值	3.0

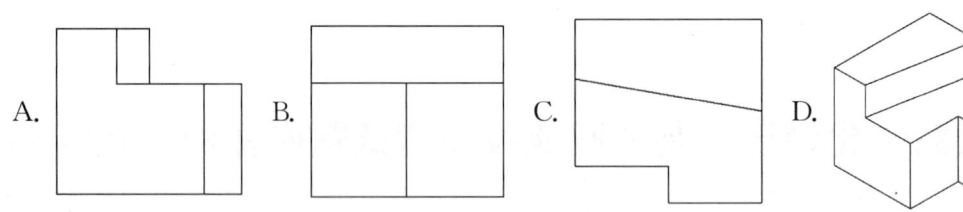

6 零件及剖面如下图所示,对应的剖视图为（　　）。

模块	数字样机
分值	3.0

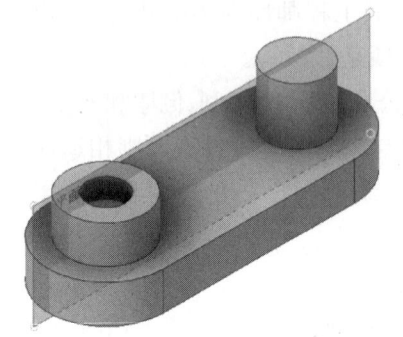

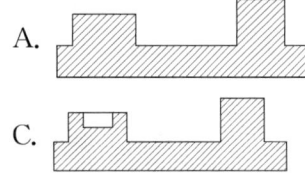
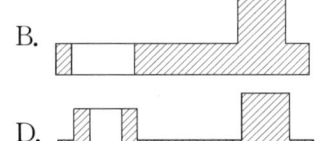

7 模型如下图所示,以下哪个顺序可创建该模型？（　　）

模块	数字样机
分值	3.0

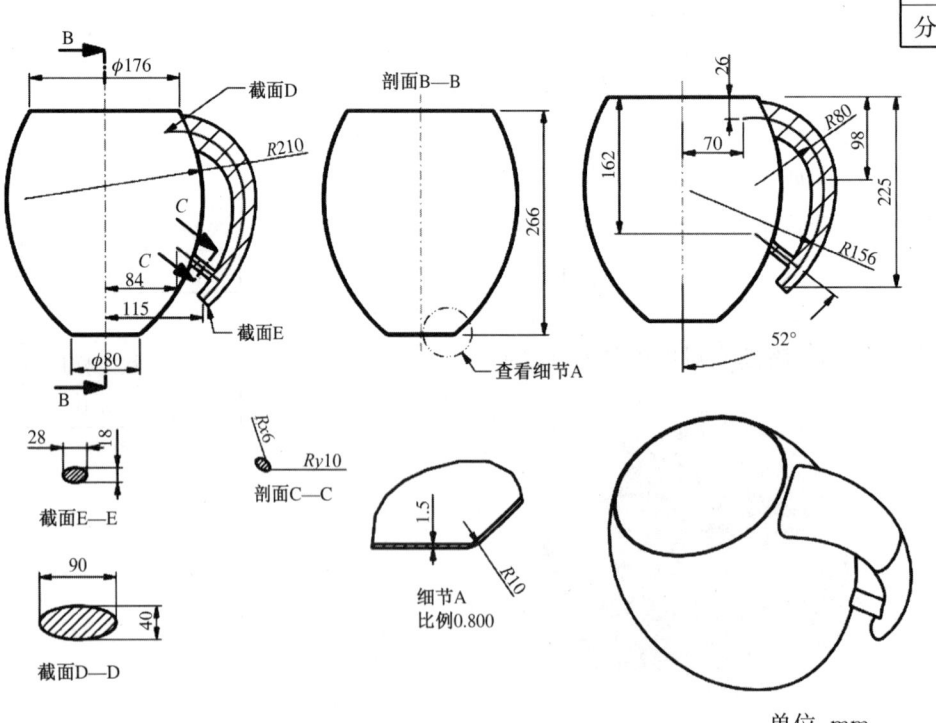

单位：mm

A. 旋转—拉伸—圆角—抽壳

B. 旋转—拉伸—抽壳—圆角

C. 拉伸—旋转—抽壳—圆角

D. 旋转—沿引导线扫描—变截面扫掠—抽壳

8 以下哪一个草图可拉伸为实体？（　　）

模块	数字样机
分值	4.0

A.　　　　　　　　　　B.

C.　　　　　　　　　　D.

9 使用下列哪种工具可实现下图所示的从二维轮廓到三维模型的转化？（　　）

模块	数字样机
分值	3.0

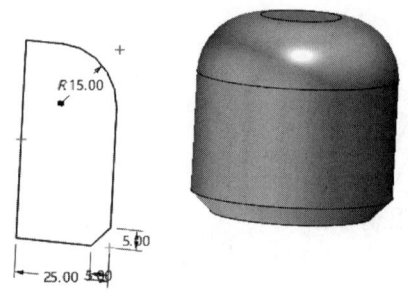

单位：mm

A. 旋转　　　　　　　　B. 扫掠

C. 拉伸　　　　　　　　D. 直纹

10 下图中的几何图元应用了（　　）草图约束。

模块	数字样机
分值	3.0

A. 重合　　　　　　　　B. 平行
C. 对称　　　　　　　　D. 垂直

11 以下关于常用工具描述错误的是(　　)。

模块	数字样机
分值	4.0

A. 拉伸：通过为截面轮廓添加深度，创建特征或实体。封闭的截面轮廓可创建实体或曲面

B. 旋转：通过绕轴旋转一个或多个草图截面轮廓来创建特征或实体

C. 管道：通过沿截面扫掠方形横截面创建实体，可以选择外径和内径

D. 扫掠：沿选定路径扫掠一个或多个草图截面轮廓或者一个实体工具体可以创建特征或实体

12 以下何种工具最适合创建如图所示的零件？(　　)

模块	数字样机
分值	3.0

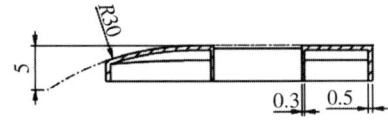
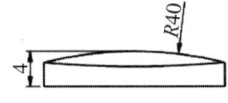

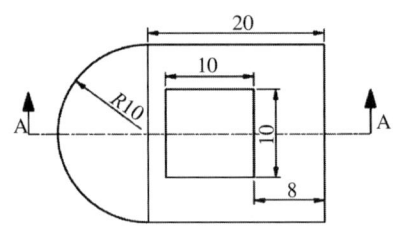
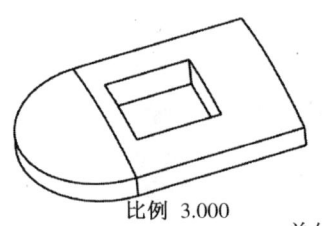

A. 拉伸　　　　　　　　B. 管道
C. 旋转　　　　　　　　D. 扫掠

13 以下哪一个模型的显示方式为"带边着色"？(　　)

模块	数字样机
分值	4.0

A. 　　　　B.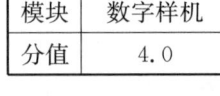

C. 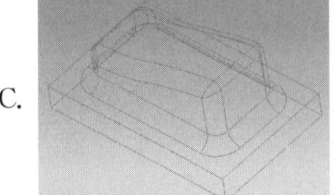　　　　D.

14 下图所示装配图对应以下哪一个产品模型？（   ）

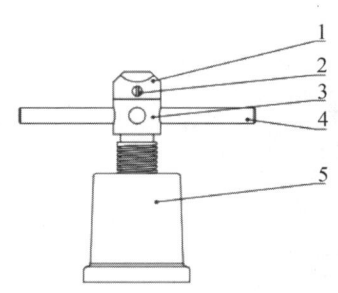

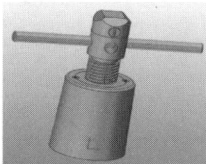
A.

B.

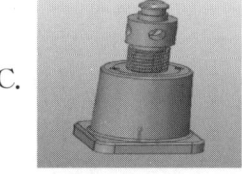
C.

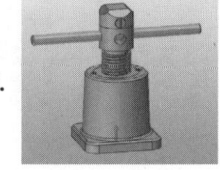
D.

模块	数字样机
分值	2.0

15 以下关于工具描述错误的是（   ）。

A. 绝对原点：是指执行定位的组件与装配环境坐标系位置保持一致

B. 选择原点：系统将通过指定原点定位的方式确定组件在装配中的位置

C. 移动组件：将组件加到装配中后相对于指定的基点移动，并且将其定位

D. 组件定位：下拉列表中包含 3 种定位操作

模块	数字样机
分值	2.0

16 下图应用了哪种装配约束以确定零件间的位置关系？（   ）

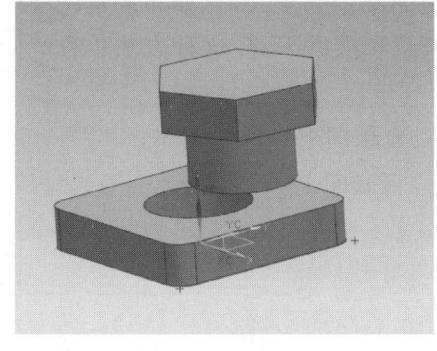

A. 中心 　　　　　　　　B. 接触对齐
C. 角度 　　　　　　　　D. 距离

模块	数字样机
分值	3.0

17 下图应用了哪种装配约束以确定零件间的位置关系？（　　）

  A. 同心   B. 配合   C. 接触对齐   D. 平行

18 以下哪一项是产品爆炸图？（　　）

  A. 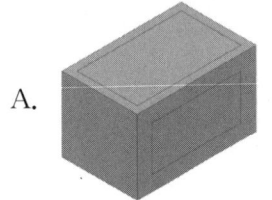   B.

  C. 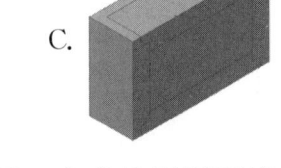   D.

19 在表达视图环境中，以下哪个工具可用于零件相对位置调整？（　　）

  A. 新建故事板   B. 调整零部件位置

  C. 新建快照视图   D. 捕获照相机

20 零件的一个或多个特征由装配体中的某项来定义，比如布局草图或一个零件的几何体。设计意图来自顶层并下移，这种方法也称为（　　）。

  A. 自内而外   B. 自顶向下

  C. 自外而内   D. 自底向上

21 调整渲染的像素有什么影响？（　　）

  A. 渲染时间减少，渲染质量更差。

  B. 渲染时间增加，渲染质量更差。

  C. 渲染时间减少，渲染质量更好。

  D. 渲染时间增加，渲染质量更好。

22 进入工程图环境后,可通过以下哪个工具创建第一个视图?（   ）

模块	设计表达
分值	3.0

A. 投影视图　　　　　　B. 基本视图

C. 斜视图　　　　　　　D. 局部视图

23 以下哪一项说法对应"投影视图"工具?（   ）

模块	设计表达
分值	3.0

A. 在新工程图中创建第一个视图。

B. 创建垂直于父视图中的边或线的投影视图。

C. 显示定义的平面处的模型切面的内部细节。

D. 可用于创建左视图和俯视图。

24 下图所示视图 A 由以下哪种工具创建?（   ）

模块	设计表达
分值	3.0

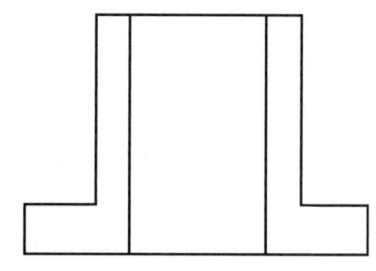
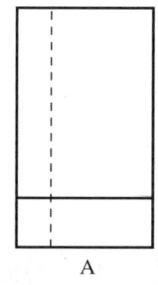

A. 基本视图　　　　　　B. 投影视图

C. 剖视　　　　　　　　D. 斜视图

25 以下哪个视角对应正等轴测图?（   ）

模块	设计表达
分值	3.0

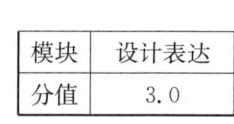

26 以下哪一项说法是对下图所示"中心线"工具的概述?（   ）

模块	设计表达
分值	3.0

A. 为选定的圆弧或圆创建中心标记。

B. 为选定的边创建中心线。

C. 为特征阵列创建环形中心线。

D. 创建对分两条边的中心线。

27 下列对增材制造概述错误的是(   )。

模块	数字制造
分值	5.0

A. 增材制造是指不同的能量源与 CAD/CAM 技术结合、分层累加材料的技术体系

B. 增材制造是以材料累加为基本特征,以直接制造零件为目标的大范畴技术群

C. 增材制造技术基于离散—堆积原理

D. 增材制造技术增加零件制造工艺环节

28 下图所示工艺原理图是哪种增材制造技术？（　　）

模块	数字制造
分值	5.0

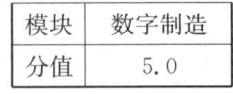

A. 熔融沉积成型（FDM）　　B. 光固化成型（SLA）

C. 选择性激光烧结（SLS）　　D. 叠层实体制造法（LOM）

29 其他参数设置相同，"层片厚度"设置以下哪个选项时，对应的打印时间最短？（　　）

模块	数字制造
分值	5.0

A. 0.25 mm　　　　　B. 0.35 mm

C. 0.20 mm　　　　　D. 0.15 mm

30 以下哪个模型在打印时不需要添加支撑？（　　）

模块	数字制造
分值	5.0

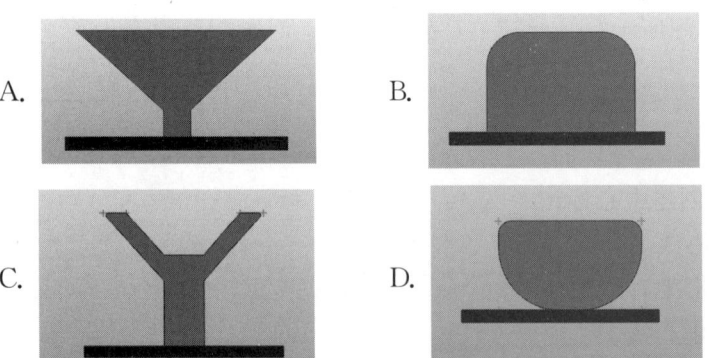

附录二 机械数字化设计与制造职业技能等级证书

考核题库样例（初级操作）

（2023.02 版）

北京机械工业自动化研究所有限公司
2023 年 2 月

初 级 操 作

本题库样例与《机械数字化设计与制造技术职业技能等级证书考核大纲》中"初级技能操作考核内容"对应,试卷共有33道题目,由考试系统从题库中按以下要求抽取。

题号	模块	内容	分值	考查方式
1	模型建立	零件建模	2.0	草图——绘制二维草图并测量指定区域的周长(单个几何图元)
2	模型建立	零件建模	2.0	草图——绘制二维草图并测量指定区域的面积(单个几何图元),与第1题采用相同图形
3	模型建立	零件建模	2.0	草图——绘制二维草图并测量指定区域的周长(多个几何图元)
4	模型建立	零件建模	2.0	草图——绘制二维草图并测量指定区域的面积(多个几何图元)与第3题采用相同图形
5	模型建立	零件建模	2.0	草图——通过已完成的案例选择草图约束工具
6	模型建立	零件建模	2.0	草图——通过已完成的案例选择草图编辑工具
7	模型建立	零件建模	2.0	特征——通过已完成的通用性案例选择特征创建工具
8	模型建立	零件建模	4.0	特征——简单零件建模并测量质量(3步内)
9	模型建立	零件建模	3.0	综合——普通零件建模并测量指定面面积,与第8题采用相同图形
10	模型建立	零件建模	2.0	特征——通过已完成的特殊性案例选择特征创建工具
11	模型建立	零件建模	6.0	综合——普通零件建模并测量质量、测量指定面面积(3~10步)
12	模型建立	零件建模	8.0	综合——普通零件建模(5~10步)
13	模型建立	部件装配	2.0	根据部件特点判断在部件环境中装入的零部件并设置约束
14	模型建立	部件装配	2.0	部件环境常用工具通用性操作判断(仅文字描述)
15	模型建立	部件装配	4.0	通过装配图使用提供的模型完成产品部件装配并测量重心(3~5个零件,考虑装配误差,本题只要求接近值,选项之间的差异较大)
16	模型建立	表达视图	2.0	表达视图通用性操作判断(仅文字描述)
17	模型建立	表达视图	3.0	表达视图通用性操作判断(通过实际案例)
18	模型建立	自顶向下	3.0	多实体技术的通用性操作判断(仅文字描述)

（续表）

题号	模块	内容	分值	考查方式
19	模型建立	自顶向下	4.0	通过装配关系及提供部分尺寸的零件图,使用自顶向下技术(多实体)创建零件并测量质量
20	设计表达	效果图	2.0	通过案例及文字描述判断效果图输出方式与操作方法
21	设计表达	效果图	3.0	根据给出的参照图片制作产品效果图
22	设计表达	工程图	2.0	通过给出的图纸,判断工程图模板设置,包括标题栏、明细栏、图纸大小、尺寸样式等
23	设计表达	工程图	3.0	通过案例判断工程图视图常用创建工具,包括投影视图、剖视图、局部剖视图、局部视图等
24	设计表达	工程图	3.0	通过案例判断工程图标注工具,包括中心线、尺寸等
25	设计表达	工程图	3.0	通过案例判断工程图工艺标注,包括表面粗糙度、几何公差等
26	设计表达	工程图	4.0	通过案例判断序号标注和排序方式,包括装配图、爆炸图零部件序号
27	设计表达	工程图	7.0	根据给出的参照图片制作产品工程图,工程图可为零件图、爆炸图、装配图、六视图当中的一种
28	制造准备	增材制造	3.0	通过案例判断模型导入切片软件后的处理操作方法(第28~31题共用同一案例)
29	制造准备	增材制造	3.0	选择恰当的打印方向;可以针对单一模型打印,亦可针对多个模型同时打印(第28~31题共用同一案例)
30	制造准备	增材制造	3.0	根据给定条件计算合理的模型放大倍数(第28~31题共用同一案例)
31	制造准备	增材制造	3.0	判断给定案例中的支撑方式,或根据指定的需求选择支撑方式(第28~31题共用同一案例)
32	制造准备	增材制造	2.0	打印机打印通用性操作判断(仅文字描述)
33	制造准备	增材制造	2.0	打印机通用性维护操作判断(仅文字描述)

机械数字化设计与制造职业技能考试题库样例(初级操作)

1 绘制如下图所示草图轮廓,该草图轮廓周长为(　　)。(单位:mm)(保存草图,后面答题要用)

模块	模型建立
分值	2.0

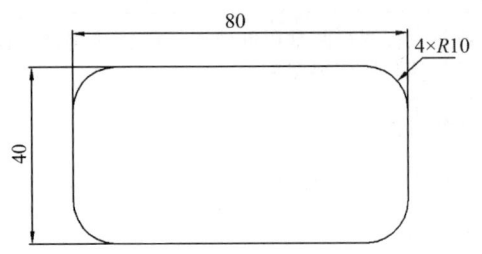

A. 222.832　　B. 223.741　　C. 222.921　　D. 223.831

2 下图所示为与第1题相同的草图轮廓。该草图轮廓所围成的区域的最接近面积为(　　)。(单位:mm²)

模块	模型建立
分值	2.0

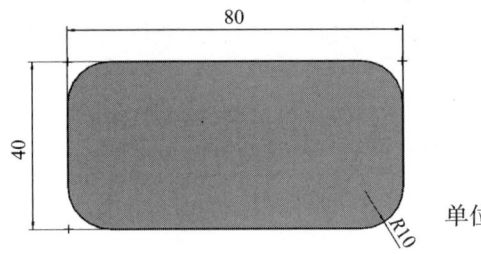

A. 3 200　　B. 3 114　　C. 3 100　　D. 3 150

3 绘制如下图所示的草图轮廓。该草图轮廓周长为(　　)。(单位:mm)(草图保存,后面答题要用)

模块	模型建立
分值	2.0

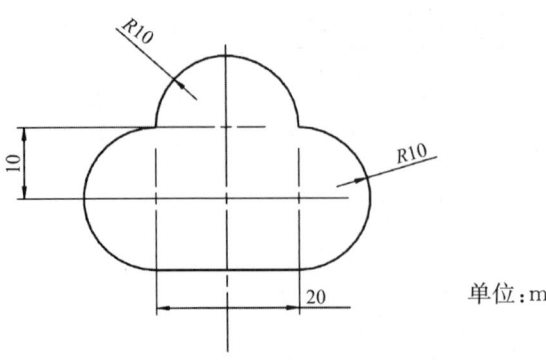

A. 115.238　　B. 113.458　　C. 114.468　　D. 114.248

4 根据第 2 题的草图,将草图拉伸 12 mm 高,形成一个柱体。请问柱体顶面的面积接近哪一个?(　　)(单位:mm²)

模块	模型建立
分值	2.0

  A. 835 B. 820 C. 871 D. 880

5 在 NX 中使用以下哪个图标可让下图中的四条直线变成相同的长度?(　　)

模块	模型建立
分值	2.0

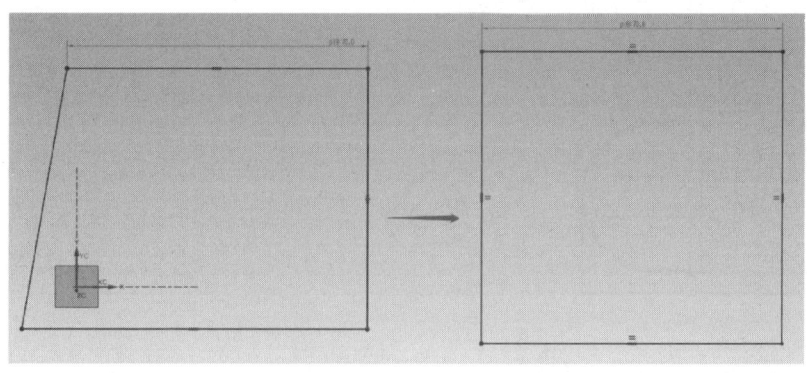

6 如下图所示,如何利用已知矩形快速得到与其周边距离相等的矩形,可使用以下哪个工具按钮?(　　)

模块	模型建立
分值	2.0

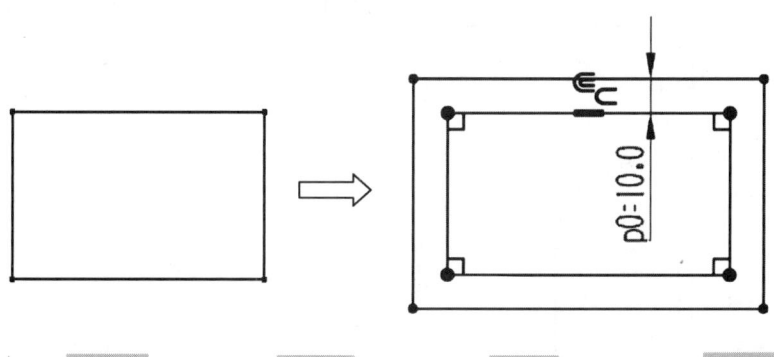

7 下图的建模过程使用了何种工具？（　　）

模块	模型建立
分值	2.0

A. 拉伸　　　B. 旋转　　　C. 扫掠　　　D. 直纹

8 根据图纸建立以下零件的模型，材料为"钢"，问该零件的重量接近以下哪一个值？（　　）（单位：kg）（保存模型文件，第9题要用）

模块	模型建立
分值	4.0

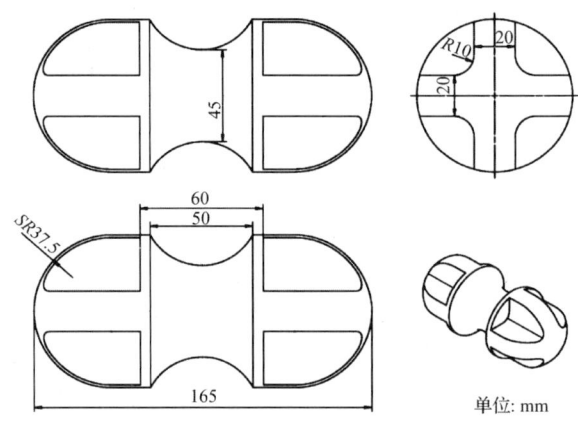

A. 3.04　　　B. 3.14　　　C. 3.24　　　D. 3.34

9 根据第8题建立的模型，问下图A段的表面积接近于以下哪一个值？（　　）（单位：mm²）

模块	模型建立
分值	3.0

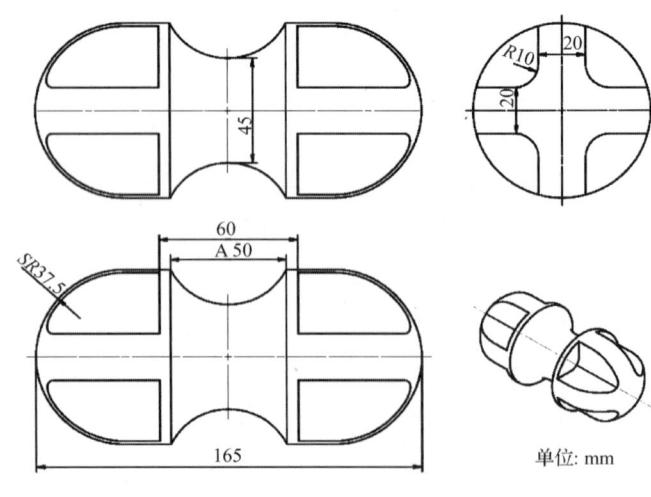

A. 10 660　　B. 12 000　　C. 10 800　　D. 11 800

10 下图的建模过程使用了何种工具?(　　)

模块	模型建立
分值	2.0

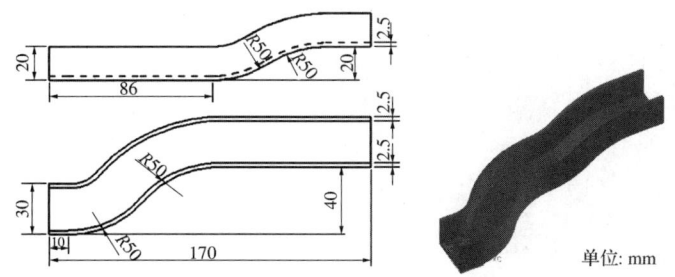

单位: mm

A. 拉伸　　　　B. 旋转　　　　C. 扫掠　　　　D. 直纹

11 根据下图建立模型,然后填空答题。

模块	模型建立
分值	6

a. 测量图上标注的面的面积是_____(单位:mm^2)(3分)

b. 如果该零件材料是钢(steel),那么零件的质量是_____ (单位:kg)(3分)

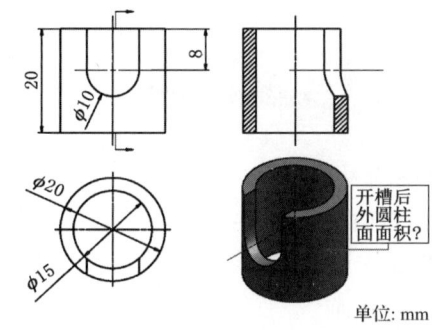

开槽后外圆柱面面积?

单位: mm

12 根据图纸建立以下零件的模型,并把建好的零件图保存为"12.prt",打包上传。(8分)

模块	模型建立
分值	8

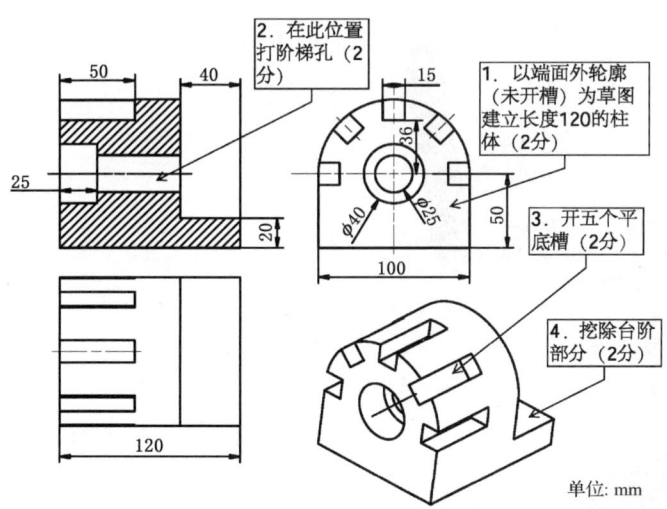

1. 以端面外轮廓(未开槽)为草图建立长度120的柱体(2分)
2. 在此位置打阶梯孔(2分)
3. 开五个平底槽(2分)
4. 挖除台阶部分(2分)

单位: mm

13 考虑部件工作方式及特点,对下图所示部件进行部件装配时,以下哪个零件更适合第一个进入部件环境并被应用固定约束?(　　)

模块	模型建立
分值	2.0

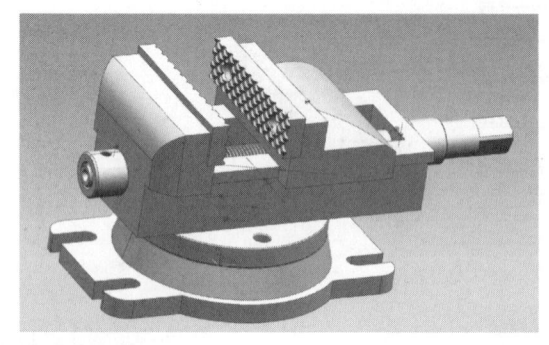

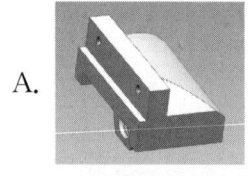　A.　　　B.

　C.　　　D.

14 以下对部件装配环境操作的描述错误的一项是(　　)。

A. 可通过约束工具定义零部件的相对位置关系
B. 可通过约束工具定义零部件的相对运动关系
C. 可在部件环境中制作产品虚拟装配动画
D. 可在部件环境中制作产品工作原理动画

模块	模型建立
分值	2.0

15 以底座为基准,完成图中产品部件装配(包含底座、铆钉、连杆),问连杆和底座相互垂直时,该装配体质心坐标(X, Y, Z)接近于以下哪一组值?(　　)(单位:mm)

模块	模型建立
分值	4.0

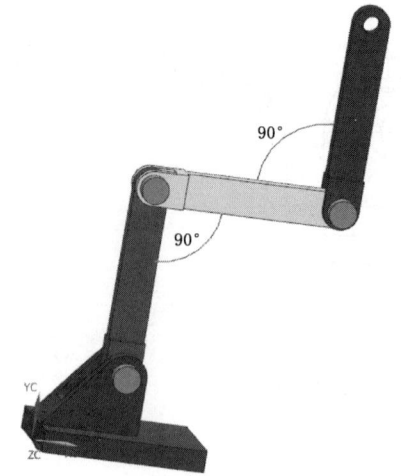

A. 99.367，101.012，0.098　　B. 100.205，110.258，0.104

C. 108.179，90.057，0..513　　D. 101.057，98.179，0.413

16 以下对爆炸视图环境操作的描述错误的一项是（　　）。

模块	模型建立
分值	2.0

A. 爆炸视图可展示产品装拆顺序与方式

B. 爆炸视图可为零部件设置直线运动

C. 爆炸视图可为零部件设置沿指定曲线的运动

D. 爆炸视图可为零部件设置旋转运动

17 以下对爆炸视图环境操作的描述错误的一项是（　　）。

模块	模型建立
分值	3.0

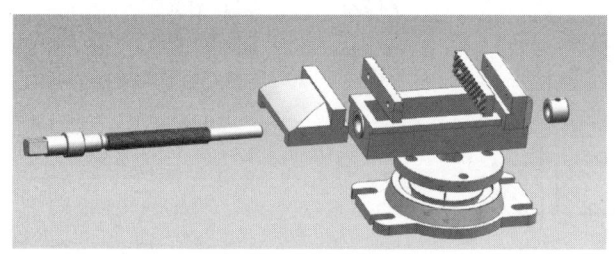

A. 部件装（拆）的过程中，底座是固定的

B. 在自动爆炸视图时，爆炸的方向一定正确

C. 爆炸视图可表达零件拆解的顺序

D. 爆炸视图中转轴为主要传动部件

18 以下对多实体造型的描述错误的一项是（　　）。

模块	模型建立
分值	3.0

A. 多实体造型适用于零部件间存在明显关联关系的设计场合

B. 多实体造型有助于实现关联性设计

C. 多实体造型可用同一草图完成多个零件造型

D. 可在多实体造型结束后删除基础零部件，以节约存储空间

19 打开零件"底盘"，根据以下零件图（仅给出部分尺寸）及旋转台与底盘的装配关系，在底盘的基础上使用多实体造型技术完成旋转盘的造型。问旋转盘的质心坐标（X, Y, Z）与以下哪一项更接近？（　　）（以转盘底面中心为坐标原点）

模块	产品建模
分值	4.0

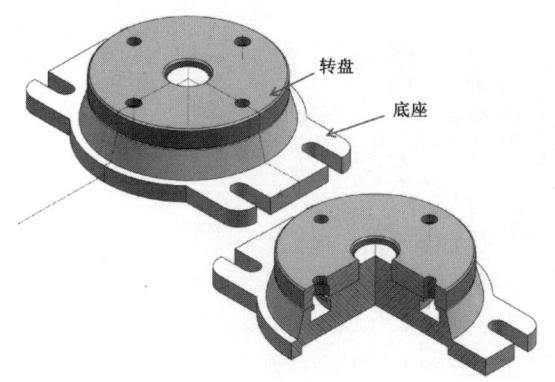

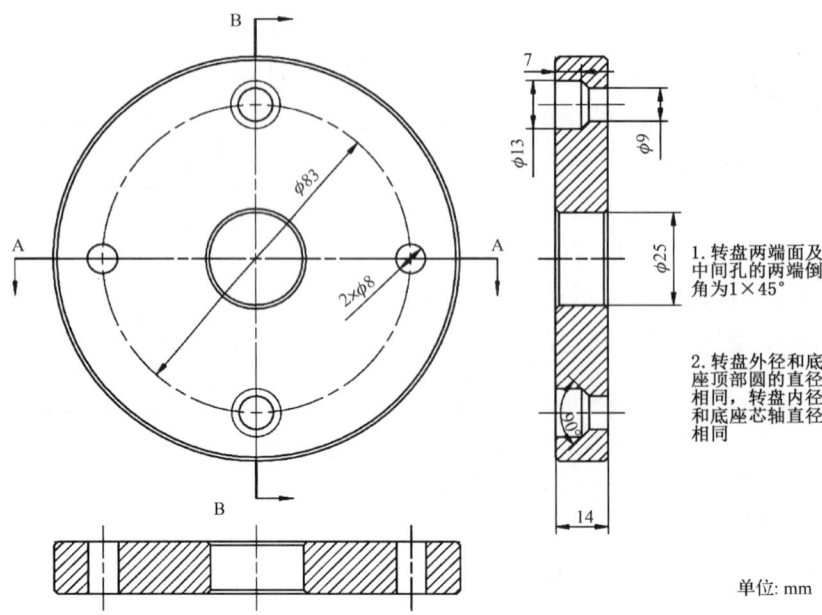

A. 0, 0.5, 6.90 B. 0, 0.5, 8.01
C. 0, 0, 10.31   D. 0, 0, 7.028

20 以下哪一项为开启了真实着色效果呈现的产品效果图？（　　）

模块	设计表达
分值	2.0

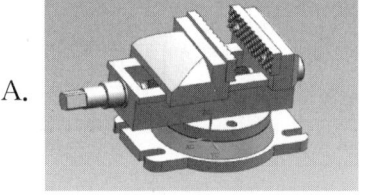

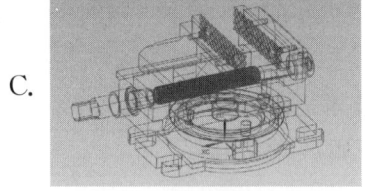

21 以下零件采用何种系统场景最合适？（　　）

模块	设计表达
分值	3.0

A. 工厂　　　　B. 议会厅外　　C. 休息室　　　D. 洁净室

22 以下哪个选项为 A4 幅面的零件图？（　　）

模块	设计表达
分值	2.0

A.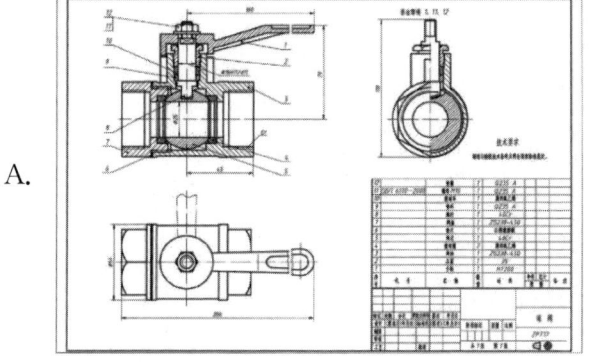

B.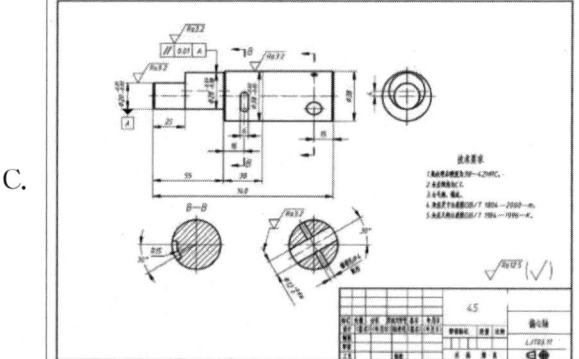

C.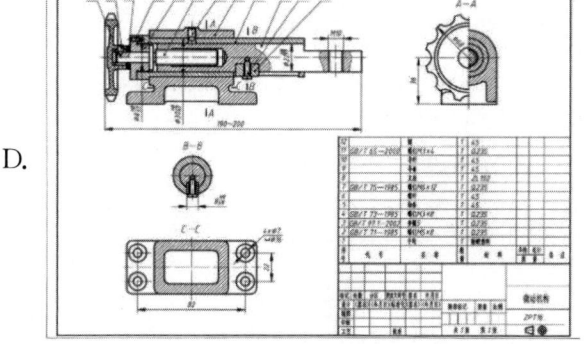

D.

23 下图右侧视图应使用以下哪一个工具创建(选取最佳选项)? (　　)

模块	设计表达
分值	3.0

A. 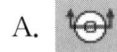　　B. 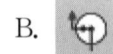　　C. 　　D.

24 下图的中心线可使用以下哪一个工具创建? (　　)

模块	设计表达
分值	3.0

A. 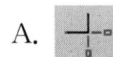　　B. 　　C. 　　D.

25 以下哪一个工具用于几何公差的基准标注? (　　)

模块	设计表达
分值	3.0

A. 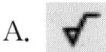　　B. 　　C. 　　D.

26 以下对下图所示装配图描述错误的一项是(　　)。

模块	设计表达
分值	4.0

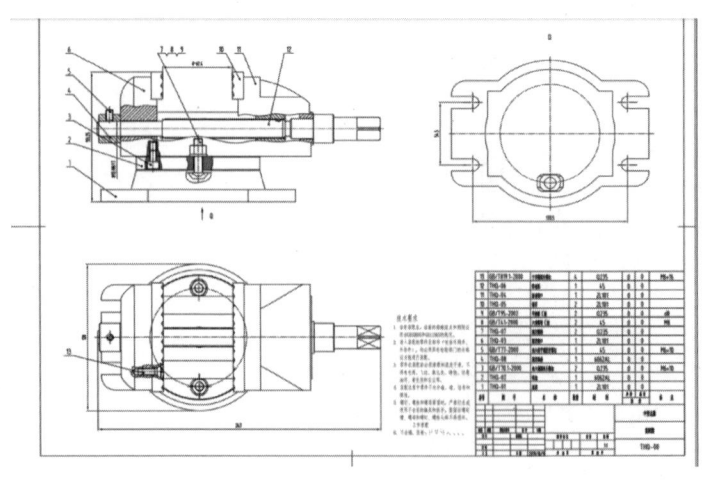

A. 上图中的视图可由视图工具基于模型创建,无需通过二维环境逐一绘制
B. 上图中的明细栏可由标注工具直接创建,无需进行编辑操作
C. 为便于查找,装配图的引出需要应按一定的顺序(如上图中的逆时针顺序)排布在视图周围
D. 装配图中应标注部件的总体尺寸及主要配合尺寸

27 使用提供的工程图模板及零件模型,输出如下图所示的"连杆"零件图,并将工程图文件保存为"转盘.prt"。工程图标题栏应按要求填写零件名称、零件代号、材料、重量、比例共5项内容。评分标准:2个视图完整3分,尺寸等标注正确2分,技术要求1分,标题栏1分。

模块	设计表达
分值	7.0

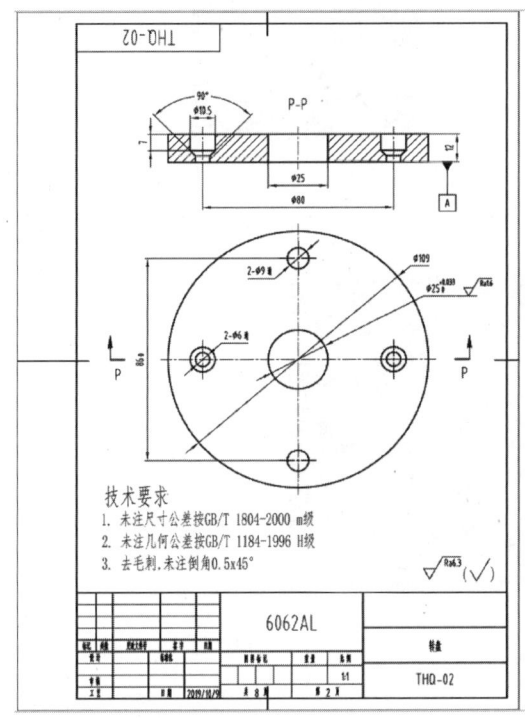

28 对零件"G2"进行切片设置时,用何种工具可将模型从Ⅰ图转换成Ⅱ图?(　　)

模块	制造准备
分值	3.0

Ⅰ

Ⅱ

A. 　　B. 　　C. 　　D.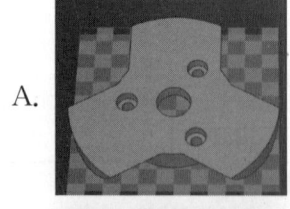

29 对零件"G2"进行切片设置时,选择哪种打印方向表面支撑最少?（　　）

模块	制造准备
分值	3.0

A. 　　B.

C. 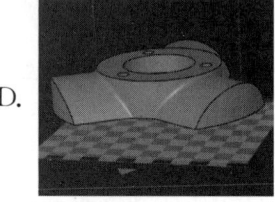　　D.

30 对零件"G2"进行等比例缩小 0.5 倍后,再对 Z 轴放大 2 倍,下图模型切片层高 107 mm,模型高度 20 mm,此时打印材料预估是(　　)。

模块	制造准备
分值	3.0

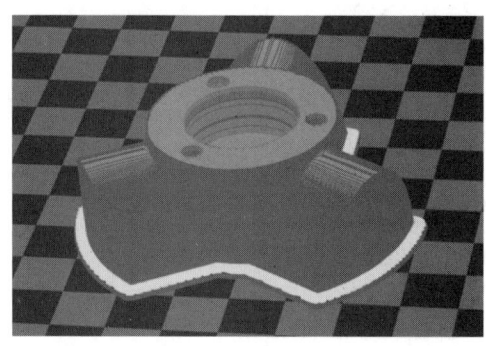

A. 22 g　　B. 16 g　　C. 21 g　　D. 15 g

31 下图所示的底座类型是(　　)。

模块	制造准备
分值	3.0

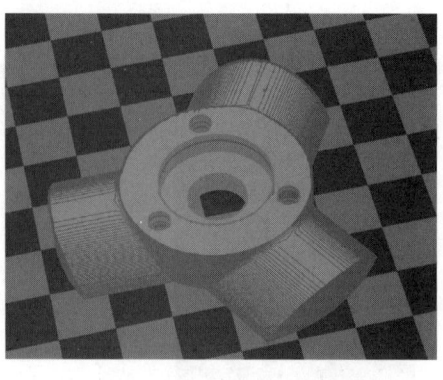

A. 无底座　　B. 线圈　　C. 底座　　D. 裙边

32 以下操作步骤顺序正确的是(　　)。

A. 建模—数据导入—模型分区—表面打磨

B. 建模—模型分区—数据导入—表面打磨

C. 建模—模型分区—数据导入—表面打磨

D. 模型分区—建模—数据导入—表面打磨

模块	制造准备
分值	2.0

33 下列关于打印机的维护错误的是(　　)。

A. 每次结束使用后,清理打印平台

B. 打印机喷嘴寿命极长,日常不需要清理

C. 打印工作后,需要检查一下打印机喷嘴是否存在积料

D. 进料可选择手动或自动两种模式

模块	制造准备
分值	2.0

参考答案

项目一

学习任务 1

任务实施

1. (1) √ (2) √ 2. (1) CAD 模块 CAE 模块 CAM 模块 (2) 长方体 圆柱体 圆锥体 球
3. (1) A (2) D

拓展训练

1. 137.672 6 2. 1 064.040 7 3. 114.831 9 4. B 5. A

学习任务 2

任务实施

1. (1) √ (2) √ 2. (1) 直纹面 (2) 特征 3. (1) C (2) A

拓展训练

1. 110 2. 250 3. B 4. 20.8 5. D

学习任务 3

任务实施

1. (1) √ (2) × 2. (1) 左 (2) 裁剪曲线 3. (1) B (2) D

拓展训练

1. 125.663 7 2. 3 114.159 3. A 4. B 5. D

项目二

学习任务 1

任务实施

1. (1) √ (2) √ 2. (1) 相对位置 运动方式 (2) 接触对齐 同心和距离 平行
3. (1) D (2) B

拓展训练

1. C 2. C 3. D 4. B 5. B

学习任务 2

任务实施

1.（1）√ （2）√ 2.（1）体积 面积 （2）装配 拆卸 3.（1）B （2）C

拓展训练

1. B 2. D 3. A、B 4. D 5. A

项目三

学习任务 1

任务实施

1.（1）√ （2）√ 2.（1）可见性 渲染属性 标签 （2）轴线 旋转 3.（1）C （2）A

拓展训练

1. B 2. D 3. D 4. C 5. C

项目四

学习任务 1

任务实施

1.（1）× （2）√ 2.（1）投影视图 （2）左边 3.（1）D （2）A

拓展训练

1. A 2. A 3. D 4. C 5. C

学习任务 2

任务实施

1.（1）√ （2）√ 2.（1）二 （2）自动判断 3.（1）A （2）D

拓展训练

1. B 2. B 3. A 4. C 5. C

学习任务 3

任务实施

1. (1) √ (2) √ 2. (1) 尺寸界线 尺寸线 尺寸数字 (2) 基本视图 3. (1) A、B、D (2) A、B、C、D

拓展训练

1. C 2. C 3. C 4. A 5. C

项目五

学习任务 1

任务实施

1. (1) √ (2) × 2. (1) 光固化快速成型 (2) 供料系统 3. (1) A (2) D

拓展训练

1. B 2. A 3. D 4. D

5. (1) 加热法：将热床温度设置为 50~70℃，待温度达到设置温度后，用铲刀轻轻铲下模型。

(2) 使用磁贴式热床贴膜：模型打印完成后，将喷头移动到一定高度，撕下磁贴后将模型取下来。

学习任务 2

任务实施

1. (1) √ (2) √ 2. (1) FDM (2) 立体地图 3. (1) D (2) A

拓展训练

1. A 2. B 3. D 4. B

5. 通过使用光敏树脂和紫外线光源来制造3D模型。

附录一

机械数字化设计与制造职业技能考试题库样例（初级理论）参考答案

1	2	3	4	5	6	7	8	9	10
C	A	A	A	C	C	D	A	A	D
11	12	13	14	15	16	17	18	19	20
C	D	D	D	D	B	C	B	B	B
21	22	23	24	25	26	27	28	29	30
D	B	D	B	B	A	D	B	B	B

附录二

机械数字化设计与制造职业技能考试题库样例（初级操作）参考答案

1	2	3	4	5	6	7	8
A	B	D	C	D	A	B	A
9	10	11	12	13	14	15	16
A	C	a. 1 132.26 b. 0.019	略	B	C	A	C
17	18	19	20	21	22	23	24
B	D	D	B	B	C	C	C
25	26	27	28	29	30	31	32
D	B	略	B	C	D	A	B
33							
B							